“十三五”江苏省高等学校重点教材

高等职业教育装配式建筑系列教材

装配式混凝土建筑识图与构造

陈　鹏　叶财华　姜荣斌　编　著

本书根据高等职业教育建筑工程技术等土建类专业教学改革的要求进行编写。全书依据《装配式混凝土建筑技术标准》（GB/T 51231—2016）和《装配式混凝土结构技术规程》（JGJ 1—2014）等国家标准和规程，并结合国家建筑标准设计图集编写。本书突出装配式混凝土建筑、结构构造的学习和施工图识读能力的训练。全书共四个单元，分别为认识装配式混凝土建筑、预制构件及其连接的识图与构造、识读建筑施工图、识读结构施工图。

为便于教学，本书配有课程标准、图集、电子课件和微课视频。凡使用本书作为授课教材的教师，均可登录www.cmpedu.com免费下载，或加入机工社职教建筑QQ群221010660索取。如有疑问，请拨打编辑电话010-88379373。

本书可作为高等职业教育建筑工程技术等土建类专业和工程造价等工程管理类专业教材，也可供工程技术人员参考、阅读。

图书在版编目（CIP）数据

装配式混凝土建筑识图与构造/陈鹏，叶财华，姜荣斌编著．—北京：机械工业出版社，2020.6（2025.6重印）

高等职业教育装配式建筑系列教材

ISBN 978-7-111-65072-0

Ⅰ．①装… Ⅱ．①陈… ②叶… ③姜… Ⅲ．①装配式混凝土结构—建筑制图—识图—高等职业教育—教材②装配式混凝土结构—建筑构造—高等职业教育—教材 Ⅳ．①TU37

中国版本图书馆CIP数据核字（2020）第043030号

机械工业出版社（北京市百万庄大街22号 邮政编码100037）
策划编辑：刘思海 责任编辑：刘思海 陈紫青
责任校对：杜雨霏 封面设计：鞠 杨
责任印制：单爱军
北京盛通数码印刷有限公司印刷
2025年6月第1版第11次印刷
210mm×285mm・12.75印张・398千字
标准书号：ISBN 978-7-111-65072-0
定价：39.90元

电话服务		网络服务	
客服电话：	010-88361066	机 工 官 网：	www.cmpbook.com
	010-88379833	机 工 官 博：	weibo.com/cmp1952
	010-68326294	金 书 网：	www.golden-book.com
封底无防伪标均为盗版		机工教育服务网：	www.cmpedu.com

前言

本书为机械工业出版社出版的“高等职业教育装配式建筑系列教材”之一，主要根据新形势下高等职业教育建筑工程技术等土建类专业教学改革的要求，结合国家大力推广装配式混凝土建筑的背景进行编写。本书以能力训练为切入点，体现“内容围绕训练项目组织，理念知识作为能力培养补充”的思想，突出识图能力训练，并与实际工作岗位接轨，体现职业能力的培养。

“装配式混凝土建筑识图与构造”是高等职业教育土建类专业重要的专业基础课程，该课程所要培养的综合能力为对装配式混凝土建筑结构体系的理解能力与施工图识图能力。其主要任务是让学生认识装配式混凝土建筑、掌握装配式混凝土预制构件及其连接构造、识读建筑施工图和结构施工图，为后续课程及今后工作打好基础。

本书主要特色与创新如下：

1. 构建了“装配式混凝土建筑结构体系—装配式混凝土结构构件—装配式混凝土建筑、结构施工图”的教材编写体系。每个单元由学习思路、能力目标与知识要点、知识预习、单元小结、复习思考题和若干教学项目组成；每个教学项目主要包括学习目标、知识解读、知识拓展等。

2. 弱化结构分析与构件计算，着重说明钢筋的作用和构造措施。

3. 通过具体的构件详图和 BIM 模型，讲解钢筋构造，每种基本构件均设置模板图和配筋图，并配套实体模型。

4. 提供典型建筑、结构施工图，通过实际施工图纸中典型预制构件的钢筋翻样和 BIM 模型建立，使学生对施工图有深入理解。

本书由泰州职业技术学院陈鹏、叶财华、姜荣斌编著。

本书在编写过程中，参阅和引用了一些院校优秀教材的内容，吸收了国内外同行专家的最新研究成果，均在参考文献中列出，在此表示感谢。由于编者水平有限，本书不妥之处在所难免，衷心地希望广大读者批评指正。

陈　鹏

目录 CONTENTS

前言

单元一　认识装配式混凝土建筑……1

项目一　装配式建筑的发展……3

项目二　装配式混凝土建筑设计……6

项目三　装配式混凝土结构体系……10

项目四　装配式混凝土预制构件……14

项目五　装配式混凝土预制构件的连接……16

单元小结……21

复习思考题……21

单元二　预制构件及其连接的识图与构造……23

项目一　预制构件及其连接基本构造要求……25

项目二　预制柱……32

项目三　叠合梁……39

项目四　预制剪力墙……51

项目五　桁架钢筋混凝土叠合板……67

项目六　预制楼梯……79

项目七　预制钢筋混凝土阳台板……88

项目八　预制钢筋混凝土空调板……103

项目九　预制钢筋混凝土女儿墙……109

项目十　预制混凝土外墙挂板……116

单元小结……129

复习思考题……129

单元三　识读建筑施工图……131

项目一　建筑设计技术要点……135

项目二　施工图设计说明……139

项目三　装配式混凝土剪力墙结构住宅建筑施工图……145

项目四　装配式混凝土框架结构办公楼建筑施工图……160

单元小结……164

复习思考题……165

单元四　识读结构施工图……167

项目一　装配整体式混凝土结构专项说明……169

项目二　识读装配整体式剪力墙结构施工图……176

项目三　装配整体式框架结构施工图……189

单元小结……199

复习思考题……199

参考文献……200

单元一

认识装配式混凝土建筑

学习思路

装配式建筑是近年来国家大力推广的一种建筑形式，依据结构材料的不同，分为装配式混凝土结构、装配式钢结构和装配式木结构。我国现阶段装配式混凝土建筑建设量最大，简称 PC 建筑（Precast Concrete）。

本单元主要介绍装配式混凝土建筑的发展历程与发展动向、建筑设计要求、结构体系与特点、各类预制构件及其连接要求。

能力目标与知识要点

能力目标	知识要点
了解装配式建筑的相关知识	（1）建筑工业化的概念 （2）装配式建筑发展历程及现状 （3）我国装配式建筑的发展动向
了解装配式混凝土建筑设计	（1）建筑集成设计的概念 （2）装配式混凝土建筑平立面设计的特点与要求 （3）装配式混凝土建筑内装修、设备管线设计的特点与要求 （4）装配式混凝土建筑的优缺点
熟悉装配式混凝土结构体系	（1）装配式混凝土框架结构的形式与特点 （2）装配式混凝土剪力墙结构的形式与特点 （3）预制外墙挂板体系的形式与特点 （4）装配式混凝土建筑的两个重要概念：预制率和装配率
认识装配式混凝土预制构件	（1）认识装配式混凝土预制构件 （2）了解装配式混凝土预制构件设计要求 （3）了解装配式混凝土预制构件材料性能要求 （4）认识装配式混凝土预制构件的预埋件
理解装配式混凝土构件的连接	（1）预制构件纵向钢筋的锚固（重点：钢筋锚固板） （2）预制构件纵向钢筋的连接（重点：灌浆套筒连接） （3）预制构件与后浇混凝土、灌浆料、坐浆材料的结合面要求

知识预习

建筑工业化

建筑工业化，指通过现代化的制造、运输、安装和科学管理的生产方式，来代替传统建筑业中分散的、低水平的、低效率的手工业生产方式。建筑工业化最早由西方国家提出，为解决二战后欧洲国家在重建时亟须建造大量住房而又缺乏劳动力的问题，通过推行建筑标准化设计、构配件工厂化生产、现场装配式施工的一种新的房屋建造生产方式。建筑工业化提高了劳动生产率，为战后住房的快速重建提供了保障。1974 年，联合国出版的《政府逐步实现建筑工业化的政策和措施指引》中定义了建筑工业化，它的基本途径是建筑标准化、构配件生产工厂化、施工机械化和组织管理科学化，并逐步采用现代科学技术的新成果，提高劳动生产率、加快建设速度、降低工程成本、提高工程质量。

起源于欧洲的建筑工业化建造方式带来了生产效率的显著提高，随后美国、中国、日本及新加坡等国家也相继致力于建筑工业化的研究与发展。建筑工业化是我国建筑业的发展方向，随着我国的社会发展和经济增长，我国的人口红利正在消失，建筑行业面临劳动力短缺、人工成本快速上升的问题，同时目前传统现场施工方式也面临环境污染、水资源浪费、建筑垃圾量大等日益突出的问题。为解决这些问题，保持建筑行业可持续发展，近年来我国政府出台并制定了一系列政策措施扶持推行建筑工业化。装配式混凝土是我国现分阶段建筑工业化的主要落实措施，已成为行业发展的热点。

项目一　装配式建筑的发展

学习目标

1. 了解装配式建筑国外发展历程。
2. 了解装配式建筑国内发展历程。
3. 理解我国装配式建筑发展动向。

知识解读

传统的房屋建造多采用手工方式进行，即把各种建筑材料、半成品运送到施工现场，通过各工种分工协作和大量的手工湿作业来建造房屋。这种方法的特点是劳动强度大、工期长、耗工多，并且受到劳动力、施工机具、建筑材料、施工场地以及季节、气候等各种因素的制约。装配式建筑采用工业化的方式生产建筑，其主要构件、部品等在工厂生产加工，通过运输工具运送到工地现场，并在工地现场拼装建造房屋。装配式建筑可实现房屋建设的高效率、高品质、低资源消耗和低环境影响，是当前房屋建设，特别是住宅建设的发展趋势。

一、装配式建筑国外发展历程

装配式结构是建筑工业化的一种结构形式，萌芽于20世纪初期，在第二次世界大战后，兴起于欧洲，而后逐步被推广到美国、加拿大、日本、新加坡以及中国，在20世纪末，装配式结构被广泛应用于工业与民用建筑、桥梁、水工建筑等不同结构领域。

欧洲是装配式建筑的发源地。第二次世界大战后，由于劳动力资源短缺，无论是经济发达的北欧、西欧，还是经济欠发达的东欧，都一直在积极推行装配式混凝土建筑的设计、施工方式，积累了许多装配式建筑的设计、施工经验，形成了各种专用装配式建筑体系和标准化的通用预制产品系列，并编制了一系列装配式混凝土工程标准和应用手册，对推动装配式混凝土在全世界的应用起到了非常重要的作用，这一阶段典型的欧洲装配式建筑如图1-1和图1-2所示。

图1-1　前东德地区典型装配式住宅及大型预制板件运输

图1-2　法国典型装配式建筑——马赛公寓

北美（美国、加拿大）地区装配式混凝土建筑的应用非常普遍，相关标准规范也很完善。装配式建筑主要包括建筑预制外墙和结构预制构件两大方面，其结构预制构件的共同特点是大型化和与预应力相结合，可优化结构配筋和连接构造，减少制作和安装工作量，缩短施工工期，充分体现工业化、标准化和技术经济性等特征。北美早期的装配式建筑主要用于低层地区，由于加利福尼亚州等地区的地震影响，近年来北美地区非常重视中高层预制结构的工程应用技术研究与实践。图 1-3 为纽约植物园停车场，这是一栋拥有 825 个停车位的装配式混凝土建筑，共 8 层，建筑面积 27870m^2，总计有 1159 个预制构件，包括双 T 楼盖、板、梁、柱、树形柱、托梁、分隔墙、剪力墙、楼梯墙、楼梯以及竖向建筑外墙。

日本借鉴了欧美的成功经验，在探索装配式建筑的标准化设计、施工的基础上，结合自身要求，在预制结构体系整体性抗震和隔震设计方面取得了突破性进展。同时，日本的装配式混凝土建筑体系设计、制作和施工的标准规范也很完善，图 1-4 为日本高层装配式住宅。新加坡是世界上公认的住宅问题解决较好的国家，其住宅多采用建筑工业化技术加以建造，其中，住宅政策及装配式住宅发展理念促使其工业化建造方式得到广泛推广。新加坡开发出 15 层到 30 层的单元化装配式住宅，占全国住宅总量的 80% 以上。

图 1-3　纽约植物园停车场

图 1-4　日本装配式住宅（50 层）

二、装配式建筑国内发展历程

我国的建筑工业化发展始于 20 世纪 50 年代，在我国发展国民经济的第一个五年计划中就提出借鉴苏联和东欧各国的经验，在国内推行标准化、工厂化、机械化的预制构件和装配式建筑。1959 年建成的北京民族饭店首次采用装配式框架 - 剪力墙结构，如图 1-5 所示。20 世纪 60 年代至 20 世纪 80 年代是我国装配式建筑的持续发展期，尤其是从 20 世纪 70 年代末开始，我国多种装配式建筑体系得到了快速的发展。如砖混结构的多层住宅中大量采用低碳冷拔钢丝预应力混凝土圆孔板，其楼板每平方米用钢量仅为 3~6kg，并且施工时不需要支模，通过简易设备甚至人工即可完成安装，施工速度快。同时，预应力混凝土圆孔板生产技术简单，各地都建有生产线，大规模生产的预应力空心板成为我国装配式体系中量大面广的产品。从 20 世纪 70 年代末开始，为满足北京地区高层住宅建设的发展需要，从东欧引入了装配式大板住宅体系，如图 1-6 所示，其内外墙板、楼板都在预制厂预制成混凝土大板，采用现场装配，施工中无需模板与支架，施工速度快，有效地解决了当时发展高层住宅建设的需求，北京地区大量 10~13 层的高层住宅采用了装配式大板体系，个别甚至应用于 18 层的高层住宅。截至 1986 年，北京市累计建成的装配式大板高层住宅面积就接近 70 万 m^2。在多层办公楼的建设方面，上海市采用装配式框架结构体系，其框架梁采用预制的花篮梁，而柱为现浇柱，楼板为预制预应力空心板。单层工业厂房当时普遍采用装配式混凝土排架结构体系，构件为预制混凝土排架柱、预制预应力混凝土吊车梁、预制后张预应力混凝土屋架和预应力大型屋面板等。这一时期这些装配式体系被广泛应用与认可，大量预制构件都标准化，并有标准图集，各设计院在工程项目设计中按标准图集进行选用，预制构件加工单位按标准图集生产加工，施工单位按标准图集进行构件采购。

图 1-5　北京民族饭店

图 1-6　装配式大板住宅

知识拓展

装配式大板建筑

大板建筑是指使用大型墙板、大型楼板和大型屋面板等建成的建筑，其特点是除基础以外，地上的全部构件均为预制构件，通过装配整体式节点连接而建成。大板建筑的主要构件包括内墙板、外墙板、楼板、楼梯、屋面板，如图 1-7 所示。

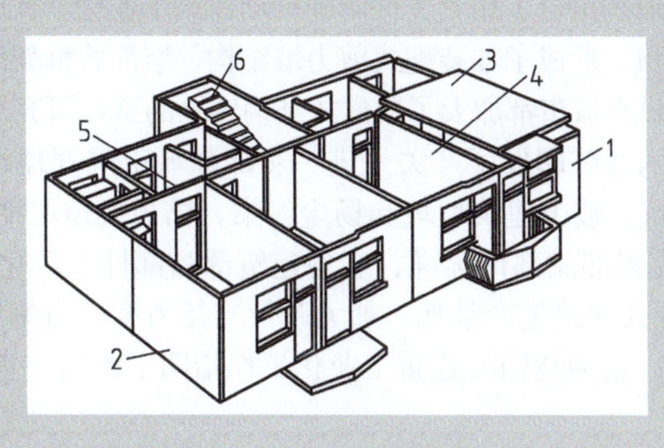

图 1-7　大板建筑示意图

1—外纵墙板　2—外横墙板　3—楼板　4—内横墙板　5—内纵墙板　6—楼梯

装配式混凝土结构体系很好地适应了当时我国建筑技术发展的需要，主要有以下因素：第一是当时各类建筑建造标准不高、形式单一，容易采用标准化方式建造；第二是对房屋建筑的抗震性能还没有更高的要求；第三是总体建设量不大，相关预制构件厂供应可以满足需求；第四是当时木模板、支撑体系和建筑用钢筋短缺，不得不采用预制装配方式；最后是当时施工企业的用工都采用固定制，采用预制装配方式可以减少现场劳动力投入。

然而从 20 世纪 80 年代末开始，我国装配式建筑的发展却遇到了前所未有的低潮，结构设计中很少采用装配式体系，大量预制构件厂关门转产。装配式建筑存在的一些问题也开始显现，采用预制板的砖混结构房屋、预制装配式单层工业厂房等在唐山大地震中破坏严重，使人们对于装配式体系的抗震性能产生担忧，相比之下认为现浇体系具有更好的整体性和抗震性能；而大板住宅建筑因当时的产品工艺与施工条件限制，存在墙板接缝渗漏、隔声差、保温差等使用性能方面的问题，在北京的高层住宅建设中的应用也大规模减少。

与之相反的是，从 20 世纪 80 年代末开始，现浇结构体系得到了广泛的应用，其主要原因在于：首先是这一时期我国建筑建设规模急剧增长，装配式结构体系已难以适应新的建设规模；第二是建筑设计的平面、立面出现个性化、多样化、复杂化的特点，装配式结构体系已难以实现这一变化；第三是对房屋建筑抗震性能要求的提高，设计人员更倾向于采用现浇结构体系；第四是农民工大量进入城镇，为建筑行业带来了充沛、廉价的劳动力，低成本的劳动力促使粗放式的现场湿作业成为了混凝土施工的首选方式；第五是胶合木模板、大钢模、小钢模应用迅速普及，钢脚手架也开始广泛应用，很好地解决了现浇结构体系所需的模板与模架难题；最后是我国钢材产量大规模提高，使得在楼板等构件中已不再追求如预应力混凝土圆孔板那么低的单位面积用钢量。因此，采用现场现浇的结构体系更加符合当时我国大规模的建设需求。

我国台湾、香港地区装配式建筑的应用也较为普遍。台湾地区装配式结构的节点连接构造和抗震、隔震技术的研究和应用都很成熟，装配框架梁柱、预制外墙挂板等构件应用较广泛，专业化施工管理水平较高，装配式建筑质量好、工期短的优势得到了充分体现。香港地区由于施工场地限制、环境保护要求严格，由香港屋宇署负责制定的预制建筑设计和施工规范很完善，高层住宅多采用叠合楼板、预制楼梯和预制外墙等方式建造，厂房类建筑一般采用装配式框架结构或钢结构建造。

三、我国装配式建筑发展动向

最近几年来，传统的现场现浇的施工方式是否符合我国建筑业的发展方向，再次得到业内的审视。首先是随着社会发展与进步，新生代“农民工”已不再青睐劳动条件恶劣、劳动强度大的建筑施工行业，施工企业已频现“用工荒”，劳动力成本快速提升，采用大规模劳动密集型的现场现浇施工方式已不可持续；第二，社会对于施工现场的环境污染问题高度重视，而采用现浇方式的施工现场存在水资源浪费、噪声污染、建筑垃圾产生量大等诸多问题；第三是施工现场的工程质量不尽人意，建筑施工质量仍存在很多通病；最后是从可持续发展角度考虑，国家对传统建筑业提出的产业转型与升级要求。因此，反映建筑产业发展的建筑工业化再一次被行业所关注，中央及全国各地政府均出台了相关文件明确推动建筑工业化。在国家与地方政府的支持下，我国装配式结构体系重新迎来发展契机，形成了如装配式剪力墙结构、装配式框架结构等多种形式的装配式建筑技术，全国各地特别是建筑工业化试点城市都加大了装配式结构体系的试点研究及推广应用工作。

2016 年 2 月，中共中央、国务院印发了《关于进一步加强城市规划建设管理工作的若干意见》，其中明确提出：“大力推广装配式建筑，减少建筑垃圾和扬尘污染，缩短建造工期，提升工程质量。制定装配式建筑设计、施工和验收规范。完善部品部件标准，实现建筑部品部件工厂化生产。鼓励建筑企业装配式施工，现场装配。建设国家级装配式建筑生产基地。加大政策支持力度，力争用 10 年左右时间，使装配式建筑占新建建筑的比例达到 30%”。这为我国的建筑工业化工作指明了方向，定出了目标。

项目二　装配式混凝土建筑设计

学习目标

1. 了解装配化集成技术。
2. 了解装配式混凝土建筑平立面、外墙设计。
3. 了解装配式混凝土建筑内装修、设备管线设计。
4. 理解装配式混凝土建筑的优点及存在问题。

知识解读

一、装配化集成技术

装配式混凝土建筑除应符合建筑功能要求，满足建筑安全、防火、保温、隔热、隔声、防水、采光等建筑物理性能要求外，还应模数协调，采用单元组合的标准化设计，将结构系统、外围护系统、设备与管线系统和内装系统进行集成；按照集成设计原则，将建筑、结构、给水排水、暖通空调、电气、智能化和燃气等专业之间进行协同设计。装配式建筑是一个完整的具有一定功能的建筑产品，是一个系统工程。过去那种只提供结构和建筑围护的“毛坯房”，或者只有主体结构预制装配而没有内装一体化集成的建筑，都不能称为真正意义上的“装配式建筑”。

（一）模数协调

装配式混凝土建筑设计应采用模数来协调结构构件、内部部品、设备与管线之间的尺寸关系，做到部品部件设计、生产和安装等相互间尺寸协调，减少和优化各部品部件的种类和尺寸。装配式混凝土建筑模数协调是建筑部品部件实现通用性和互换性的基本原则，使规格化、通用化的部品部件适用于常规的各类建筑，满足各种要求。大量的规格化、定型化部品部件的生产可稳定质量，降低成本。通用化部件所具有的互换能力，可促进市场的竞争和生产水平的提高。

（二）标准化设计

装配式混凝土建筑应采用单元及单元组合的设计方法，遵循“少规格、多组合”的原则进行设计。单元化是标准化设计的一种方法，单元化设计应满足模数协调的要求，通过模数化和单元化的设计为工厂化生产和装配化施工创造条件。单元应进行精细化、系列化设计，并联单元间应具备一定的逻辑和衍生关系，并预留统一的接口，单元之间可采用刚性或柔性连接。

知识拓展

建筑通用体系

建筑通用体系是以通用构配件为基础，进行多样化房屋的组合的一种体系。建筑通用体系设计易于多样化，且构配件的使用量大，便于组织专业化大批量生产。装配式混凝土建筑采用建筑通用体系是实现建筑工业化的前提，标准化、单元化设计是满足部品部件工业化生产的必要条件，以实现批量化的生产和建造。减少结构构件和内装部品的种类，既可经济合理地确保质量，也利于组织生产与施工安装。建筑平面和外立面可通过组合方式、立面材料色彩搭配等方式实现多样化。结构构件及建筑的围护结构以及楼梯、阳台、隔墙、空调板、管道井等配套构件，室内装修材料宜采用工业化、标准化产品。

（三）信息化协同平台

装配式混凝土建筑设计宜建立信息化协同平台，采用标准化的功能单元、部品部件等信息库，统一编码、统一规则，全专业共享数据信息，实现建设全过程的管理和控制。

二、平立面、外墙设计

（一）平面设计

装配式建筑的设计与建造是一个系统工程，需要整体设计的思想。平面设计应考虑建筑各功能空间的使用尺寸，并应结合结构受力特点，合理设计预制构配件（部件）；同时应注意预制构配件（部件）的定位尺寸，在满足平面功能需要的同时，还应符合模数协调和标准化的要求。装配式建筑平面设计应充分考虑设备管线与结构体系之间的关系。例如住宅卫生间涉及建筑、结构、给排水、暖通、电气等各专业，需要多工种协作完成；平面设计时应考虑卫生间平面位置与竖向管线的关系、卫生间降板范围与结构的关系等。如采用标准化的预制盒子卫生间（整体卫浴）及标准化的厨房整体橱柜，除考虑设备管线的接口设计，还应考虑卫生间平面尺寸与预制盒子卫生间尺寸之间、厨房平面尺寸与标准化厨房整体橱柜尺寸之间的模数协调。

装配式建筑宜选用大开间、大进深的平面布置；承重墙、柱等竖向构件宜上下连续；门窗洞口宜上下对齐、成列布置，其平面位置和尺寸应满足结构受力及预制构件设计要求；剪力墙结构中不宜采用转角窗；厨房和卫生间的平面布置应合理，其平面尺寸宜满足标准化整体橱柜及整体卫浴的要求。

（二）立面、外墙设计

外墙设计应满足建筑外立面多样化和经济美观的要求。外墙饰面宜采用耐久、不易污染的材料。采用反打一次成型的外墙饰面材料，其规格尺寸、材质类别、连接构造等应进行工艺试验验证。预制混凝土具有可塑性，便于采用不同形状的外墙板。同时，外表面可以通过饰面层的凹凸和虚实、不同的纹理和色彩、不同质感的装饰混凝土等手段，实现多样化的外装饰需求；面层还可处理为露骨料混凝土、清水混凝土等，从而实现标准化与多样化相结合。在生产预制外墙板的过程中，可将外墙饰面材料与预制外墙板同时制作成型。

预制外墙板的接缝应满足保温、防火、隔声和防水的要求。预制外墙板的接缝及门窗洞口等防水薄弱部位宜采用材料防水和构造防水相结合的做法：墙板水平接缝宜采用高低缝或企口缝构造；墙板竖缝可采用平口或槽口构造；当板缝空腔需设置导水管排水时，板缝内侧应增设气密条密封构造。预制外墙板的各类接缝设计应构造合理、施工方便、坚固耐久，并结合本地材料、制作及施工条件进行综合考虑。图 1-8 和图 1-9 分别为预制承重夹心外墙板接缝构造及预制外墙挂板接缝构造示意。

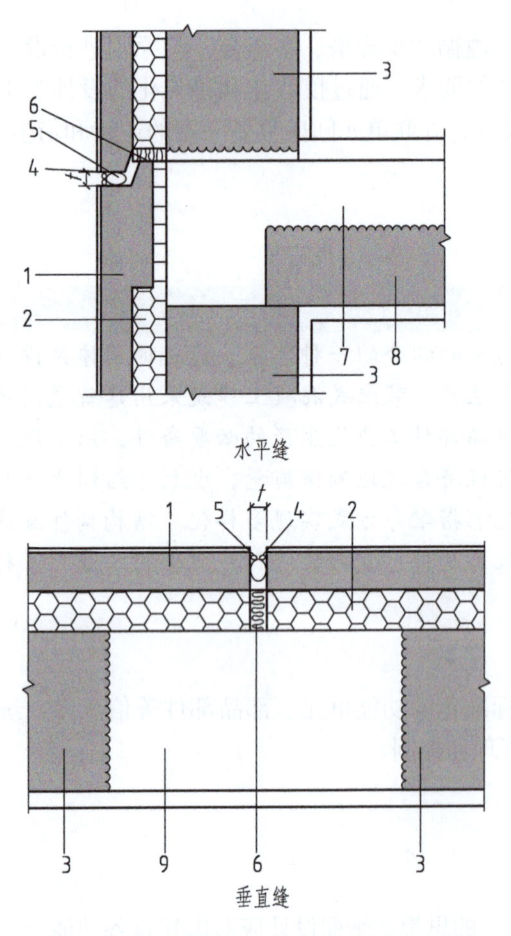

图 1-8　预制承重夹心外墙板接缝构造示意

1—外叶墙板　2—夹心保温板　3—内叶承重墙板
4—建筑密封胶　5—发泡芯棒　6—岩棉　7—叠合板后浇层
8—预制楼板　9—边缘构件后浇混凝土

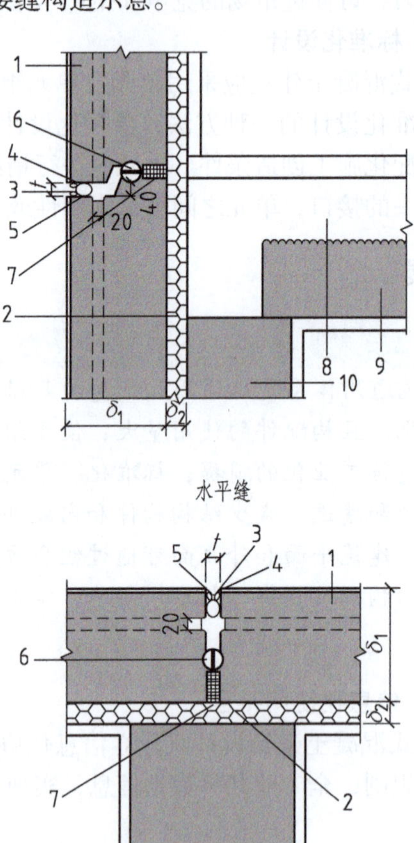

图 1-9　预制外墙挂板接缝构造示意

1—外墙挂板　2—内保温　3—外层硅胶　4—建筑密封胶
5—发泡芯棒　6—橡胶气密条　7—耐火接缝材料
8—叠合板后浇层　9—预制楼板　10—预制梁　11—预制柱

知识拓展

材料防水与构造防水

材料防水是靠防水材料阻断水的通路，以达到防水的目的或增加抗渗漏的能力。如预制外墙板的接缝采用耐候性密封胶等防水材料，用以阻断水的通路。用于防水的密封材料应选用耐候性密封胶；接缝处的背衬材料宜采用发泡氯丁橡胶或发泡聚乙烯料棒；外墙板接缝中用于第二道防水的密封胶条，宜采用二元乙丙橡胶、氯丁橡胶或硅橡胶。

构造防水是采取合适的构造形式，可以阻断水的通路，以达到防水的目的。如在外墙板接缝外口设置适当的线型构造（立缝的沟槽，平缝的挡水台、披水等），形成空腔，截断毛细管通路，利用排水构造将渗入接缝的雨水排出墙外，防止向室内渗漏。

装配式建筑的门窗应采用标准化部件，并宜采用缺口、预留副框或预埋件等方法与墙体进行可靠连接。带有门窗的预制外墙板，其门窗洞口与门窗框间的密闭性不应低于门窗的密闭性。空调板宜集中布置，并宜与阳台合并设置。集中布置空调板，目的是提高预制外墙板的标准化和经济性。女儿墙板内侧在要求的泛水高度处应设凹槽、挑檐或其他泛水收头等构造。在要求的泛水高度处设凹槽或挑檐，便于屋面防水的收头。

三、内装修、设备管线设计

室内装修所采用的构配件、饰面材料，应结合本地条件及房间使用功能要求，采用耐久、防水、防火、防腐及不易污染的材料与做法。室内装修宜减少施工现场的湿作业。

装配式混凝土建筑应满足建筑全寿命期的使用维护要求，宜采用管线分离的方式。目前的建筑设计，尤其是住宅建筑的设计，一般均将设备管线埋在楼板现浇混凝土或墙体中，把使用年限不同的主体结构和管线设备混在一起建造。若干年后，大量的住宅虽然主体结构尚可，但装修和设备等早已老化，无法改造更新，从而导致不得不拆除重建，缩短了建筑使用寿命。装配式混凝土建筑提倡采用主体结构构件、内装修部品和管线设备的三部分装配化集成技术系统，实现室内装修、管道设备与主体结构的分离，从而使住宅具备更好的结构耐久性、室内空间灵活性以及可更新性等特点，同时兼备低能耗、高品质和长寿命的优势。

住宅建筑设备管线应进行综合设计，减少平面交叉，竖向管线宜集中布置，并应满足维修更换的要求，并应特别注意套内管线的综合设计，每套的管线应户界分明。建筑的部件之间、部件与设备之间的连接应采用标准化接口。预制构件中电气接口及吊挂配件的孔洞、沟槽应根据装修和设备要求预留，装配式建筑不应在预制构件安装完毕后剔凿孔洞、沟槽等。

建筑的排水横管布置在本层的排水方式称为同层排水；排水横管设置在楼板下的排水方式称为异层排水。建筑宜采用同层排水设计，并应结合房间净高、楼板跨度、设备管线等因素确定降板方案。住宅建筑卫生间、经济型旅馆宜优先采用同层排水方式。

竖向电气管线宜统一设置在预制板内或装饰墙面内，墙板内竖向电气管线布置应保持安全间距。隔墙内预留有电气设备时，应采取有效措施满足隔声及防火的要求。设备管线穿过楼板的部位，应采取防水、防火、隔声等措施。设备管线宜与预制构件上的预埋件可靠连接。预制构件的接缝（包括水平接缝和竖向接缝）是装配式结构的关键部位。为保证水平接缝和竖向接缝有足够的传递内力的能力，竖向电气管线不应设置在预制柱内，且不宜设置在预制剪力墙内。当竖向电气管线设置在预制剪力墙或非承重预制墙板内时，应避开剪力墙的边缘构件范围，并应进行统一设计，将预留管线表示在预制墙板深化图上。在预制剪力墙中的竖向电气管线宜设置钢套管。

四、装配式混凝土建筑的优点及存在问题

（一）优点

1）主要构件在工厂或现场预制，采用机械化吊装，安装施工时间比较短，且现场各专业施工可同步进行，受天气影响小，具有施工速度快、工程建设周期短、有利于冬期施工的特点。

2）构件预制采用定型模板平面施工作业，代替现浇结构立体交叉作业，具有生产效率高、产品质量好、安全环保、有效降低成本等特点。

3）在预制构件生产环节可采用反打一次成型工艺或立模工艺将保温、装饰、门窗附件等特殊要求的功能高度集成，减少了物料损耗和施工工序。

（二）存在问题

（1）成本相对较高　我国装配式建筑行业目前仍处于推广阶段，受技术、经济、规模等方面因素的限制，装配式混凝土建筑普遍造价偏高，这是因为：现有单位体积预制构件采购价格高于现场现浇施工作业时

的构件造价；预制构件节点连接处钢筋的搭接导致结构总用钢量有所提升；预制构件中所采用的某些连接件，目前市场价格较高：若使用了保温夹芯板构造，节点复杂，大板缝隙的密封处理也会导致额外的费用；大体量的预制构件运输增加运输成本；预制构件重量相较于传统吊装能力要求提高，增加了现场吊装环节塔吊等机械措施费用。

（2）整体性较差　预制混凝土结构由于其本身的构件拼装特点，决定了其连接节点设计和施工质量非常重要，它们在结构的整体性能和抗震性能上起到了决定性作用。我国属于地震多发区，对建筑结构的抗震性能要求高，如果要运用预制混凝土结构，则必须加强节点连接和保证施工质量。

（3）缺少个性化　工业化预制建造技术的缺点是任何一个建设项目，包括建筑设备、管道、电气安装、预埋件都必须事先设计完成，并在工厂里安装在混凝土大板里，只适合大量重复建造的标准单元。而标准化的组件导致个性化设计降低。

项目三　装配式混凝土结构体系

学习目标

1. 了解装配式混凝土结构的一般规定。
2. 了解装配式混凝土框架结构。
3. 了解装配式混凝土剪力墙结构。
4. 了解预制外墙挂板体系。

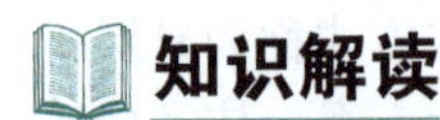

知识解读

一、一般规定

装配式混凝土建筑的结构体系与现浇结构类似，我国现行规范按照结构体系将装配式混凝土结构分为装配整体式框架结构、装配整体式剪力墙结构、装配整体式框架 - 现浇剪力墙结构、装配整体式框架 - 现浇核心筒结构、装配整体式部分框支剪力墙结构。

各种结构的最大适用高度应满足表 1-1 的要求，并应符合下列规定：①当结构中竖向构件全部为现浇且楼盖采用叠合梁板时，房屋的最大适用高度与现浇混凝土结构相同；②装配整体式剪力墙结构和装配整体式部分框支剪力墙结构，当预制剪力墙构件底部承担的总剪力大于该层总剪力的 50% 时，其最大适用高度应适当降低；当预制剪力墙构件底部承担的总剪力大于该层总剪力的 80% 时，其最大适用高度应按表 1-1 中括号内的数值；③装配整体式剪力墙结构和装配整体式部分框支剪力墙结构，当剪力墙边缘构件竖向钢筋采用浆锚搭接连接时，房屋最大适用高度应比表中数值降低 10m。

表 1-1　装配整体式混凝土结构房屋的最大适用高度　（单位：m）

结构类型	抗震设防烈度			
	6 度	7 度	8 度（0.20g）	8 度（0.30g）
装配整体式框架结构	60	50	40	30
装配整体式框架 - 现浇剪力墙结构	130	120	100	80
装配整体式框架 - 现浇核心筒结构	150	130	100	90
装配整体式剪力墙结构	130（120）	110（100）	90（80）	70（60）
装配整体式部分框支剪力墙结构	110（100）	90（80）	70（60）	40（30）

注：1. 房屋高度指室外地面到主要屋面的高度，不包括局部突出屋顶的部分。
2. 部分框支剪力墙结构指地面以上有部分框支剪力墙的剪力墙结构，不包括仅个别框支墙的情况。

高层装配整体式混凝土结构的高宽比不宜超过表 1-2 的数值。

表 1-2 高层装配整体式混凝土结构适用的最大高宽比

结构类型	6 度、7 度	8 度
装配整体式框架结构	4	3
装配整体式框架 - 现浇剪力墙结构	6	5
装配整体式剪力墙结构	6	5
装配整体式框架 - 现浇核心筒结构	7	6

装配整体式结构构件的震设计，应根据设防类别、烈度、结构类型和房屋高度采用不同的抗震等级，并应符合相应的计算和构造措施要求。丙类装配整体式结构的抗震等级应按表 1-3 确定。

表 1-3 丙类装配整体式结构的抗震等级

<table>
<tr><th colspan="2" rowspan="2">结构类型</th><th colspan="10">抗震设防烈度</th></tr>
<tr><th colspan="2">6</th><th colspan="4">7</th><th colspan="4">8</th></tr>
<tr><td rowspan="3">装配整体式框架结构</td><td>高度 /m</td><td>≤ 24</td><td>> 24</td><td colspan="2">≤ 24</td><td colspan="2">> 24</td><td colspan="2">≤ 24</td><td colspan="2">> 24</td></tr>
<tr><td>框架</td><td>四</td><td>三</td><td colspan="2">三</td><td colspan="2">二</td><td colspan="2">二</td><td colspan="2">一</td></tr>
<tr><td>大跨度框架</td><td colspan="2">三</td><td colspan="4">二</td><td colspan="4">一</td></tr>
<tr><td rowspan="3">装配整体式框架 - 现浇剪力墙结构</td><td>高度 /m</td><td>≤ 60</td><td>> 60</td><td>≤ 24</td><td colspan="2">> 24 且≤ 60</td><td>> 60</td><td>≤ 24</td><td colspan="2">> 24 且≤ 60</td><td>> 60</td></tr>
<tr><td>框架</td><td>四</td><td>三</td><td>四</td><td colspan="2">三</td><td>二</td><td>三</td><td colspan="2">二</td><td>一</td></tr>
<tr><td>抗震墙</td><td colspan="2">三</td><td>三</td><td colspan="3">二</td><td>二</td><td colspan="3">一</td></tr>
<tr><td rowspan="2">装配整体式框架 - 现浇核心筒结构</td><td>框架</td><td colspan="2">三</td><td colspan="4">二</td><td colspan="4">一</td></tr>
<tr><td>抗震墙</td><td colspan="2">二</td><td colspan="4">二</td><td colspan="4">一</td></tr>
<tr><td rowspan="2">装配整体式剪力墙结构</td><td>高度 /m</td><td>≤ 70</td><td>> 70</td><td>≤ 24</td><td colspan="2">> 24 且≤ 70</td><td>> 70</td><td>≤ 24</td><td colspan="2">> 24 且≤ 70</td><td>> 70</td></tr>
<tr><td>剪力墙</td><td>四</td><td>三</td><td>四</td><td colspan="2">三</td><td>二</td><td>三</td><td colspan="2">二</td><td>一</td></tr>
<tr><td rowspan="4">装配整体式部分框支抗震墙结构</td><td>高度 /m</td><td>≤ 70</td><td>> 70</td><td>≤ 24</td><td colspan="2">> 24 且≤ 70</td><td>> 70</td><td>≤ 24</td><td colspan="2">> 24 且≤ 70</td><td rowspan="4"></td></tr>
<tr><td>现浇框支框架</td><td>二</td><td>二</td><td>二</td><td colspan="2">二</td><td>一</td><td>二</td><td colspan="2">一</td></tr>
<tr><td>底部加强部位剪力墙</td><td>三</td><td>二</td><td>三</td><td colspan="2">二</td><td>一</td><td>二</td><td colspan="2">一</td></tr>
<tr><td>其他区域剪力墙</td><td>四</td><td>三</td><td>四</td><td colspan="2">三</td><td>二</td><td>三</td><td colspan="2">二</td></tr>
</table>

注：1. 大跨度框架指跨度不小于 18m 的框架。
2. 高度不超过60m的装配整体式框架-核心筒结构按装配整体式框架-抗震墙的要求设计时，应按表中装配整体式框架-抗震墙结构的规定确定其抗震等级。

装配式混凝土结构应具有良好的整体性，以保证结构在偶然作用发生时具有适宜的抗连续倒塌能力。

高层建筑装配整体式混凝土结构应符合下列规定：①当设置地下室时，宜采用现浇混凝土；②剪力墙结构和部分框支剪力墙结构底部加强部位宜采用现浇混凝土；③框架结构的首层柱宜采用现浇混凝土；④当底部加强部位的剪力墙、框架结构的首层柱采用预制混凝土时，应采用可靠技术措施。

二、装配式混凝土框架结构

全部或者部分的框架梁、柱及其他构件在预制构件厂制作好后，运输至现场进行安装，再进行节点区及其他构件后浇混凝土的浇筑，形成装配式混凝土框架结构。

装配式混凝土框架结构的预制构件类型可分为以下几种：预制柱、预制梁、预制楼梯、预制楼板、预制外墙挂板等。根据国内外多年的研究成果，在地震区的装配整体式框架结构，当采取了可靠的节点连接方式和合理的构造措施后，其性能可等同于现浇混凝土框架结构，并采用和现浇结构相同的方法进行结构分析和设计。

装配式混凝土框架结构具有清晰的结构传力路径和高效的装配效率，而且现场浇湿作业比较少，完全符合装配化结构的要求，也是最合适的结构形式之一。这种结构形式有一些适用范围，在需要开敞大空间的建筑中比较常见，比如仓库、厂房、停车场、商场、教学楼、办公楼、商务楼、医务楼等，最近几年也开始在住宅建筑中使用。

知识拓展

湿式连接和干式连接

装配式混凝土框架结构的节点连接类型可分为湿式连接和干式连接，如图 1-10 所示。根据节点连接方式的不同，结构按照等同现浇和不等同现浇进行设计。等同现浇结构时节点通常采用湿式连接，节点区采用后浇混凝土进行整体浇筑，结构的整体性好，具有和现浇结构相同的结构性能，结构设计时可采用与现浇混凝土相同的方法进行结构分析。不等同现浇连接通常采用螺栓等干式连接方式，国外对此种连接方式的应用和研究较多，在国内由于研究得不够充分，受力体系和计算方法尚不明确，目前使用较少。

a) 湿式连接

b) 干式连接

图 1-10　湿式连接和干式连接

三、装配式混凝土剪力墙结构

部分或全部预制剪力墙板在预制构件厂制作好后，运输至现场进行安装，再进行节点区及其他结构部位后浇混凝土的浇筑，形成装配式混凝土剪力墙结构，一般与桁架钢筋混凝土叠合板配合使用。

目前我国装配式混凝土建筑的主要结构形式是预制装配式剪力墙结构体系，除规范、图集推荐使用的预制混凝土剪力墙外墙板（三明治式保温外墙板）和预制混凝土剪力墙内墙板外，还有双面叠合混凝土剪力墙结构、单面叠合混凝土剪力墙等形式，如图 1-11 和图 1-12 所示。

图 1-11　双面叠合混凝土剪力墙结构

图 1-12　单面叠合混凝土剪力墙

知识拓展

多层装配式剪力墙结构

多层装配式剪力墙结构是在高层装配整体式剪力墙基础上进行简化，并参照装配式剪力墙设计标准的相关节点构造，制定的一种主要用于多层建筑的装配式结构。此种结构体系构造简单、施工方便，可在广大城镇地区多层住宅中推广使用。

装配式混凝土框架－现浇剪力墙结构

装配式混凝土框架-现浇剪力墙结构也是一种常用的结构形式，与装配式混凝土框架中预制构件的种类相似，其中框架梁柱采用预制，剪力墙采用现浇的形式。

四、预制外墙挂板体系

安装在主体结构上，起围护、装饰作用的非承重预制混凝土外墙板称为预制外墙挂板，简称外墙挂板，如图 1-13 所示。预制外挂混凝土墙板被广泛应用于混凝土或钢结构的框架结构中。一般情况下，预制外墙挂板作为非结构构件，可起围护、装饰、外保温的作用。建筑外墙挂板饰面可分为面砖饰面外墙挂板、石材饰面外墙挂板、清水混凝土饰面外墙挂板、彩色混凝土饰面外墙挂板等。

图 1-13　预制外墙挂板体系

由于预制外墙挂板有设计美观、施工环保、造型变化灵活等优点，已经在欧美等国家得到了很好的应用与发展。近年来，随着我国装配式建筑的快速发展，预制外挂板的应用也越加广泛。预制外墙挂板可以达到多种高质量的建筑外观效果，例如石灰岩或花岗岩、砖砌体的复杂纹理和外轮廓以及仿石材等的效果。而这些效果如果在现场采用传统的方法制作，造价较高。预制外墙挂板被用于各种建筑物的外墙，如公寓，办公室，商业建筑和教育、文化设施等。

知识拓展

预制率和装配率

在装配式建筑中，预制率和装配率是两个重要的概念。预制率是装配式混凝土建筑室外地坪以上主体结构和围护结构中预制构件部分的材料用量占对应构件材料用量的体积比；装配率是装配式建筑中预制构件、建筑部品的数量（或面积）占同类构件或部品总数量（或面积）的比率。

项目四 装配式混凝土预制构件

学习目标

1. 了解装配式混凝土预制构件的设计。
2. 了解装配式混凝土预制构件的材料要求。
3. 了解装配式混凝土预制构件的预埋件。

知识解读

装配式混凝土预制构件主要有：预制柱、预制梁（叠合梁）、预制楼板（叠合板）、预制外墙板、预制内墙板、预制楼梯、预制阳台板、预制空调板、预制女儿墙、预制外墙挂板等，如图 1-14 所示。

a）预制柱

b）预制梁（叠合梁）

c）预制楼板（叠合板）

d）预制外墙板

e）预制内墙板

f）预制楼梯

图 1-14 装配式混凝土预制构件示例

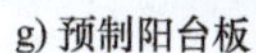
g) 预制阳台板

h) 预制女儿墙

图 1-14　装配式混凝土预制构件示例（续）

一、预制构件的设计

预制构件的设计中，对持久设计状况，应进行承载力、变形、裂缝控制验算；对地震设计状况，应进行承载力验算。此外，应特别注意对预制构件在短暂设计状况下的承载能力进行验算，对预制构件在脱模、翻转、起吊、运输、堆放、安装等生产和施工过程中的安全性进行分析，因为在制作、施工安装阶段的荷载、受力状态和计算模式经常与使用阶段不同，预制构件的混凝土强度在此阶段也未达到设计强度，许多预制构件的截面及配筋设计，不是使用阶段的设计计算起控制作用，而是这一阶段的设计计算起控制作用。

特别提示

预制梁、柱构件由于节点区钢筋布置空间的需要，保护层往往较厚。当保护层大于 50mm 时，宜对钢筋的混凝土保护层采取有效的构造措施，如增设钢筋网片、控制混凝土保护层的裂缝及在受力过程中的剥离脱落。

二、预制构件的材料

装配式结构中所采用的混凝土、钢筋、钢材的各项力学性能指标，以及结构混凝土材料的耐久性能要求，应符合现行国家标准的规定。

预制构件在工厂生产，易于进行质量控制，因此对其采用的混凝土的最低强度等级的要求高于现浇混凝土。预制构件的混凝土强度等级不宜低于 C30；预应力混凝土预制构件的混凝土强度等级不宜低于 C40，且不应低于 C30；装配混凝土结构中的现浇混凝土的强度等级不应低于 C25，且预制构件拼接部位的混凝土强度等级不应低于预制构件的混凝土强度等级。

钢筋的选用同现浇混凝土结构。普通钢筋采用套筒灌浆连接和浆锚搭接连接时，钢筋应采用热轧带肋钢筋。热轧带肋钢筋的肋，可以使钢筋与灌浆料之间产生足够的摩擦力，有效地传递应力，从而形成可靠的连接接头。预制构件中的钢筋网片，鼓励采用钢筋焊接网，以提高建筑的工业化生产水平。

三、预制构件的预埋件

预制构件的预埋件主要包括用于固定连接件的预埋件、预埋吊件和临时支撑用预埋件，各类预埋件不宜兼用；当兼用时，应同时满足各种设计工况要求。预制构件中外露预埋件凹入构件表面的深度不宜小于 10mm，以便于进行封闭处理。为了达到节约材料、方便施工、吊装可靠的目的，并避免外露金属件的锈蚀，预制构件的吊装方式宜优先采用内埋式螺母、内埋式吊杆或预留吊装孔。这些部件及配套的专用吊具等所采用的材料，应根据相应的产品标准和应用技术规程选用。预制构件的吊环应采用未经冷加工的HPB300级钢筋制作。内埋式螺母是装配式混凝土常用的一种预埋件，可用于固定连接件、构件吊装和临时支撑，内埋式螺母由螺栓套筒和穿过套筒的钢筋组成，如图1-15所示。内埋式吊杆和预埋吊环也是一种常用的预埋吊件，如图1-16所示。

a）预埋螺栓套筒

b）预制楼梯上的螺栓套筒

c）用于楼梯吊装的预埋吊件

图1-15　预埋螺栓套筒与预埋吊件

a）内埋式吊杆

b）内埋式吊杆安装

c）预埋吊环

图1-16　内埋式吊杆与预埋吊环

项目五　装配式混凝土预制构件的连接

学习目标

1. 了解装配式混凝土钢筋锚固的方式与要求。
2. 了解装配式混凝土钢筋连接的方式与要求。
3. 了解装配式混凝土粗糙面与键槽设置要求。

知识解读

一、钢筋锚固

预制构件纵向钢筋宜在后浇混凝土内直线锚固。当后浇混凝土不足锚固长度时，可采用弯折、机械锚固方式。为便于构件的加工及安装，预制构件纵向钢筋的锚固常采用锚固板的机械锚固方式，这种锚固方式伸出构件的钢筋长度较短且不需弯折。

知识拓展

锚固板

如图 1-17 所示，锚固板指设置于钢筋端部用于锚固钢筋的承压板。

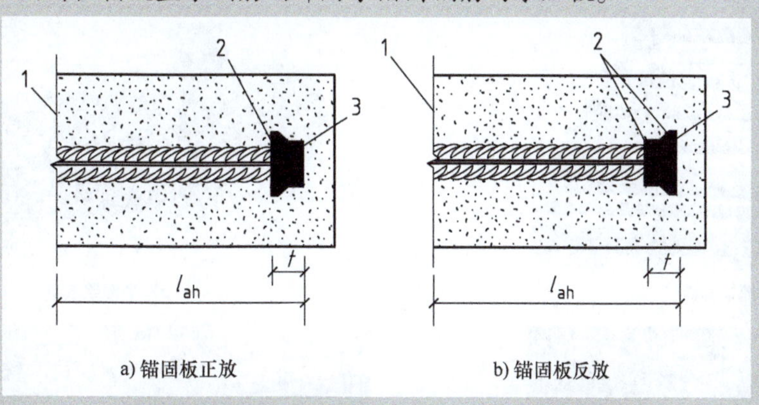

图 1-17　钢筋锚固板示意图

1—锚固区钢筋应力最大处截面　2—锚固板承压面　3—锚固板端面

锚固板形状一般为圆形，也有方形和长方形，钢筋端部与锚固板可采用螺纹连接或焊接连接。

锚固板分为部分锚固板和全锚固板，部分锚固板依靠锚固长度范围内钢筋与混凝土的黏结作用和锚固板承压面的承压作用共同承担锚固力；全锚固板全部依靠锚固板承压面的承压作用承担锚固力。

全锚固板承压面积不应小于锚固钢筋公称面积的 9 倍；部分锚固板承压面积不应小于锚固钢筋公称面积的 4.5 倍；锚固板厚度不应小于锚固钢筋公称直径；采用部分锚固板锚固的钢筋公称直径不宜大于 40mm。

采用部分锚固板时，一类环境中设计使用年限为 50 年的结构，锚固板侧面和端面的混凝土保护层厚度不应小于 15mm。钢筋锚固长度范围内的钢筋混凝土保护层厚度不宜小于 $1.5d$；锚固长度范围内应配置不少于 3 根箍筋，其直径不应小于纵向钢筋直径的 0.25 倍，间距不应大于 $5d$，且不应大于 100mm，第 1 根箍筋与锚固板承压面的距离应小于 $1d$；锚固长度范围内钢筋的混凝土保护层厚度大于 $5d$ 时，可不设横向箍筋。设置锚固板的纵向钢筋净间距不宜小于 $1.5d$。锚固长度不宜小于 $0.4l_{ab}$（或 $0.4l_{abE}$）。对于 500MPa、400 MPa、335MPa 级钢筋，锚固区混凝土强度等级分别不宜低于 C35、C30、C25。

采用全锚固板时，混凝土保护层厚度及混凝土强度等级要求与部分锚固板要求相同，钢筋的混凝土保护层厚度不宜小于 $3d$；钢筋净间距不宜小于 $5d$。

二、钢筋连接

预制构件一般外露纵向钢筋，用于钢筋锚固或钢筋连接。装配整体式结构中，节点及接缝处的纵向钢筋连接宜根据接头受力、施工工艺等要求选用机械连接、套筒灌浆连接、浆锚搭接连接、焊接连接、绑扎搭接连接等连接方式，其中套筒灌浆连接和浆锚搭接连接是装配式混凝土竖向构件竖向钢筋特有的连接方式。

知识拓展

钢筋套筒灌浆连接

钢筋套筒灌浆连接是指在金属套筒中插入单根带肋钢筋并注入灌浆料拌合物，通过拌合物硬化形成整体并实现传力的钢筋对接连接，简称套筒灌浆连接。钢筋连接用灌浆套筒采用铸造工艺或机械加工工艺制造，简称灌浆套筒。灌浆套筒可分为全灌浆套筒和半灌浆套筒，如图 1-18 所示。全灌浆套筒两端均采用套筒灌浆连接，半灌浆套筒一端采用套筒灌浆连接，另一端采用机械连接方式连接钢筋。钢筋连接用套筒灌浆料以水泥为基本材料，并配以细集料、外加剂及其他材料混合而成的用于钢筋套筒灌浆连接的干混料，简称灌浆料。灌浆料按规定比例加水搅拌后，具有规定流动性、早强、高强及硬化后微膨胀等性能的浆体称为灌浆料拌合物。

a）全灌浆套筒

b）半灌浆套筒

c）采用全灌浆套筒的构件

d）采用半灌浆套筒的构件

图 1-18　钢筋套筒灌浆连接

灌浆套筒示意如图 1-19 所示。套筒灌浆连接的钢筋应采用热轧带肋钢筋；钢筋直径不宜小于 12mm，且不宜大于 40mm。当钢筋直径不超过 25mm 时，灌浆套筒灌浆端最小内径与连接钢筋公称直径的差值不宜小于 10mm；当钢筋直径大于 25mm 时，灌浆套筒灌浆端最小内径与连接钢筋公称直径的差值不宜小于 15mm。用于钢筋锚固的深度不宜小于插入钢筋公称直径的 8 倍。

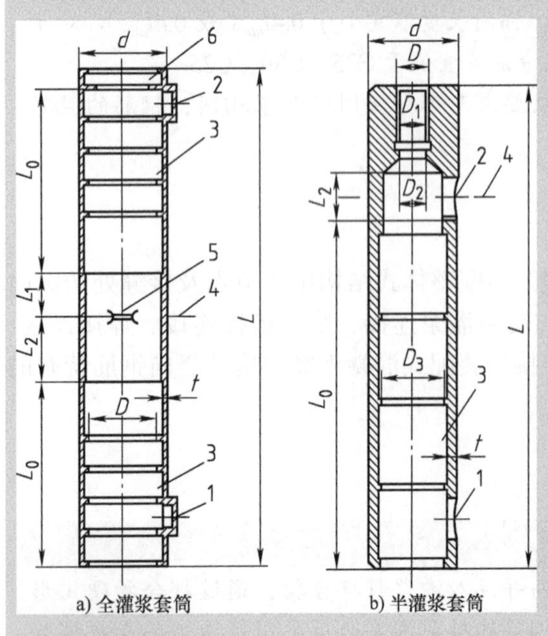

a) 全灌浆套筒　　b) 半灌浆套筒

说明：

1——灌浆孔
2——排浆孔
3——剪力槽
4——强度验算用截面
5——钢筋限位挡块
6——安装密封垫的结构

尺寸：

L——灌浆套筒总长
L_0——锚固长度
L_1——预制端预留钢筋安装调整长度
L_2——现场装配端预留钢筋安装调整长度
t——灌浆套筒壁厚
d——灌浆套筒外径
D——内螺纹的公称直径
D_1——内螺纹的基本小径
D_2——半灌浆套筒螺纹端与灌浆端连接处的通孔直径
D_3——灌浆套筒锚固段环形突起部分的内径

注：D_3 不包括灌浆孔、排浆孔外侧因导向、定位等其他目的而设置的比锚固段环形突起内径偏小的尺寸。D_3 可以为非等截面。

图 1-19　灌浆套筒示意

采用套筒灌浆连接的构件混凝土强度等级不宜低于C30。装配式混凝土结构采用套筒灌浆连接接头时，全部构件纵向受力钢筋可在同一截面上连接，混凝土结构中全截面受拉构件同一截面不宜全部采用钢筋套筒灌浆连接。混凝土构件中灌浆套筒的净距不应小于25mm。混凝土构件的灌浆套筒长度范围内，预制混凝土柱箍筋的混凝土保护层厚度不应小于20mm，预制混凝土墙最外层钢筋的混凝土保护层厚度不应小于15mm。

采用套筒灌浆连接的混凝土构件设计还应符合下列规定：

1）接头连接钢筋的强度等级不应高于灌浆套筒规定的连接钢筋强度等级。

2）接头连接钢筋的直径规格不应大于灌浆套筒规定的连接钢筋直径规格，且不宜小于灌浆套筒规定的连接钢筋直径规格一级以上。

3）构件配筋方案应根据灌浆套筒外径、长度及灌浆施工要求确定。

4）构件钢筋插入灌浆套筒的锚固长度应符合灌浆套筒参数要求。

5）竖向构件配筋设计应结合灌浆孔、出浆孔位置。

6）底部设置键槽的预制柱，应在键槽处设置排气孔。

浆锚搭接连接

浆锚搭接连接在混凝土预制构件一端为预留连接孔，通过灌注专用水泥基高强无收缩灌浆料与螺纹钢筋连接。浆锚搭接连接是装配式混凝土结构钢筋竖向连接形式之一，即在混凝土中预埋波纹管，待混凝土达到要求强度后，钢筋穿入波纹管，再将高强度无收缩灌浆料灌入波纹管养护，以起到锚固钢筋的作用。这种钢筋浆锚体系属多重界面体系，即钢筋与锚固材料（灌浆料）的界面体系、锚固材料与波纹管界面体系以及波纹管与原构件混凝土的界面体系。因此，锚固材料对钢筋的锚固力不仅与锚固材料和钢筋的握裹力有关，还与波纹管和锚固材料、波纹管和混凝土之间的连接有关。

浆锚搭接连接包括螺旋箍筋约束浆锚搭接连接、金属波纹管浆锚搭接连接以及其他采用预留孔洞插筋后灌浆的间接搭接连接方式，如图1-20所示。

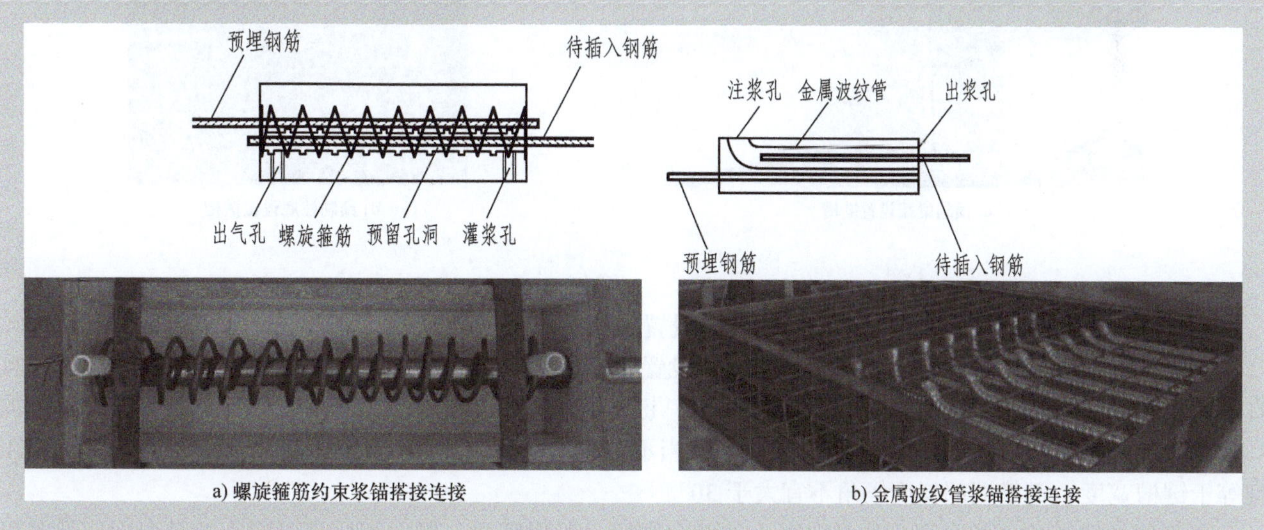

a) 螺旋箍筋约束浆锚搭接连接　　b) 金属波纹管浆锚搭接连接

图1-20　浆锚搭接连接

浆锚搭接连接机械性能稳定，采用配套灌浆材料，可手动灌浆和机械灌浆，填充于带肋钢筋间隙内，形成钢筋灌浆连接接头，更适合竖向钢筋连接。

三、粗糙面与键槽设置

预制构件与后浇混凝土、灌浆料、坐浆材料的结合面应设置粗糙面、键槽，如图1-21所示。

a) 预制墙板设置粗糙面

b) 预制墙板设置键槽

c) 预制梁端设置键槽

d) 预制柱底设置键槽

图 1-21　粗糙面、键槽设置

预制板与后浇混凝土叠合层之间的结合面应设置粗糙面。

预制梁与后浇混凝土叠合层之间的结合面应设置粗糙面，预制梁端面应设置键槽，如图 1-22 所示，且宜设置粗糙面。键槽的尺寸和数量应按计算确定；键槽的深度 t 不宜小于 30mm，宽度 w 不宜小于深度的 3 倍且不宜大于深度的 10 倍；键槽可贯通截面，当不贯通时槽口距离截面边缘不宜小于 50mm；键槽间距宜等于键槽宽度；键槽端部斜面倾角不宜大于 30°。

预制剪力墙的顶部和底部与后浇混凝土的结合面应设置粗糙面；侧面与后浇混凝土的结合面应设置粗糙面，也可设置键槽；键槽深度 t 不宜小于 20mm，宽度 w 不宜小于深度的 3 倍且不宜大于深度的 10 倍，键槽间距宜等于键槽宽度，键槽端部斜面倾角不宜大于 30°。

预制柱的底部应设置键槽且宜设置粗糙面，键槽应均匀布置，键槽深度不宜小于 30mm，键槽端部斜面倾角不宜大于 30°，柱顶应设置粗糙面。

粗糙面的面积不宜小于结合面的 80%，预制板的粗糙面凹凸深度不应小于 4mm，预制梁端、预制柱端、预制墙端的粗糙面凹凸深度不应小于 6mm。

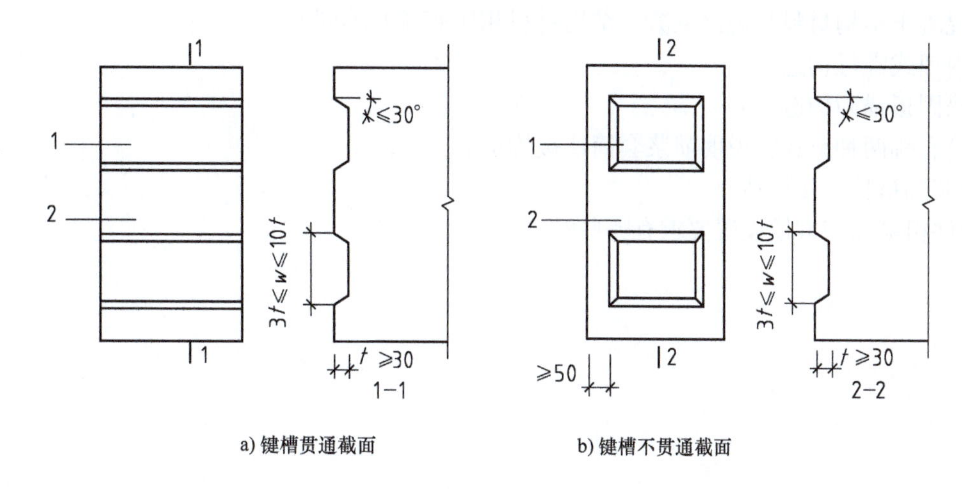

图 1-22　梁端键槽构造示意

1—键槽　2—梁端面

单元小结

建筑工业化指通过现代化的制造、运输、安装和科学管理的生产方式来建造房屋，它的主要标志是建筑设计标准化、构配件生产工厂化，施工机械化和组织管理科学化。装配式建筑契合了建筑工业化的概念，采用工业化的方式生产建筑，其主要构件、部品等在工厂生产加工，通过运输工具运送到工地现场，并在工地现场拼装。装配式混凝土建筑是我国现阶段装配式建筑的重要形式，其结构系统由混凝土部件（预制构件）通过可靠的连接方式装配而成，简称 PC（Precast Concrete）建筑，结构系统称为装配式混凝土结构。

装配式混凝土建筑以装配式建造方式为基础，统筹策划、设计、生产和施工等，实现建筑结构系统、外围护系统、设备与管线系统和内装系统一体化的建筑系统集成，并通过建筑、结构、设备、装修等专业相互配合，运用信息化技术手段满足建筑设计、生产运输、施工安装等要求，实现协同设计。

装配式混凝土建筑的结构体系主要有框架结构和剪力墙结构，此外，外墙挂板体系也是一种重要的装配式混凝土建筑的形式。预制构件在工厂生产，易于进行质量控制，因此对其采用的混凝土的最低强度等级的要求高于现浇混凝土；普通钢筋采用套筒灌浆连接和浆锚搭接连接时，为了形成可靠的连接接头，钢筋应采用热轧带肋钢筋。

装配式混凝土预制构件构件应特别注意在脱模、翻转、起吊、运输、堆放、安装等生产和施工过程中的承载能力的验算。预制构件外伸的纵向钢筋常采用锚固板的机械锚固方式，伸出构件的钢筋长度较短且不需弯折，便于构件加工及安装；节点及接缝处的纵向钢筋连接除选用机械连接、焊接连接、绑扎搭接连接等连接方式外，套筒灌浆连接、浆锚搭接连接是装配式混凝土预制构件构件纵向钢筋连接的重要形式；预制构件与后浇混凝土连接处一般需设置粗糙面与键槽。

复习思考题

1. 什么是建筑工业化？
2. 什么是装配式建筑？简要说明我国装配式建筑发展动向。
3. 什么是装配式混凝土建筑？什么是装配式混凝土结构？
4. 什么是装配化集成技术？装配化建筑设计的要求有哪些？

5. 装配式混凝土建筑的结构体系主要有哪些？
6. 装配式混凝土结构材料与现浇混凝土结构材料相比有哪些不同？
7. 请简述内埋式螺母构造。
8. 请简述锚固板锚固构造。
9. 灌浆套筒有哪两种形式？说明灌浆套筒连接构造。
10. 请简述浆锚搭接连接构造。
11. 预制构件粗糙面与键槽设置要求有哪些？

单元二

预制构件及其连接的识图与构造

学习思路

装配式混凝土结构（Precast Concrete Structure）是由预制混凝土构件通过可靠的连接方式装配而成的混凝土结构，包括装配整体式混凝土结构、全装配混凝土结构等。在建筑工程中，简称装配式建筑；在结构工程中，简称装配式结构。

预制混凝土构件（Precast Concrete Components）是指在工厂或现场预先制作的混凝土构件，简称预制构件，是装配式混凝土结构的基本构件；预制构件的连接是形成装配式混凝土结构的关键，如何保证连接节点构造可靠是装配式混凝土结构重要的技术环节。

本单元首先说明预制构件及连接节点基本构造要求，然后分别介绍预制柱、叠合梁、预制剪力墙、叠合板、预制楼梯、预制阳台板、预制空调板、预制女儿墙、预制外墙挂板等预制构件的规格、编号、选用方法、构造详图，以及连接节点构造要求。

能力目标与知识要点

能力目标	知识要点
理解预制构件及连接节点基本构造要求	（1）混凝土结构的环境类别 （2）混凝土保护层厚度要求 （3）纵向钢筋及其接头净距要求 （4）钢筋的锚固要求 （5）钢筋的连接要求 （6）封闭箍筋及拉筋弯钩构造 （7）预制构件及连接节点图例
熟悉各类预制构件的规格、编号、选用方法、构造详图，以及连接节点构造要求	（1）预制柱 （2）叠合梁 （3）预制剪力墙 （4）桁架钢筋混凝土叠合板 （5）预制楼梯 （6）预制阳台板 （7）预制空调板 （8）预制女儿墙 （9）预制外墙挂板

知识预习

装配式混凝土预制构件

装配式混凝土预制构件一般是指在工厂通过标准化、机械化方式加工生产的混凝土制品，简称PC（Precast Concrete）构件，主要有：预制柱、叠合梁、预制剪力墙、桁架钢筋混凝土叠合板、预制楼梯、预制阳台板、预制空调板、预制女儿墙、预制外墙挂板等。

PC构件一般采用工厂化生产，可以采用干硬性混凝土，并经过挤压成型、高频振捣、高温养护、离心成型等工艺后，其抗压强度高，且质量稳定；在不增加成本的前提下很容易做成“清水混凝土”和“装饰混凝土”，可减少后续装饰和装修的成本。一些工业厂房和民用建筑中的构件属于高度标准化的产品，可以按制造业生产方式批量化连续性生产，形成工业品库存进行采购和销售，由于规模式自动化流水作业生产，其成品生产成本递减。PC构件被广泛应用于建筑、交通、水利等领域。

参考图集

构件	参考图集
预制柱	《上海市装配整体式混凝土构件图集》(DBJT 08-121-2016)
叠合梁	《上海市装配整体式混凝土构件图集》(DBJT 08-121-2016)
预制剪力墙	《预制混凝土剪力墙外墙板》(15G365-1) 《预制混凝土剪力墙内墙板》(15G365-2)
叠合板	《桁架钢筋混凝土叠合板(60mm 厚底板)》(15G366-1)
预制楼梯	《预制钢筋混凝土板式楼梯》(15G367-1)
预制阳台板	
预制空调板	《预制钢筋混凝土阳台板、空调板及女儿墙》(15G368-1)
预制女儿墙	
预制外墙挂板	《预制混凝土外墙挂板(一)》(16J110-2 16G333)
连接节点构造	《装配式混凝土结构连接点构造》(15G310-1 ~ 2)

项目一 预制构件及其连接基本构造要求

学习目标

1. 熟悉混凝土结构的环境类别。
2. 掌握混凝土保护层厚度要求。
3. 熟悉预制构件纵向钢筋净距要求。
4. 熟悉钢筋锚固的方式，掌握钢筋锚固长度的概念，会计算锚固长度。
5. 熟悉钢筋的连接方式及连接构造。
6. 掌握封闭箍筋及拉筋构造。
7. 识读预制构件及连接节点图例。

知识解读

一、混凝土结构的环境类别

结构所处环境是影响其耐久性的外因，环境类别是指混凝土暴露表面所处的环境条件，混凝土结构暴露的环境类别划分，见表 2-1，设计可根据实际情况确定适当的环境类别。

二、混凝土保护层厚度要求

混凝土保护层厚度指最外层钢筋外边缘至混凝土表面的距离，适用于设计使用年限为 50 年的混凝土结构。混凝土保护层的最小厚度见表 2-2，且构件中受力钢筋的保护层厚度不应小于钢筋的公称直径。设计使用年限为 100 年的混凝土结构，一类环境中，最外层钢筋的保护层厚度不应小于表中数值的 1.4 倍。对采用工厂化生产的构件，当有充分依据时，可适当减少混凝土保护层厚度。梁、柱、墙中纵向受力钢筋的保护层厚度大于 50mm 时，宜对保护层采取有效的构造措施，在保护层内配置防裂、防剥落的焊接钢筋网片，网片钢筋的保护层厚度不应小于 25mm。

表 2-1　混凝土结构的环境类别

环境类别	条　　件
一	室内干燥环境；无侵蚀性静水浸没环境
二 a	室内潮湿环境；非严寒和非寒冷地区的露天环境；非严寒和非寒冷地区与无侵蚀性的水或土壤直接接触的环境；严寒和寒冷地区的冰冻线以下的无侵蚀性的水或土壤直接接触的环境
二 b	干湿交替环境；水位频繁变动环境；严寒和寒冷地区的露天环境；严寒和寒冷地区的冰冻线以上与无侵蚀性的水或土壤直接接触的环境
三 a	严寒和寒冷地区冬季水位冰冻区环境；受除冰盐影响环境；海风环境
三 b	盐渍土环境；受除冰盐作用环境；海岸环境
四	海水环境
五	受人为或自然的侵蚀性物质影响的环境

注：1. 室内潮湿环境是指构件表面经常处于结露或湿润状态的环境。
2. 严寒和寒冷地区的划分应符合《民用建筑热工设计规范》（GB 50176-2016）的有关规定。
3. 海岸环境和海风环境宜根据当地情况，考虑主导风向及结构所处迎风、背风部位等因素的影响，由调查研究和工程经验确定。
4. 受除冰盐影响环境为受到除冰盐盐雾影响的环境；受除冰盐作用环境指被除冰盐溶液溅射的环境以及使用除冰盐地区的洗车房、停车楼等建筑。
5. 暴露的环境是指混凝土结构表面所处的环境。

表 2-2　混凝土保护层最小厚度 c　（单位：mm）

环境类别	板、梁、壳	梁、柱、杆
一	15	20
二 a	20	25
二 b	25	35
三 a	30	40
三 b	40	50

最小保护层厚度的要求既适用于预制构件，也适用于后浇混凝土部分。叠合板、预制板混凝土保护层厚度示意如图 2-1 所示，叠合梁保护层厚度示意如图 2-2 所示，其中 d_1 和 d_2 分别为梁上部和下部纵向钢筋的公称直径，d 为二者的较大值。剪力墙、楼梯的保护层厚度示意同板，柱的保护层厚度示意同叠合梁。

钢筋锚固板混凝土保护层厚度如图 2-3 所示，纵筋的保护层厚度不应小于 1.5d（d 为纵筋直径），锚固板的保护层厚度不应小于 15mm。梁纵筋机械连接接头处的混凝土保护层厚度如图 2-4 所示，不应小于 15mm。梁纵筋套筒灌浆连接接头处钢筋的混凝土保护层厚度如图 2-5 所示，应保证箍筋的保护层厚度不小于 20mm。

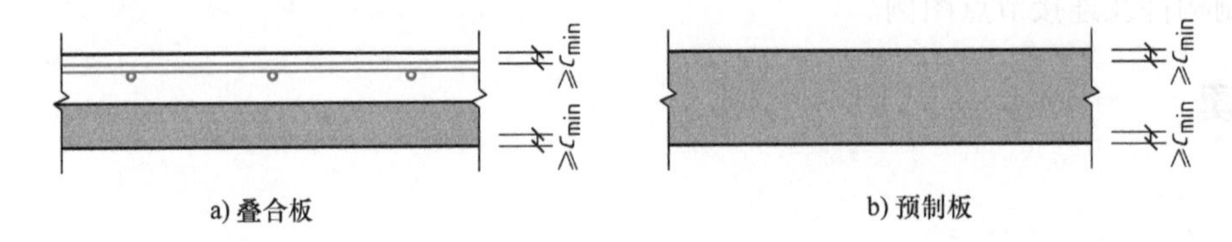

图 2-1　板混凝土保护层厚度

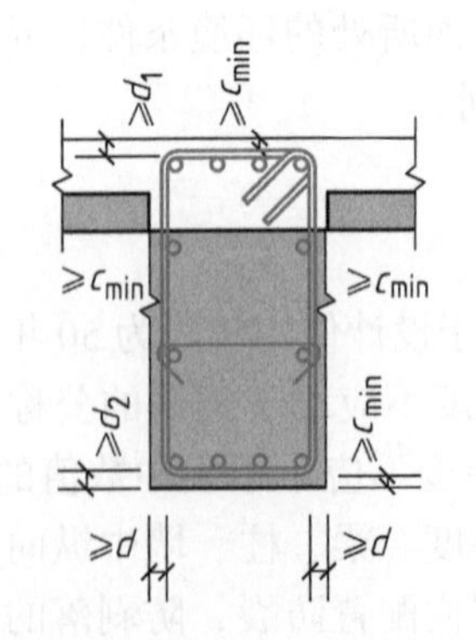

图 2-2　叠合梁混凝土保护层厚度

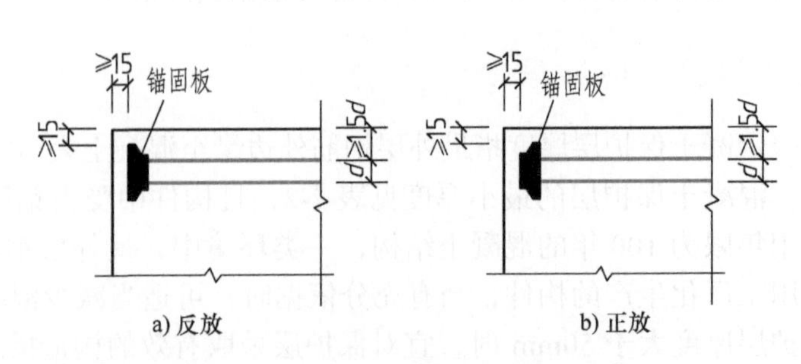

图 2-3　钢筋锚固板混凝土保护层厚度

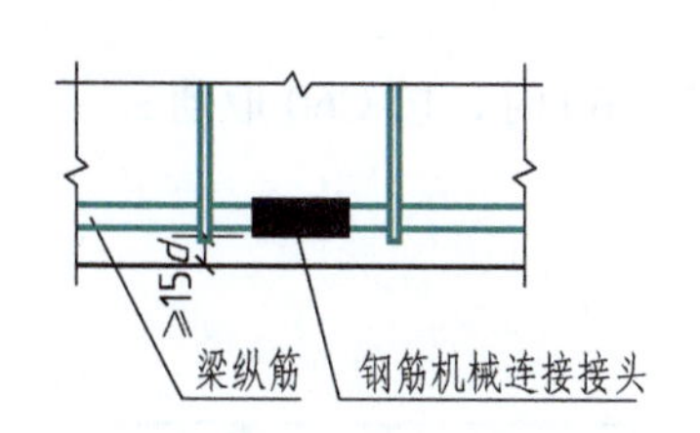

图 2-4　梁纵筋机械连接接头处混凝土保护层厚度

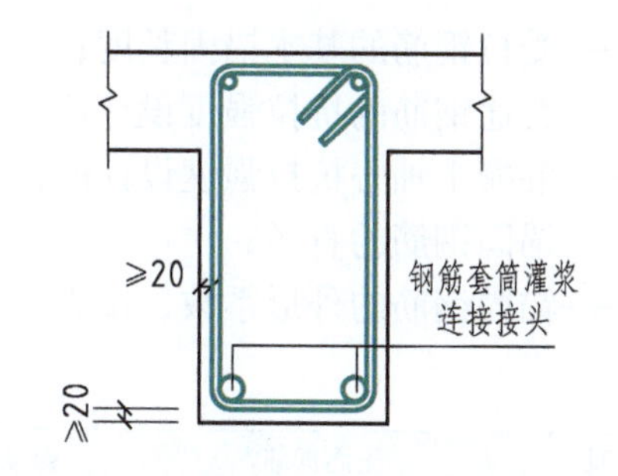

图 2-5　梁纵筋套筒灌浆连接接头处混凝土保护层厚度

三、板、梁、柱钢筋的净距

为了便于浇筑混凝土，保证钢筋周围混凝土的密实性，板内钢筋间距不宜太密；为了使板正常承受外荷载，钢筋间距也不宜过稀。板中受力钢筋的间距，当板厚不大于 150mm 时，不宜大于 200mm，一般为 70~200mm；当板厚大于 150mm 时不宜大于板厚的 1.5 倍，且不宜大于 250mm。

为了保证混凝土能很好地将钢筋包裹住，使钢筋应力能可靠地传递到混凝土，以及避免因钢筋过密而妨碍混凝土的捣实，梁上部钢筋水平方向的净间距不应小于 30mm 和 1.5d；梁下部钢筋水平方向的净间距不应小于 25mm 和 d。当下部钢筋多于 2 层时，2 层以上钢筋水平方向的中距应比下面 2 层的中距增大一倍；各层钢筋之间的净间距不应小于 25mm 和 d，d 为相应位置处钢筋的最大直径。如图 2-6 所示为梁钢筋的净距要求。

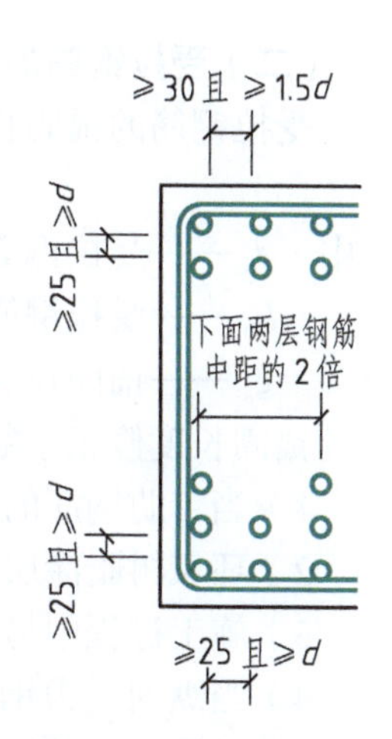

图 2-6　梁钢筋的净距

柱中纵向钢筋的净间距不应小于 50mm，且不宜大于 300mm，抗震框架柱纵筋间距不宜大于 200mm。

除满足以上要求外，带锚固板的钢筋、设置钢筋机械连接接头或钢筋套筒灌浆连接的纵向钢筋间距应适当增大。锚固区带锚板钢筋净距要求不应小于 1.5d（d 为纵筋直径）；钢筋机械连接接头或钢筋套筒灌浆连接接头处的净距均不应小于 25mm，如图 2-7 所示。

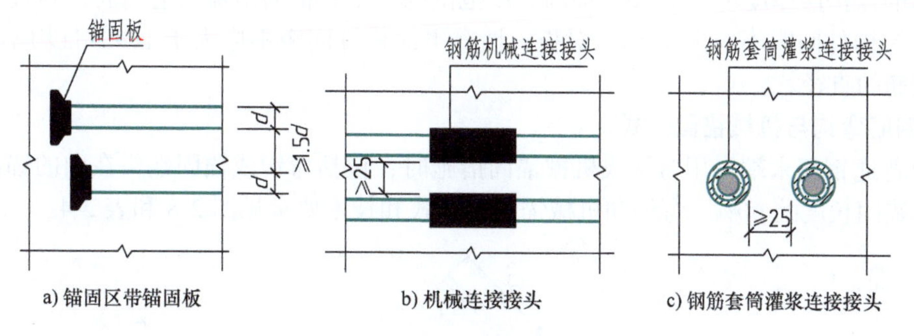

图 2-7　钢筋连接接头横向净距

四、钢筋的锚固

（一）受拉钢筋的基本锚固长度

为了使钢筋和混凝土能可靠地共同工作，钢筋在混凝土中必须有可靠的锚固。当计算中充分利用钢筋的抗拉强度时，受拉通钢筋的锚固应符合下列要求。

$$l_{ab}=\alpha\frac{f_y}{f_t}d \tag{2-1}$$

式中 l_{ab}——受拉钢筋的基本锚固长度；

f_y——普通钢筋的抗拉强度设计值；

f_t——混凝土轴心抗拉强度设计值，当混凝土强度等级高于 C60 时，按 C60 取值；

d——锚固钢筋的直径；

α——锚固钢筋的外形系数，按表 2-3 取用。

表 2-3 锚固钢筋的外形系数

钢筋类型	光面钢筋	带肋钢筋	螺旋肋钢丝	三股钢绞线	七股钢绞线
外形系数	0.16	0.14	0.13	0.16	0.17

注：光圆钢筋末端应做 180° 弯钩，弯后平直段长度不应小于 3d，但作受压钢筋时可不做弯钩。

（二）受拉钢筋的锚固长度

受拉钢筋的锚固长度应根据锚固条件按下列公式计算，且不应小于 200mm。

$$l_a=\zeta_a l_{ab} \tag{2-2}$$

式中 l_a——受拉钢筋的锚固长度；

l_{ab}——受拉钢筋的基本锚固长度；

ζ_a——锚固长度修正系数。

锚固长度修正系数 ζ_a 的取值对于普通钢筋，具体规定如下：

1）当带肋钢筋的公称直径大于 25mm 时取 1.10。

2）环氧树脂涂层带肋钢筋取 1.25。

3）施工过程中易受扰动的钢筋取 1.10。

4）当纵向受力钢筋的实际配筋面积大于其设计计算面积时，取设计计算面积与实际配筋面积的比值，但对有抗震设防要求及直接承受动力荷载的结构构件，不应考虑此项修正。

5）锚固钢筋的保护层厚度为 3d 时可取 0.80，保护层厚度为 5d 时可取 0.70，中间按内插取值，此处 d 为锚固钢筋的直径。

锚固长度修正系数多于一项时，可按连乘计算，但不应小于 0.6。

（三）锚固范围内的横向构造钢筋

当锚固钢筋的保护层厚度不大于 5d，锚固长度范围内应配置横向附加构造钢筋，其直径不应小于 d/4；对梁、柱、斜撑等构件间距不应大于 5d，对板、墙等平面构件间距不应大于 10d，且均不应大于 100mm。此处 d 为锚固钢筋的直径。

（四）纵向钢筋弯钩与机械锚固形式

当纵向受拉普通钢筋末端采用弯钩或机械锚固措施时，包括弯钩或锚固端头在内的锚固长度（投影长度）可取为基本锚固长度的 60%。弯钩和机械锚固的形式和技术要求见图 2-8 和表 2-4。

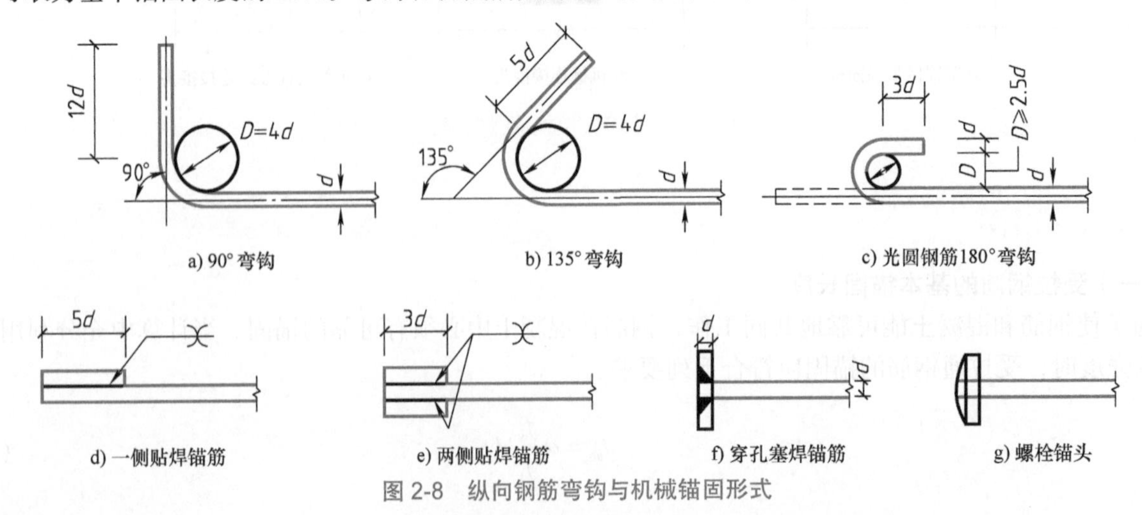

图 2-8 纵向钢筋弯钩与机械锚固形式

表 2-4　钢筋弯钩和机械锚固的形式和技术要求

锚固形式	技术要求
90° 弯钩	末端 90° 弯钩，弯钩内径 $4d$，弯后直段长度 $12d$
135° 弯钩	末端 135° 弯钩，弯钩内径 $4d$，弯后直段长度 $5d$
光圆钢筋 180° 弯钩	末端 180° 弯钩，弯钩内径 $2.5d$，弯后直段长度 $3d$
一侧贴焊锚筋	末端一侧贴焊长 $5d$ 同直径钢筋
两侧贴焊锚筋	末端两侧贴焊长 $3d$ 同直径钢筋
穿孔塞焊锚筋	末端与厚度 d 的锚板穿孔塞焊
螺栓锚头	末端旋入螺栓锚头

注：1. 焊缝和螺纹长度应满足承载力要求。
2. 螺栓锚头和焊接锚板的承压净面积不应小于锚固钢筋截面积的 4 倍。
3. 螺栓锚头的规格应符合相关标准的要求。
4. 螺栓锚头和焊接锚板的钢筋净间距不宜小于 $4d$，否则应考虑群锚效应的不利影响。
5. 截面角部的弯钩和一侧贴焊锚筋的布筋方向宜向截面内侧偏置。

钢筋弯折的弯弧内直径 D 还应符合下列规定：

1）光圆钢筋，不应小于钢筋直径的 2.5 倍。

2）335MPa 级、400MPa 级带肋钢筋，不应小于钢筋直径的 4 倍。

3）500MPa 级带肋钢筋，当直径 $d \leqslant 25$mm 时，不应小于钢筋直径的 6 倍；当直径 $d > 25$mm 时，不应小于钢筋直径的 7 倍。

4）位于框架结构顶层端节点处的梁上部纵向钢筋和柱外侧纵向钢筋，在节点角部弯折处，当钢筋直径 $d \leqslant 25$mm 时，不应小于钢筋直径的 12 倍；当直径 $d > 25$mm 时，不应小于钢筋直径的 16 倍。

5）箍筋弯折处尚不应小于纵向受力钢筋直径；箍筋弯折处纵向受力钢筋为搭接或并筋时，应按钢筋实际排布情况确定箍筋弯弧内直径。

（五）受压钢筋的锚固长度

混凝土结构中的纵向受压钢筋，当计算中充分利用其抗压强度时，锚固长度不应小于相应受拉锚固长度的 70%。受压钢筋锚固长度范围内的横向构造钢筋与受拉钢筋的配置要求相同。

（六）抗震设计时受拉钢筋基本锚固长度

抗震设计时受拉钢筋基本锚固长度 l_{abE} 应按下式计算。

$$l_{abE}=\zeta_{aE}l_{ab} \tag{2-3}$$

式中　l_{abE}——受拉钢筋的抗震基本锚固长度；

ζ_{aE}——纵向受拉钢筋抗震锚固长度修正系数，对一、二级抗震等级取1.15，对三级抗震等级取1.05，对四级抗震等级取1.00。

（七）纵向受拉钢筋的抗震锚固长度

抗震构件纵向受拉钢筋的抗震锚固长度 l_{aE} 应按下式计算。

$$l_{aE}=\zeta_{aE}l_{a} \tag{2-4}$$

式中　l_{aE}——受拉钢筋的抗震锚固长度。

特别提示

预制构件纵向钢筋宜在后浇混凝土内直线锚固；当后浇段长度不能满足直线锚固长度时，可采用弯折锚固或机械锚固方式，但钢筋弯折不便于装配式混凝土结构的加工、安装，故预制构件纵向钢筋的锚固常用钢筋锚固板的机械锚固方式，伸出构件的钢筋长度较短且不需弯折。

五、钢筋的连接

除采用绑扎搭接、机械连接或焊接外，钢筋套筒灌浆连接是装配式混凝土结构重要的连接形式，此外，浆锚搭接也有应用。

混凝土结构中的受力钢筋的连接接头宜设置在受力较小处。如钢筋混凝土柱钢筋的连接接头一般设置在柱的中间部位，梁上部钢筋的连接接头设置在跨中 1/3 处。在同一根受力钢筋上宜少设接头。在结构的重要构件和关键传力部位，纵向受力钢筋不宜设置连接接头。

轴心受拉及小偏心受拉杆件的纵向受力钢筋不得采用绑扎搭接；其他构件中的钢筋采用绑扎搭接时，受拉钢筋直径不宜大于 25mm，受压钢筋直径不宜大于 28mm。

（一）绑扎搭接

同一构件中相邻纵向受力钢筋的绑扎搭接接头宜互相错开。钢筋绑扎搭接接头连接区段的长度为 1.3 倍搭接长度，凡搭接接头中点位于该连接区段长度内的搭接接头均属于同一连接区段，如图 2-9 所示，同一连接区段内纵向受力钢筋搭接接头面积百分率为该区段内有搭接接头的纵向受力钢筋与全部纵向受力钢筋截面面积的比值。当直径不同的钢筋搭接时，按直径较小的钢筋计算。

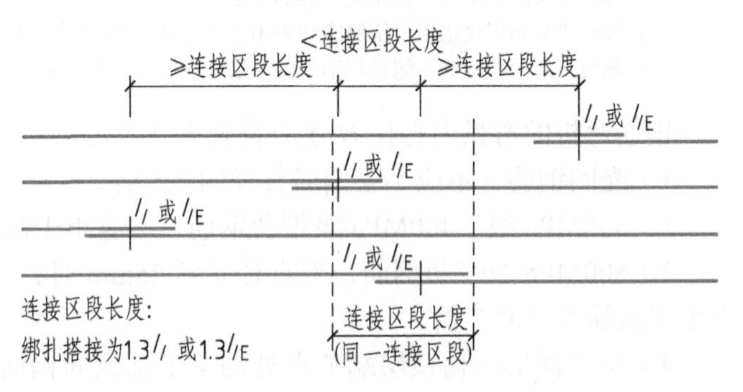

图 2-9　同一连接区段内纵向受拉钢筋绑扎搭接接头

位于同一连接区段内的受拉钢筋搭接接头面积百分率：对梁类、板类及墙类构件，不宜大于 25%；对柱类构件，不宜大于 50%。当工程中确有必要增大受拉钢筋搭接接头面积百分率时，对梁类构件，不宜大于 50%；对板、墙、柱及预制构件的拼接处，可根据实际情况放宽。

1）纵向受拉钢筋绑扎搭接接头的搭接长度，应根据位于同一连接区段内的钢筋搭接接头面积百分率按下列公式计算，且不应小于 300mm。

$$l_l=\zeta_l l_a \tag{2-5}$$

式中　l_l——纵向受拉钢筋的搭接长度；

ζ_l——纵向受拉钢筋的搭接长度修正系数，按表2-5取用。当纵向搭接钢筋接头面积百分率为表中间值时，修正系数可按内插取值。

表 2-5　纵向受拉钢筋搭接长度修正系数

纵向搭接钢筋接头面积百分率（%）	≤ 25	50	100
ζ_l	1.2	1.4	1.6

2）纵向受压钢筋绑扎搭接接头的搭接长度。构件中的纵向受压钢筋当采用搭接连接时，其受压搭接长度不应小于纵向受拉钢筋搭接长度的 70%，且不应小于 200mm。

3）纵向受力钢筋搭接区箍筋构造。在梁、柱类构件的纵向受力钢筋搭接长度范围内的横向构造钢筋，应按图 2-10 设置，搭接区内箍筋直径不小于 $d/4$（d 为搭接钢筋最大直径），间距不应大于 100mm 及 $5d$（d 为搭接钢筋最小直径）；当受压钢筋直径大于 25mm 时，尚应在搭接接头两个端面外 100mm 的范围内各设置两道箍筋。

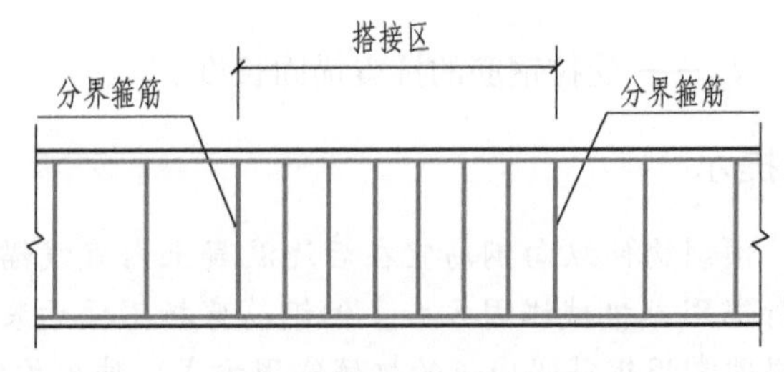

图 2-10　纵向受力钢筋搭接区箍筋构造

4）纵向受拉钢筋的抗震搭接长度。当采用

搭接连接时，纵向受拉钢筋的抗震搭接长度应按下列公式计算。

$$l_{lE}=\zeta_l l_{aE} \quad (2\text{-}6)$$

式中　l_{lE}——纵向受拉钢筋的搭接长度。

纵向受力钢筋连接的位置宜避开梁端、柱端箍筋加密区；如必须在此连接时，应采用机械连接或焊接。混凝土构件位于同一连接区段内的纵向受力钢筋接头面积百分率不宜超过 50%。

（二）机械连接

如图 2-11 所示，纵向受拉钢筋的机械连接接头宜相互错开。钢筋机械连接区段的长度为 35*d*，*d* 为连接钢筋的较小直径。凡接头中点位于该连接区段长度内的机械连接接头均属于同一连接区段。

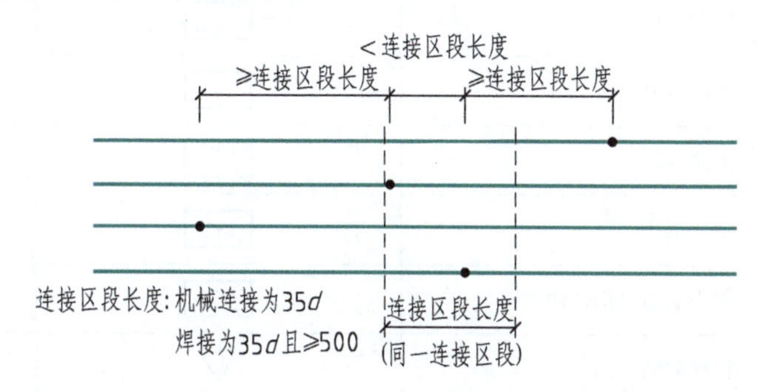

图 2-11　同一连接区段内纵向受拉钢筋机械连接、焊接接头

位于同一连接区段内的纵向受拉钢筋接头面积百分率不宜大于 50%；对板、墙、柱及预制构件的拼接处，可根据实际情况放宽。纵向压钢筋的接头百分率可不受限制。

机械连接套筒的保护层厚度宜满足有关钢筋最小保护层厚度的规定。机械连接套筒的横向净间距不宜小于 25mm；套筒处箍筋的间距仍应满足相应的构造要求，宜采取在机械连接套筒两侧减小箍筋布置间距，避开套筒的解决办法。

（三）焊接接头

如图 2-11 所示，纵向受力钢筋的焊接接头应相互错开。钢筋焊接接头连接区段的长度为 35*d* 且不小于 500mm，*d* 为连接钢筋的较小直径，凡接头中点位于该连接区段长度内的焊接接头均属于同一连接区段。

纵向受拉钢筋的接头面积百分率不宜大于 50%，但对预制构件的拼接处，可根据实际情况放宽。纵向受压钢筋的接头百分率可不受限制。

六、封闭箍筋及拉筋弯钩构造

如图 2-12 所示，通常情况下，箍筋应做成封闭式，形式包括焊接封闭箍筋和带弯钩的封闭箍筋。焊接封闭箍筋一般在工厂加工制作，带弯钩的封闭箍筋弯钩弯折角度为 135°，抗震构件或受扭构件弯钩长度 L_d 不小于 10*d* 和 75mm 的较大值，非抗震构件弯钩长度 L_d 不小于 5*d* 和 50mm 的较大值。

拉筋的弯钩弯折要求同箍筋，可采用以下三种形式，拉筋紧靠箍筋并钩住纵筋，拉筋紧靠纵筋并钩住箍筋，拉筋同时钩住纵筋和箍筋，如图 2-13 所示。

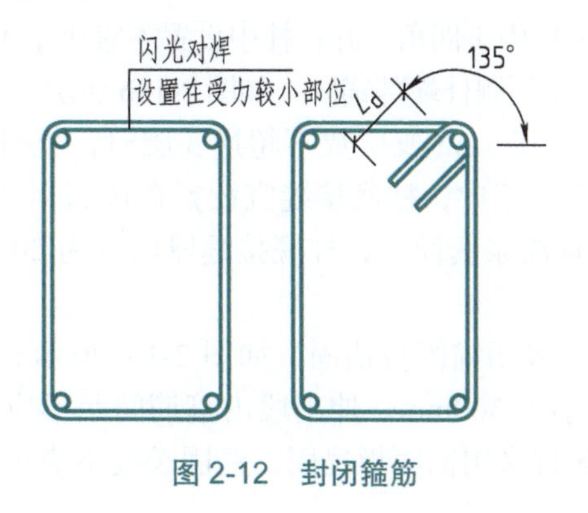

图 2-12　封闭箍筋

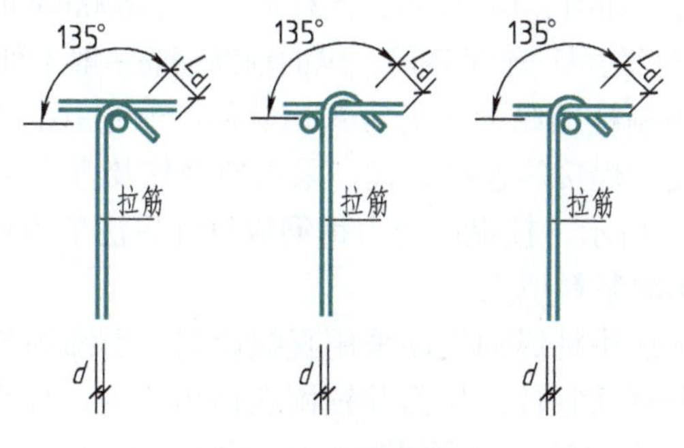

图 2-13　拉筋构造

特别提示

预制构件及其连接节点的图例除有特殊说明外，可按表2-6所示图例绘制。

表2-6 预制构件及其连接节点的图例

名称	图例	名称	图例
预制构件		预制构件钢筋	
后浇混凝土		后浇混凝土钢筋	
灌浆部位		附加或重要钢筋（红色）	
空心部位		钢筋套筒灌浆连接	
剪力墙边缘构件阴影区		钢筋机械连接	
粗糙面结合面		钢筋焊接	
键槽结合面		钢筋锚固板	

项目二 预 制 柱

学习目标

1. 了解预制柱及其连接构造。
2. 能读懂预制柱构件详图及连接构造详图。

知识解读

一、构造要求

（一）预制柱截面形状与尺寸

预制柱的截面形状一般为正方形或矩形，边长不宜小于400mm，且不宜小于同方向梁宽的1.5倍。

（二）纵向钢筋

预制柱纵向受力钢筋直径不宜小于20mm，间距不宜大于200mm，不应大于400mm。纵筋可沿截面四周均匀布置，如图2-14a所示；当柱边长大于600mm时，柱纵筋也可集中于四角，并在柱中设置不宜小于12mm和箍筋直径的纵向辅助钢筋，纵向辅助钢筋一般不伸入框架节点，在预制柱端部锚固，如图2-14b所示。

预制柱的纵向钢筋宜采用套筒灌浆连接，当房屋高度不大于12m或层数不超过3层时，也可采用浆锚搭接、焊接等连接方式。采用预制柱及叠合梁的钢筋混凝土框架中，柱底接缝宜设置在楼面标高处，如图2-15所示，柱纵向受力钢筋应贯穿后浇节点区，伸入上层柱灌浆套筒内，柱底接缝厚度宜为20mm，并应采用灌浆料填实。

顶层中柱纵向钢筋采用直线锚固，当锚固长度不足时，宜采用锚固板锚固，如图2-16a所示；顶层边柱纵向钢筋宜伸出屋面并锚固在伸出段内，伸出段长度不宜小于500mm，伸出段内箍筋间距不应大于5d（d为柱纵向受力钢筋间距），且不应大于100mm，柱纵向钢筋宜采用锚固板锚固，锚固长度不应小于40d，如图2-16b所示。

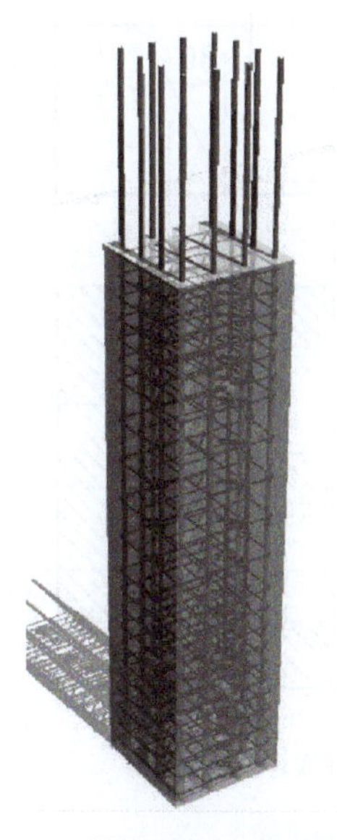

a) 纵筋沿四周均匀布置

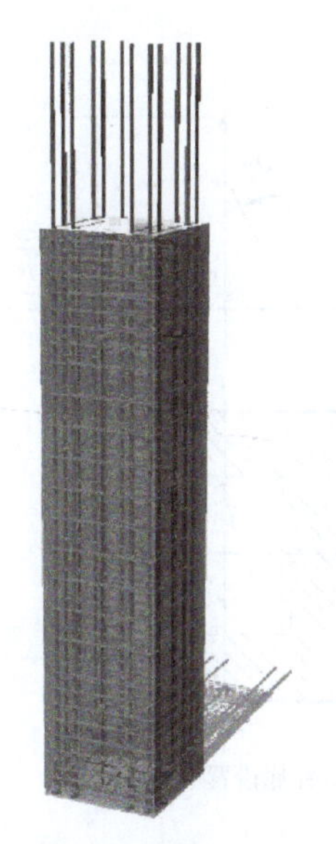

b) 纵筋集中布置在四角

图 2-14　预制柱

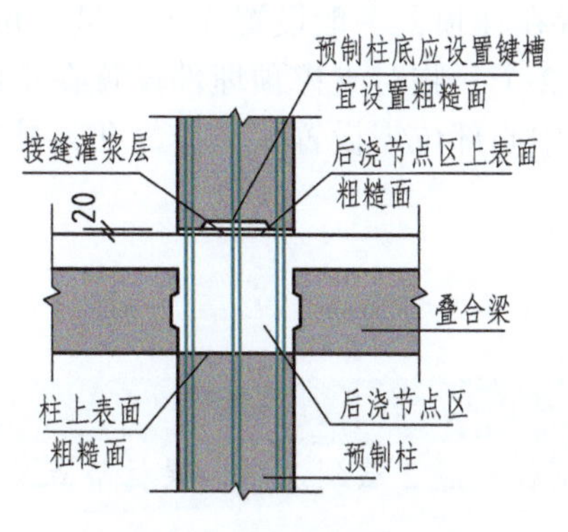

图 2-15　预制柱连接构造

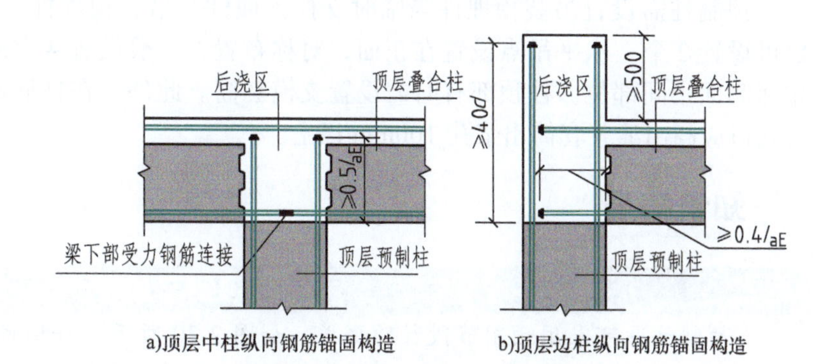

图 2-16　顶层柱纵向钢筋锚固构造

（三）箍筋

预制柱的箍筋采用普通复合箍筋或连续复合式箍筋，截面示意如图 2-17 所示。柱箍筋加密区高度除应满足现浇混凝土框架结构要求外，当纵向受力钢筋在柱底采用套筒灌浆连接时，不应小于纵向受力钢筋连接区域长度与 500mm 之和，且套筒上端第一道箍筋距离套筒顶部不应大于 50mm，如图 2-18 所示。

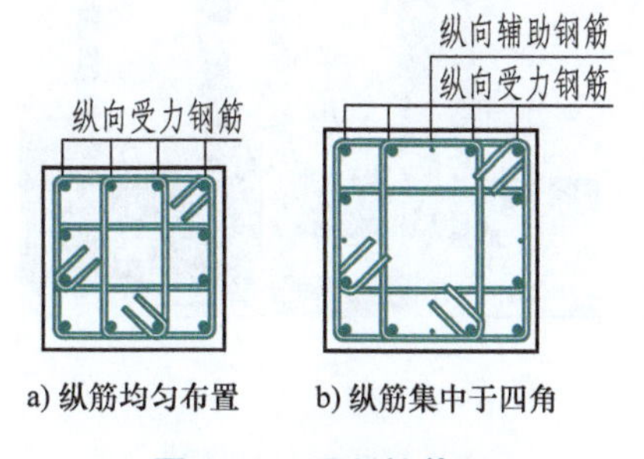

图 2-17　预制柱截面

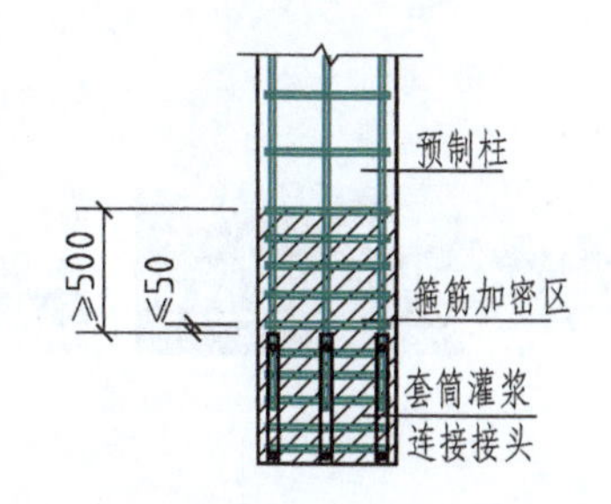

图 2-18　钢筋采用套筒灌浆连接时柱底箍筋加密区域构造

（四）键槽与粗糙面设置

预制柱的底部应设置键槽且宜设置粗糙面，键槽应均匀布置，键槽深度不宜小于 30mm，键槽端部斜面倾角不宜大于 30°，柱顶应设置粗糙面，凹凸深度不小于 6mm。柱底键槽示意如图 2-19 所示。

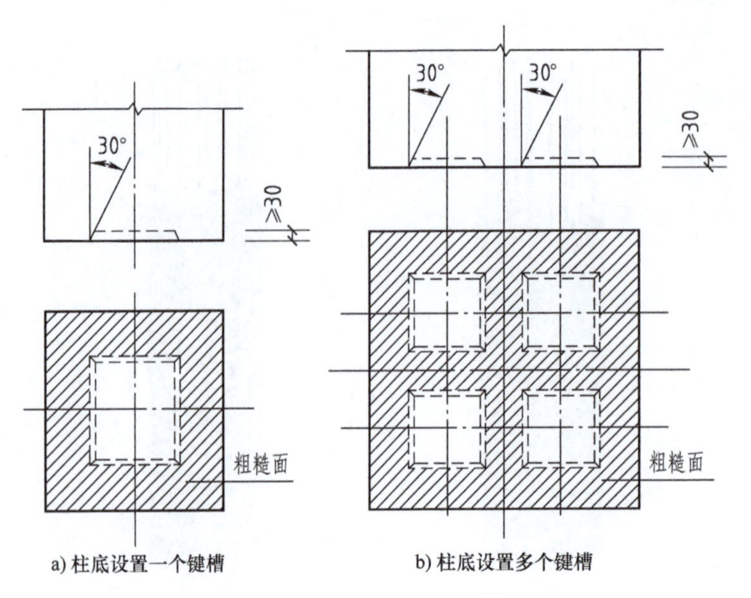

图 2-19　预制柱底部键槽

（五）预埋件设置

预制柱需设置吊装预埋件与临时支撑预埋件。吊装预埋件设置在柱顶，一般设置 3 个，呈三角形，也可设置 2 个；水平吊点设置在正面，对称布置，一般设置 4 个或 2 个；临时支撑预埋件设置在正面和相邻侧面中间部位。柱顶部有时需设置支模套筒。此外，在柱底部中心部位需设置灌浆排气孔，排气孔的孔口应高出灌浆套筒出浆孔 100mm 以上。

知识拓展

预制节段柱

预制柱也可采用预制节段柱的形式，如图 2-20 所示。每根预制柱一般 2 层到 3 层，梁柱节点处预留钢筋，后浇混凝土。

图 2-20　预制节段柱

二、构造详图

图 2-21、图 2-22 分别为柱纵筋均匀布置周边的柱模板图与柱配筋图。图 2-23、图 2-24 分别为柱纵筋集中于四角时的柱模板图与柱配筋图。

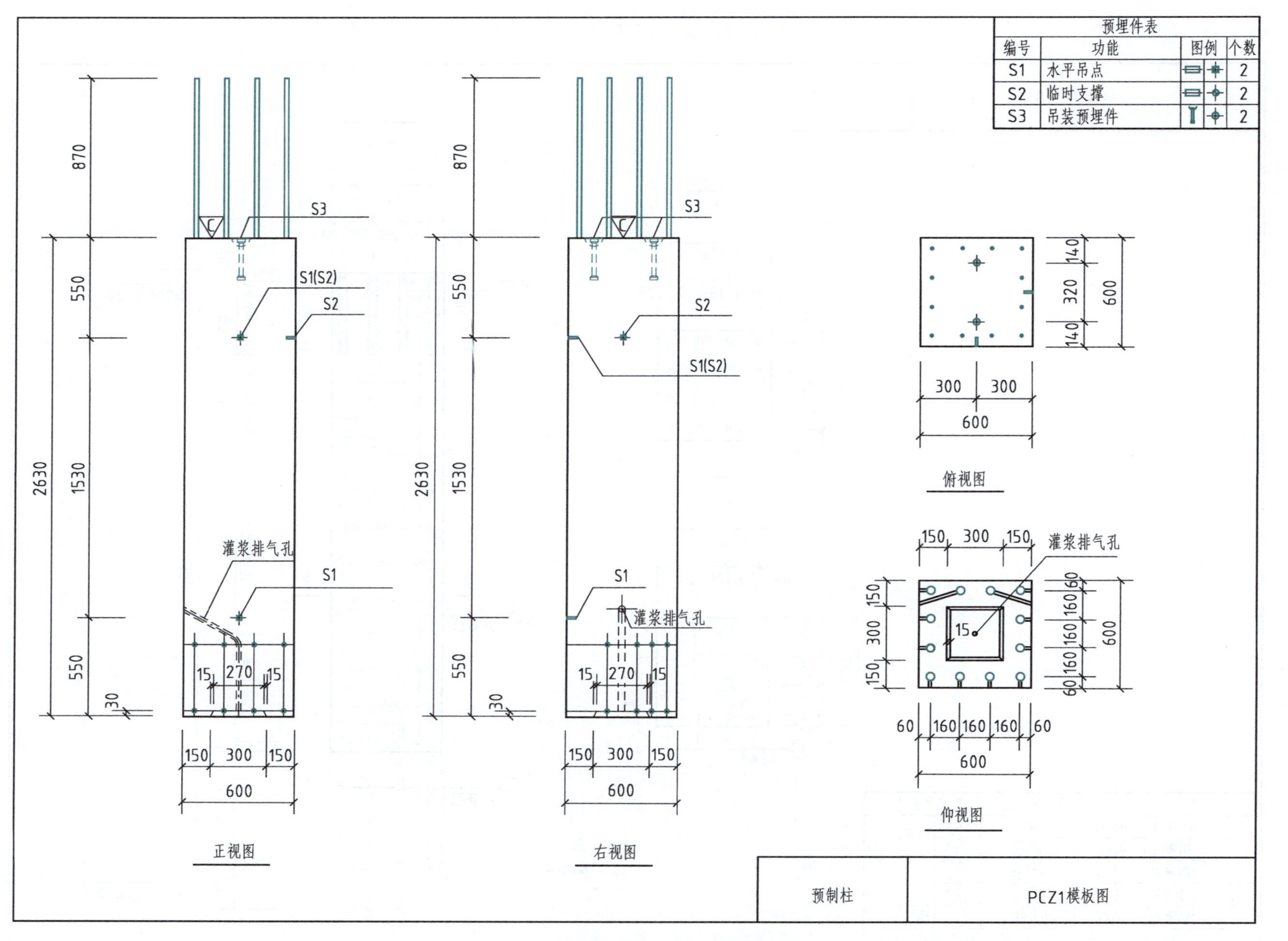

图 2-21 柱纵筋均匀布置周边的柱模板图

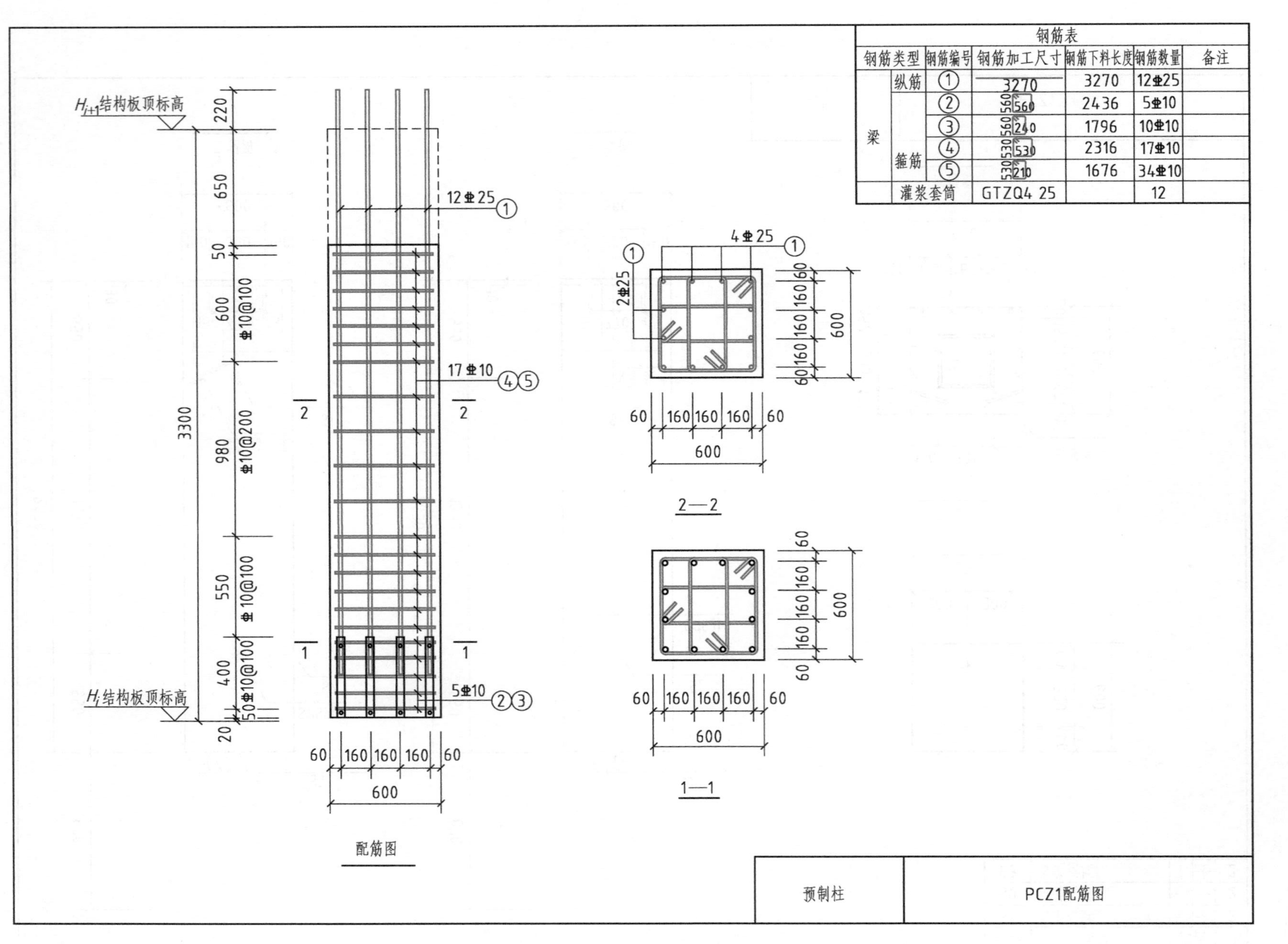

钢筋类型		钢筋编号	钢筋加工尺寸	钢筋下料长度	钢筋数量	备注
梁	纵筋	①	3270	3270	12Φ25	
	箍筋	②	560 560	2436	5Φ10	
		③	560 240	1796	10Φ10	
		④	530 530	2316	17Φ10	
		⑤	530 210	1676	34Φ10	
	灌浆套筒	GTZQ4 25			12	

图2-22 柱纵筋均匀布置周边的柱配筋图

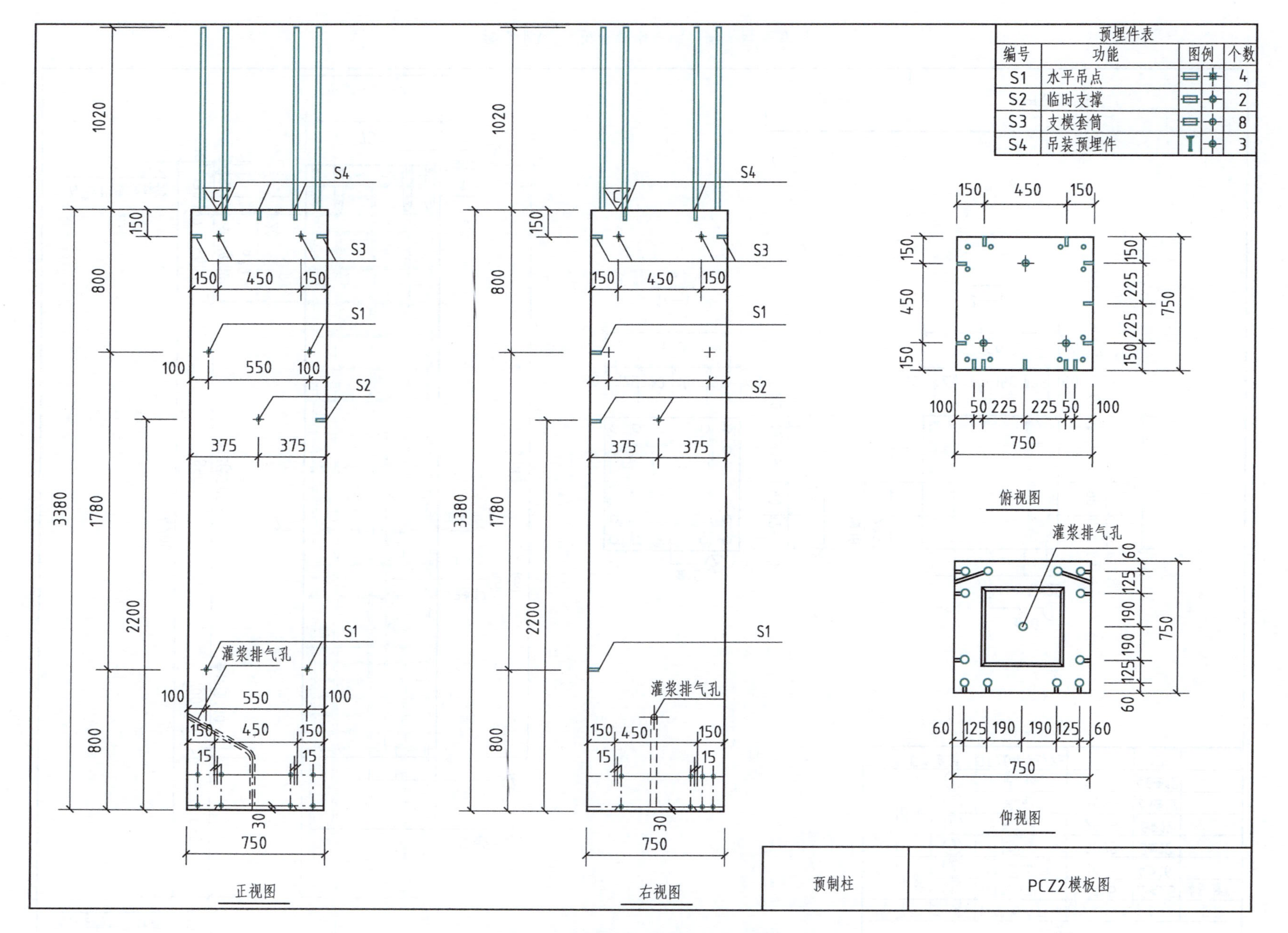

图 2-23　柱纵筋集中于四角时的柱模板图

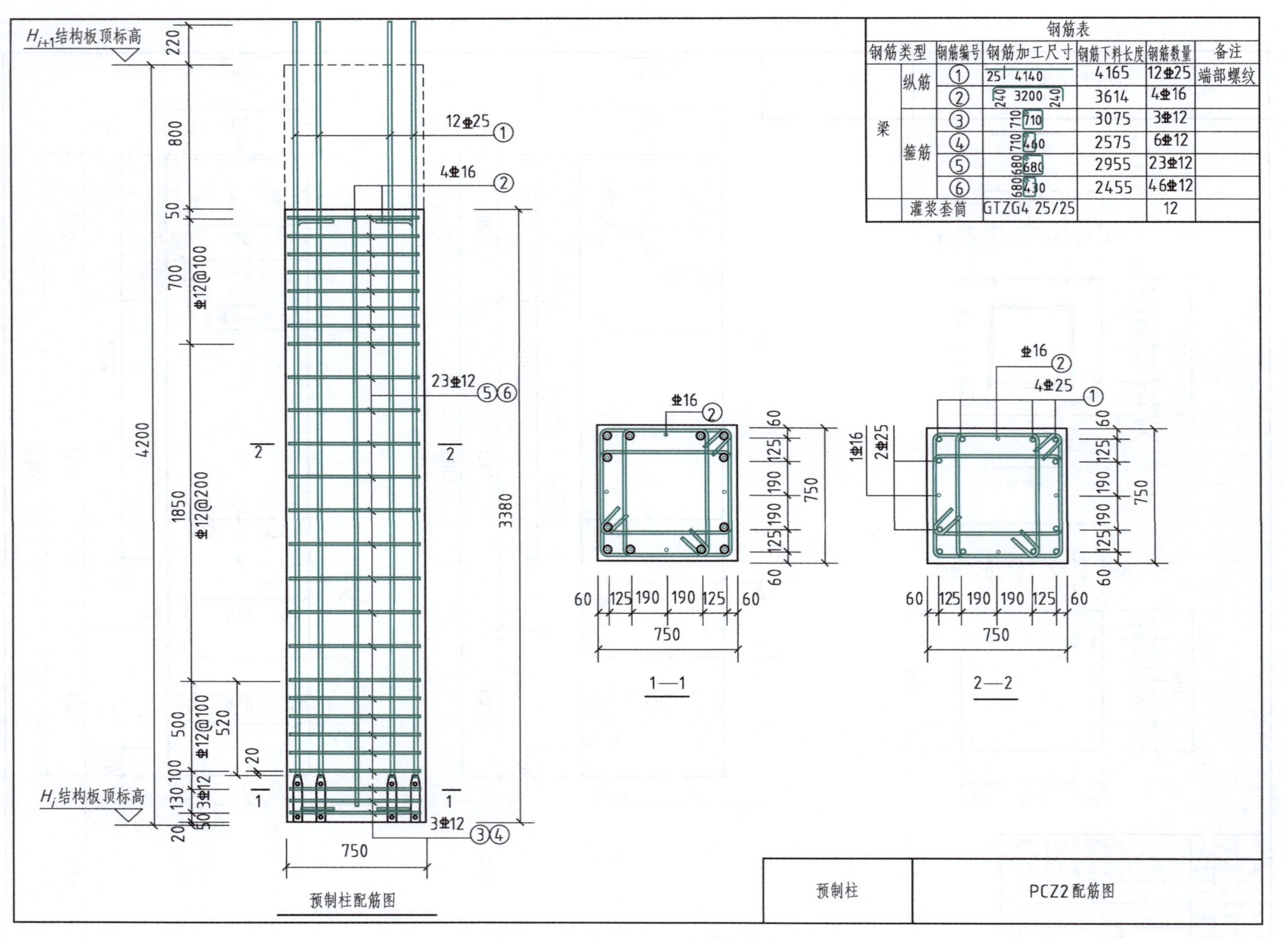

钢筋表

钢筋类型		钢筋编号	钢筋加工尺寸	钢筋下料长度	钢筋数量	备注
梁	纵筋	①	25 4140	4165	12Φ25	端部螺纹
		②	240 3200 240	3614	4Φ16	
	箍筋	③	710 710	3075	3Φ12	
		④	710 460	2575	6Φ12	
		⑤	680 680	2955	23Φ12	
		⑥	680 430	2455	46Φ12	
	灌浆套筒		GTZG4 25/25		12	

图 2-24 柱纵筋集中于四角时的柱配筋图

项目三　叠　合　梁

学习目标

1. 理解叠合梁及其连接构造。
2. 读懂预制梁构件详图及连接构造详图。

知识解读

一、构造要求

钢筋混凝土叠合梁包括预制梁和后浇层，可用作框架梁和非框架梁。用作框架梁和非框架梁的叠合梁如图 2-25 所示。

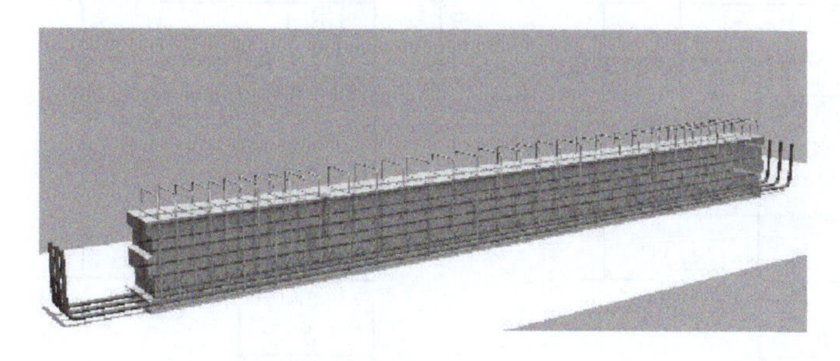

a) 用作框架梁

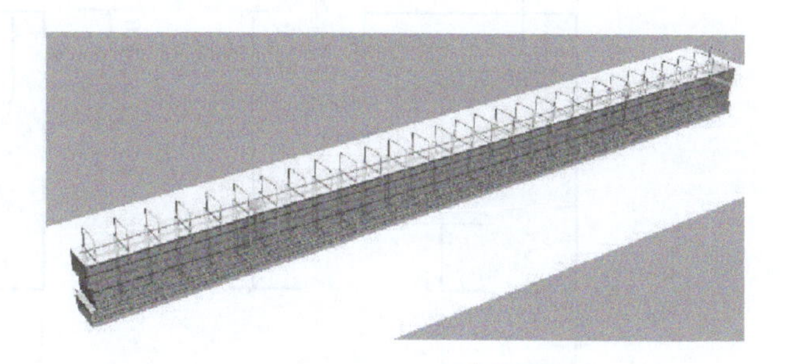

b) 用作非框架梁

图 2-25　叠合梁

（一）叠合梁截面形状与尺寸

采用叠合梁时，楼板一般采用叠合板，梁、板的后浇层同时浇筑。叠合梁通常采用矩形截面，用作框架梁时后浇混凝土叠合层厚度不宜小于 150mm，用作非框架梁时后浇混凝土叠合层厚度不宜小于 120mm，如图 2-26a 所示。当板的总厚度较小且小于梁的最小后浇层厚度时，为增加梁的后浇层厚度，可采用如图 2-26b 所示矩形凹口截面叠合梁或如图 2-26c 所示梯形凹口截面叠合梁，凹口深度不宜小于 50mm，凹口边厚度不宜小于 60mm。

用于边梁的叠合梁，预制梁可在临边处浇筑混凝土至叠合层顶面，以避免支模，上边缘厚度不宜小于 60mm，如图 2-26d 所示；也可采用如图 2-26e 所示矩形凹口截面叠合梁或如图 2-26f 所示梯形凹口截面叠合梁。

预制梁的梁长一般为梁的净跨度加上两端各伸入支座 10~20mm。当梁长较长或搁置次梁时，也可分段预制，现场拼接。

（二）预制梁的顶面和端面构造

预制梁与后浇混凝土叠合层之间的结合面应设置粗糙面；预制梁的端面应设置键槽，且宜设置粗糙面；粗糙面凹凸深度不应小于 6mm。键槽可采用贯通截面和不贯通截面的形式，键槽的设置需满足计算及构造设计要求，键槽深度不宜小于 30mm，宽度不宜小于深度的 3 倍且不宜大于深度的 10 倍，键槽间距宜等于键槽宽度；键槽端部斜面倾角不宜大于 30°，非贯通键槽槽口距离边缘不宜小于 50mm，如图 2-27 所示。

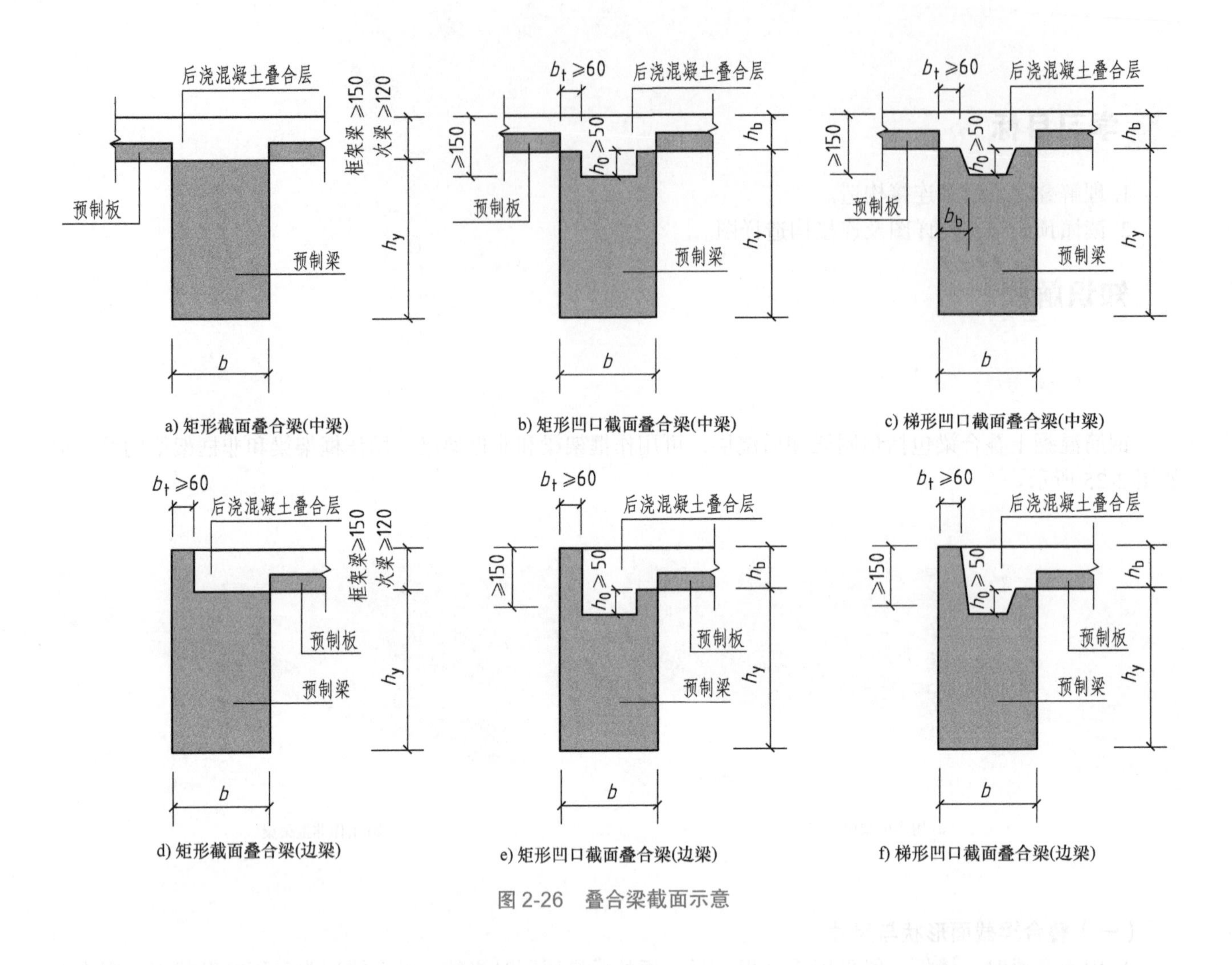

图 2-26　叠合梁截面示意

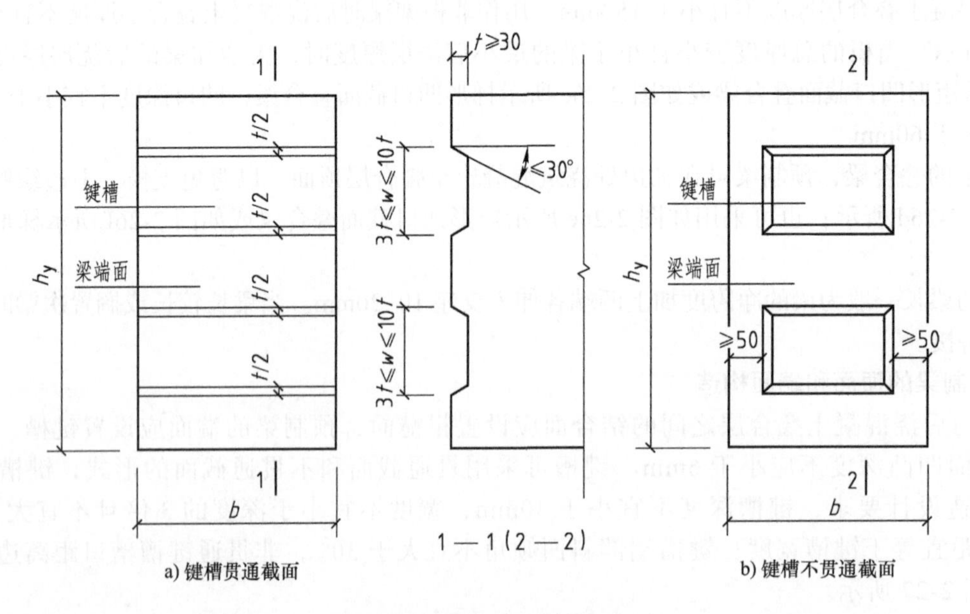

图 2-27　梁端键槽构造示意

（三）配筋

叠合梁的配筋按计算和构造要求确定，包括纵筋、箍筋和拉筋。

1. 纵筋

预制梁的纵向钢筋包括梁下部受力钢筋、上部构造钢筋、梁侧构造钢筋，当为边梁时，往往配置一根上部受力钢筋，如图 2-28 所示。叠合梁上部受力钢筋配置在后浇层中。

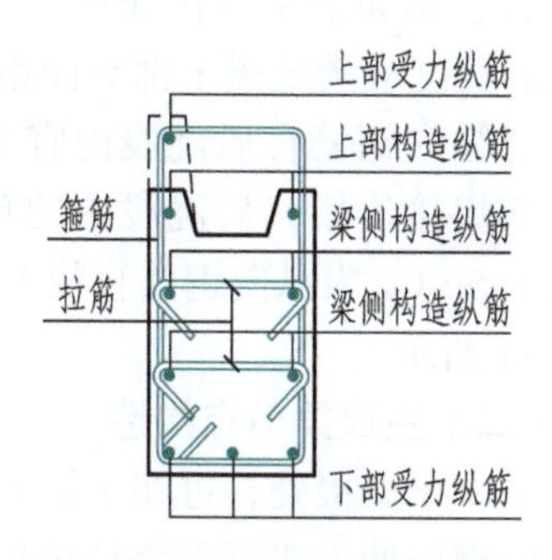

图 2-28　预制梁断面钢筋示意

预制梁下部纵向受力钢筋一般伸出两端，在后浇节点区内锚固或与对侧钢筋对接连接，为保证钢筋锚固，外伸钢筋有时还需要弯折或在端部设置锚固板；对接连接形式有钢筋端部机械连接、焊接或绑扎搭接、灌浆套筒连接等。用作非框架梁的下部受力钢筋也可不伸出预制梁，但应在钢筋端部设置机械套筒，安装就位后连接锚固钢筋。梁侧构造钢筋一般不伸入节点区，如需伸入，可在构造钢筋端部设置机械套筒，连接伸入节点的钢筋。

图 2-29a 为框架梁端支座采用弯锚锚固节点。由于节点区长度往往不足锚固长度，框架梁端支座一般不采用直锚锚固的形式，为施工方便，常采用图 2-29b 所示钢筋锚固板锚固节点，这种节点锚固长度一般相当于弯锚的直线段长度。非框架梁的端部节点构造如图 2-29c 所示，下部受力钢筋伸出支座 12d 即可；对于中间支座，可将下部钢筋伸出必要长度在支座内连接，也可采用端支座节点构造形式；次梁的受力钢筋还可不伸出梁端，在钢筋端部设置机械套筒，待梁安装后拧入 12d 伸出支座钢筋。叠合层内上部纵向受力钢筋应在节点锚固（边节点）或贯穿节点区（中间节点），具体构造要求同现浇混凝土结构。

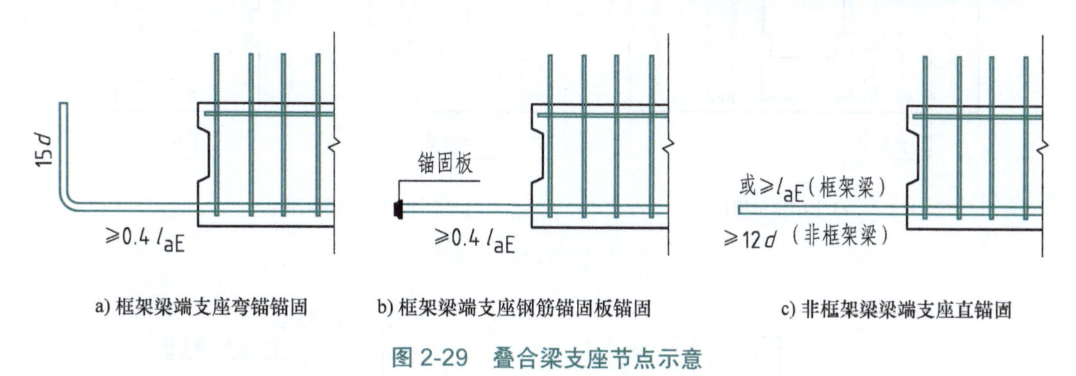

a) 框架梁端支座弯锚锚固　b) 框架梁端支座钢筋锚固板锚固　c) 非框架梁梁端支座直锚固

图 2-29　叠合梁支座节点示意

2. 箍筋

在施工条件允许的情况下，叠合梁箍筋宜采用闭口箍筋，如图 2-30a 所示，在抗震等级为一、二级的叠合框架梁梁端加密区中应尽量采用闭口箍筋。当采用闭口箍筋不便安装上部纵筋时，可采用组合封闭箍筋，即开口箍筋加箍筋帽的形式，如图 2-30b 所示。开口箍及箍筋帽两端均采用 135° 弯钩；箍筋弯钩端头平直段长度抗震构件不应小于 10d，非抗震构件不应小于 5d。箍筋常采用双肢箍或四肢箍，采用四肢箍时，为便于纵筋定位，设计应明确箍筋肢距。

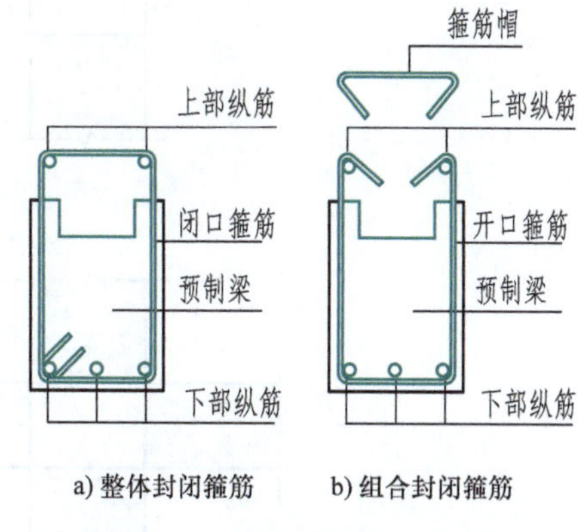

a) 整体封闭箍筋　b) 组合封闭箍筋

图 2-30　叠合梁箍筋构造示意

3. 拉筋

叠合梁的拉筋配置可参照现浇混凝土结构选用。

（四）预埋件设置

叠合梁的预埋件主要有吊装预埋件、支模套筒和构造柱插筋。吊装预埋件设置的预制顶面，支模套筒的位置一般在边梁的外侧。

二、叠合梁连接构造

（一）预制梁的分段与对接连接构造

叠合梁如采用对接连接，连接处应设置后浇段，后浇段的长度应满足梁下部纵向钢筋连接作业的空间需求；梁下部纵向钢筋在后浇段内宜采用机械连接、套筒灌浆连接或焊接连接；后浇段内的箍筋应加密，箍筋间距不应大于 5d（d 为纵向钢筋直径），且不应大于 100mm，如图 2-31 所示。

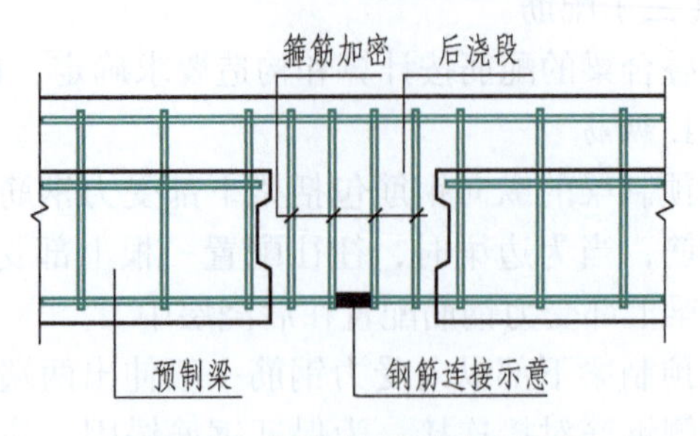

图 2-31　叠合梁连接接点示意

（二）主次梁节点构造

主次梁交接处，可在主梁上预留槽口或后浇段，具体构造要求如图 2-32 所示。在端部节点处，次梁下部纵向钢筋伸入主梁后浇段内的长度不应小于 12d，次梁上部纵向钢筋应在主梁后浇段内锚固，当采用弯折锚固时，锚固直段长度不应小于 0.6l_{ab}；当钢筋应力不大于钢筋强度设计值的 50%时，锚固直段长度不应小于 0.35l_{ab}；弯折锚固的弯折后直段长度不应小于 12d（d 为纵向钢筋直径），如图 2-33a 所示。在中间节点处，两侧次梁的下部纵向钢筋伸入主梁后浇段内长度不应小于 12d（d 为纵向钢筋直径）；次梁上部纵向钢筋应在现浇层内贯通，如图 2-33b 所示。

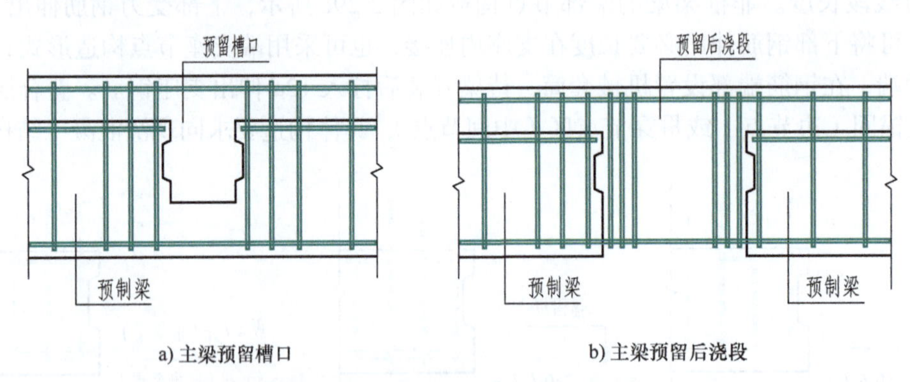

a) 主梁预留槽口　　b) 主梁预留后浇段

图 2-32　预留槽口或后浇段示意

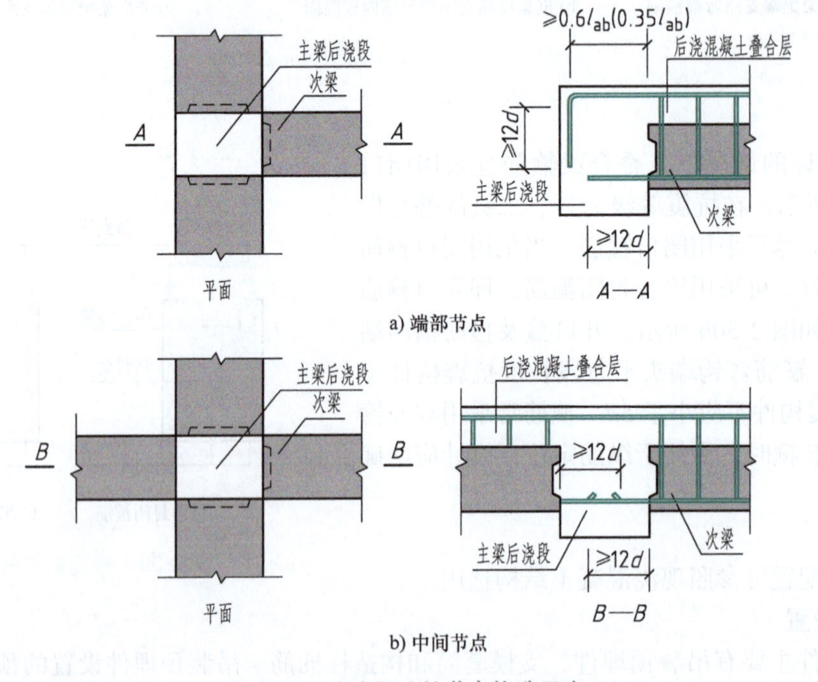

a) 端部节点

b) 中间节点

图 2-33　主次梁连接节点构造示意

主次梁连接构造也可采用如图 2-34 所示次梁上设置牛担板的形式。在主梁上预留槽口，并设置钢板预埋件，在次梁端部设置牛担板，搁置在槽口上并现场施焊。这种做法次梁端部的箍筋需加密，下筋不伸出梁端面，上筋需贯穿节点区或锚入节点区。

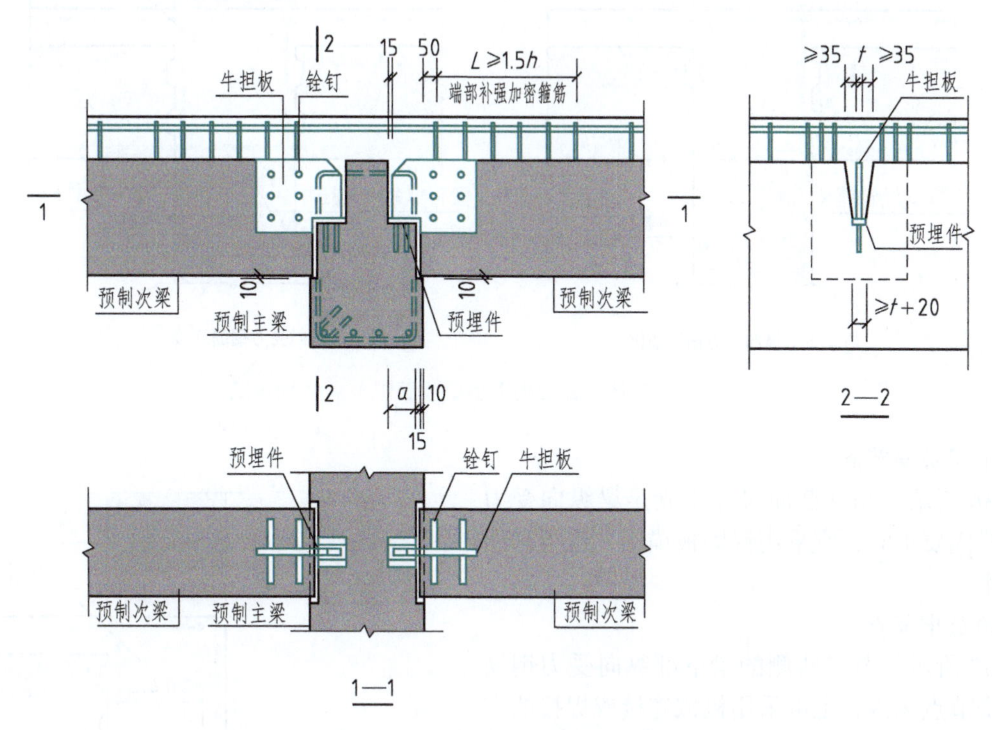

图 2-34 次梁上设置牛担板主次梁连接节点构造示意

主次梁连接节点除在主梁上预留槽口、后浇段、次梁设牛担板外，有多种形式，见表 2-7，具体构造详图详见有关资料。

表 2-7 主次梁节点构造

主次梁节点类型	主梁构造	次梁构造
主梁预留后浇槽口	预留后浇槽口	钢筋锚入长度≥ 12d
次梁端设后浇段	预留外伸钢筋或钢筋套筒接外伸钢筋	下部受力钢筋伸出梁端面，与主梁钢筋连接
次梁端设槽口	预留外伸钢筋或钢筋套筒接外伸钢筋	下部受力钢筋伸出梁端面，伸入槽口下方，与主梁钢筋搭接连接
主梁设钢牛腿	设置钢牛腿	下部受力钢筋梁内弯锚，梁端搁置在钢筋牛腿上
主梁设挑耳	主梁设挑耳	下部受力钢筋梁内弯锚，梁端搁置在钢筋挑耳上；或次梁为缺口梁
次梁设牛担板	主梁预留缺口和预埋件	次梁端设牛担板，端部补强加密箍筋

（三）框架梁柱节点

采用预制柱及叠合梁的装配整体式框架节点，梁纵向受力钢筋应伸入后浇节点区内锚固或连接，各节点构造要求如下。

1. 框架中间层中节点

如图 2-35 所示，节点两侧的梁下部纵向受力钢筋宜锚固在后浇节点区内，也可采用机械连接或焊接的方式直接连接；梁的上部纵向受力钢筋应贯穿后浇节点区。

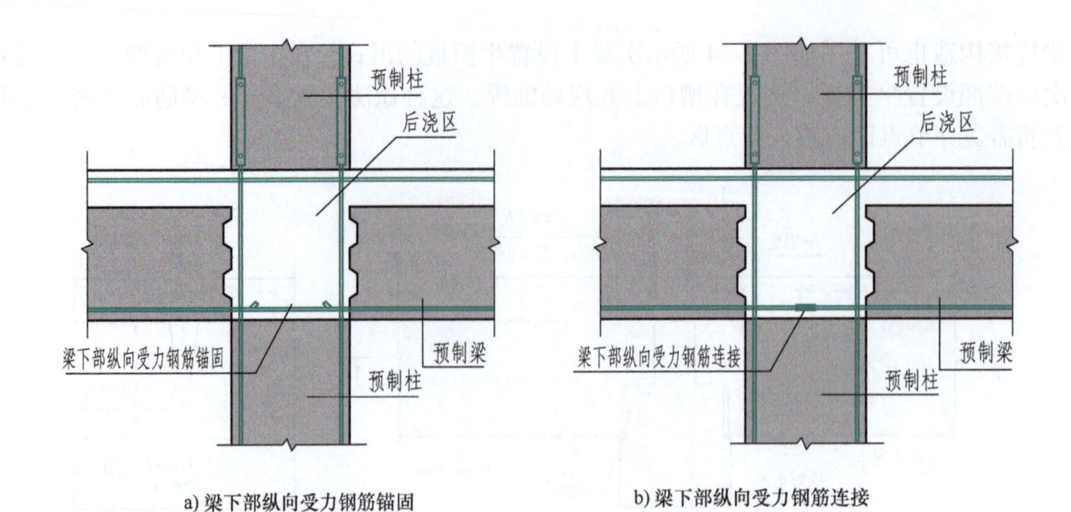

图 2-35　预制柱及叠合梁框架中间层中节点构造示意

2. 框架中间层端节点

如图 2-36 所示，当柱截面尺寸不满足梁纵向受力钢筋的直线锚固要求时，宜采用锚固板锚固，也可采用 90° 弯折锚固。

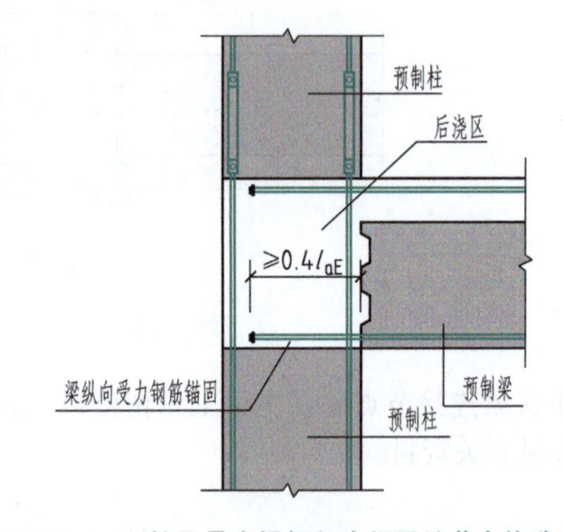

图 2-36　预制柱及叠合梁框架中间层端节点构造示意

3. 框架顶层中节点

如图 2-37 所示，节点两侧的梁下部纵向受力钢筋宜锚固在后浇节点区内，也可采用机械连接或焊接的方式直接连接；梁的上部纵向受力钢筋应贯穿后浇节点区。柱纵向受力钢筋宜采用直线锚固；当梁截面尺寸不满足直线锚固要求时，宜采用锚固板锚固。

4. 框架顶层端节点

如图 2-38 所示，梁下部纵向受力钢筋应锚固在后浇节点区内，且宜采用锚固板的锚固方式。柱宜伸出屋面并将柱纵向受力钢筋锚固在伸出段内，伸出段长度不宜小于 500mm，伸出段内箍筋间距不应大于 5d（d 为柱纵向受力钢筋直径），且不应大于 100mm；柱纵向钢筋宜采用锚固板锚固，锚固长度不应小于 40d；梁上部纵向受力钢筋宜采用锚固板锚固。柱外侧纵向受力钢筋也可与梁上部纵向受力钢筋在后浇节点区搭接，柱内侧纵向受力钢筋宜采用锚固板锚固。

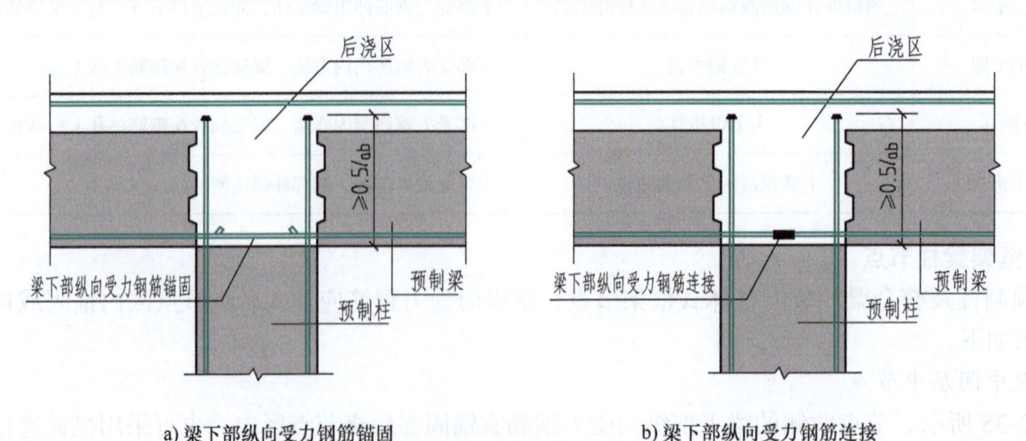

图 2-37　预制柱及叠合梁框架顶层中节点构造示意

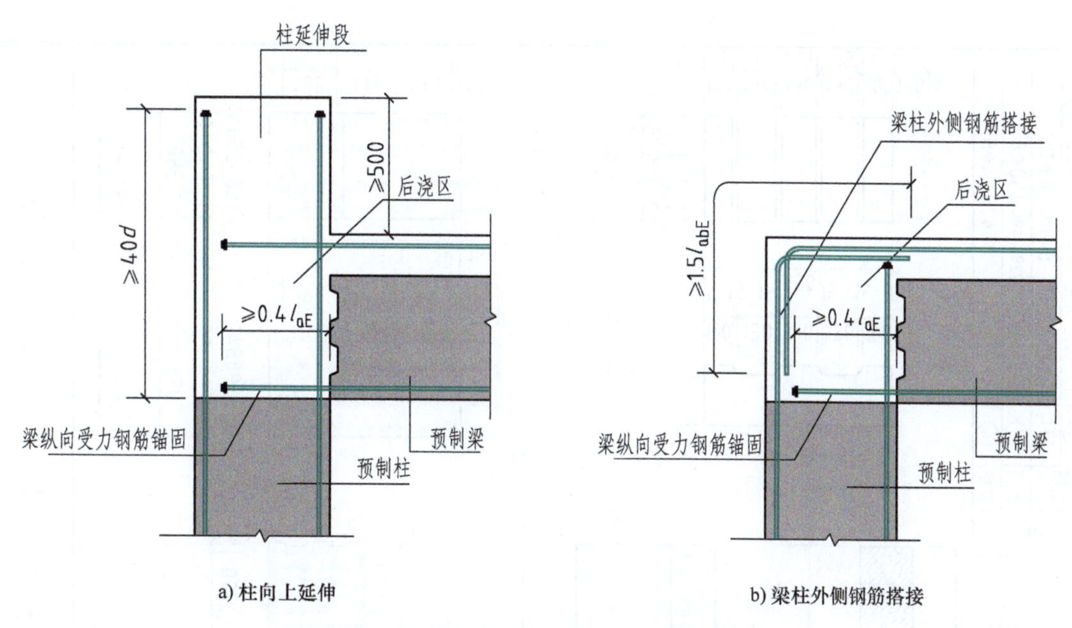

a) 柱向上延伸　　b) 梁柱外侧钢筋搭接

图 2-38　预制柱及叠合梁框架顶层端节点构造示意

（四）梁纵向钢筋在节点区外的后浇段内连接构造

采用预制柱及叠合梁的装配整体式框架节点，梁下部纵向受力钢筋也可伸至节点区外的后浇段内连接，如图 2-39 所示，连接接头与节点区的距离不应小于 1.5h_0（h_0 为梁截面有效高度）。

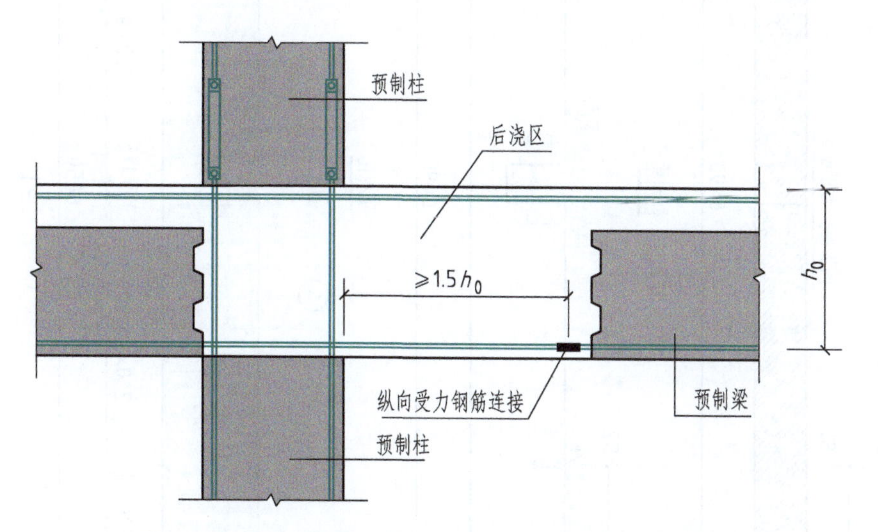

图 2-39　梁纵向钢筋在节点区外的后浇段内连接构造示意

三、叠合梁构件详图

叠合梁大样图如图 2-40~ 图 2-44 所示。图 2-40 为预留次梁槽口的框架梁模板图与配筋图。图 2-41 为预留牛担板槽口的框架梁模板图与配筋图。图 2-42 为端部钢筋锚入框架梁的次梁模板图与配筋图。图 2-43 为端部设置牛担板的次梁模板图与配筋图。图 2-44 为端部设置牛担板的次梁模板图与配筋图。

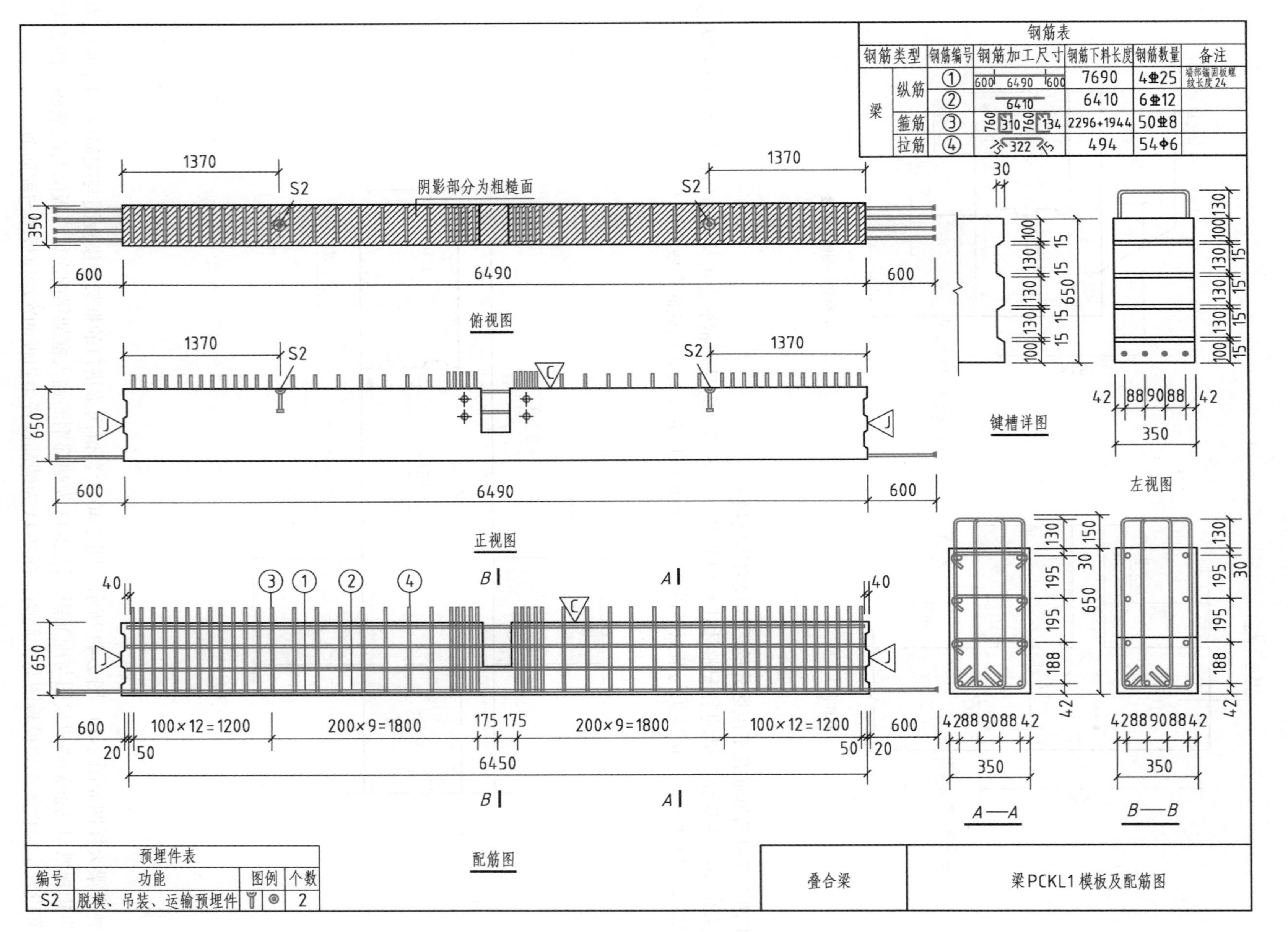

钢筋表

钢筋类型		钢筋编号	钢筋加工尺寸	钢筋下料长度	钢筋数量	备注
梁	纵筋	①	600 6490 600	7690	4⌀25	端部锚固板螺纹长度24
		②	6410	6410	6⌀12	
	箍筋	③	760 310 760 134	2296+1944	50⌀8	
	拉筋	④	75 322 75	494	54Φ6	

预埋件表

编号	功能	图例	个数
S2	脱模、吊装、运输预埋件		2

图 2-40 预留次梁槽口的框架梁模板图与配筋图

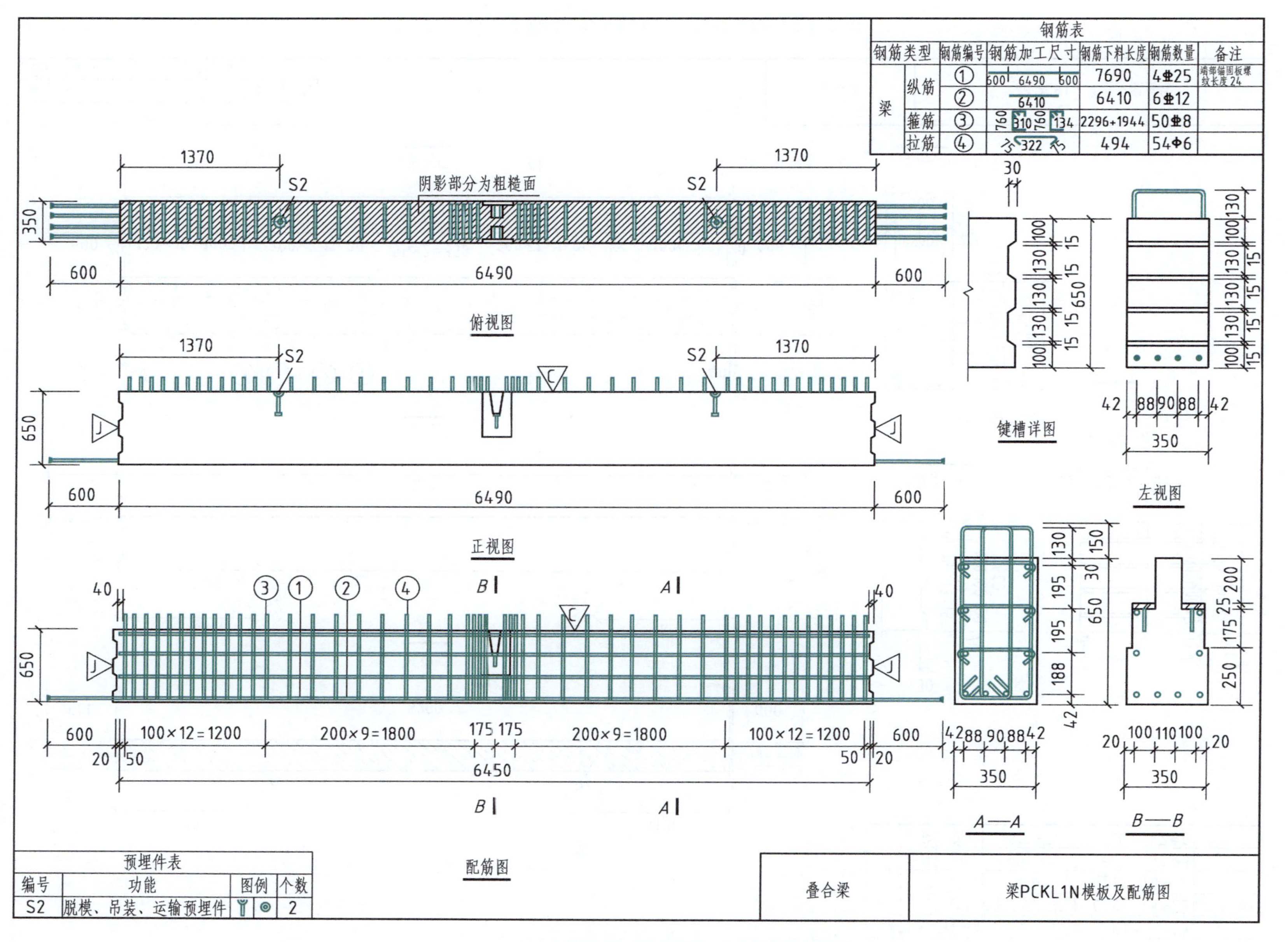

钢筋表

钢筋类型		钢筋编号	钢筋加工尺寸	钢筋下料长度	钢筋数量	备注
梁	纵筋	①	600 6490 600	7690	4⌀25	端部锚固板螺纹长度24
		②	6410	6410	6⌀12	
	箍筋	③	760 310 760 134	2296+1944	50⌀8	
	拉筋	④	322	494	54Φ6	

预埋件表

编号	功能	图例	个数
S2	脱模、吊装、运输预埋件		2

图 2-41　预留牛担板槽口的框架梁模板图与配筋图

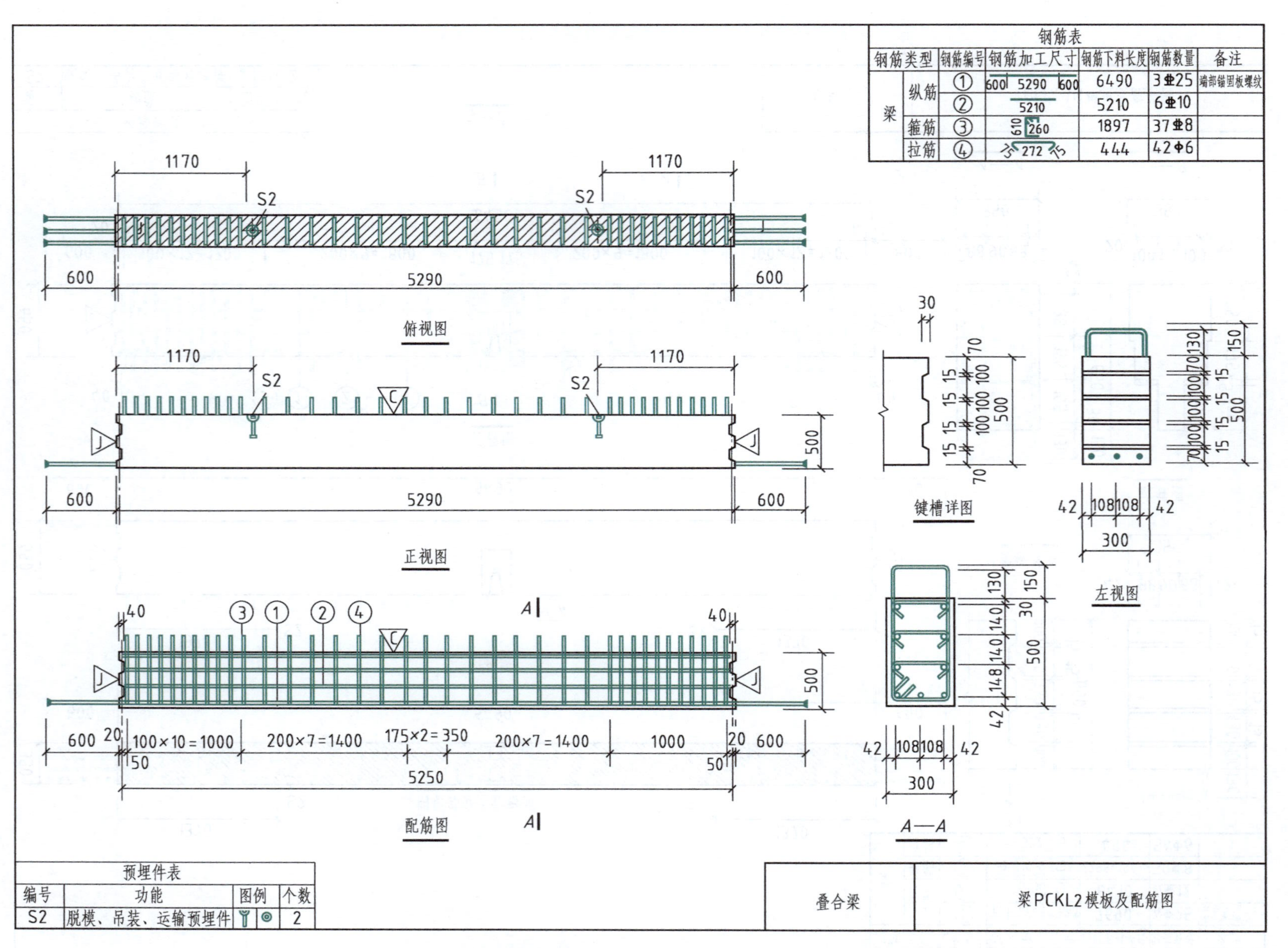

钢筋表

钢筋类型		钢筋编号	钢筋加工尺寸	钢筋下料长度	钢筋数量	备注
梁	纵筋	①	600 5290 600	6490	3⌀25	端部锚固板螺纹
		②	5210	5210	6⌀10	
	箍筋	③	610 260	1897	37⌀8	
	拉筋	④	75 272 75	444	42Φ6	

预埋件表

编号	功能	图例	个数
S2	脱模、吊装、运输预埋件		2

图 2-42 端部钢筋锚入框架梁的次梁模板图与配筋图

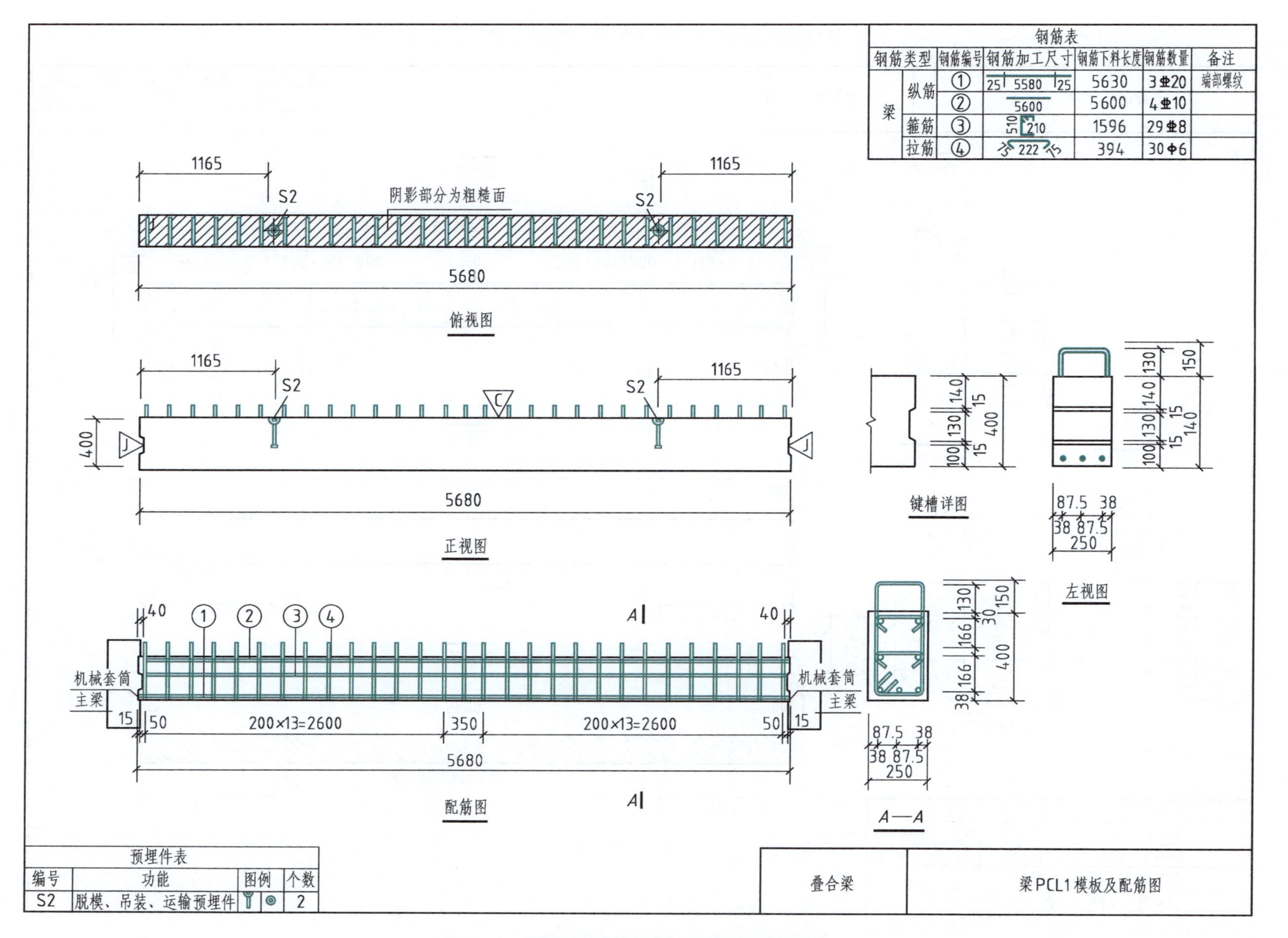

图 2-43　端部设置牛担板的次梁模板图与配筋图

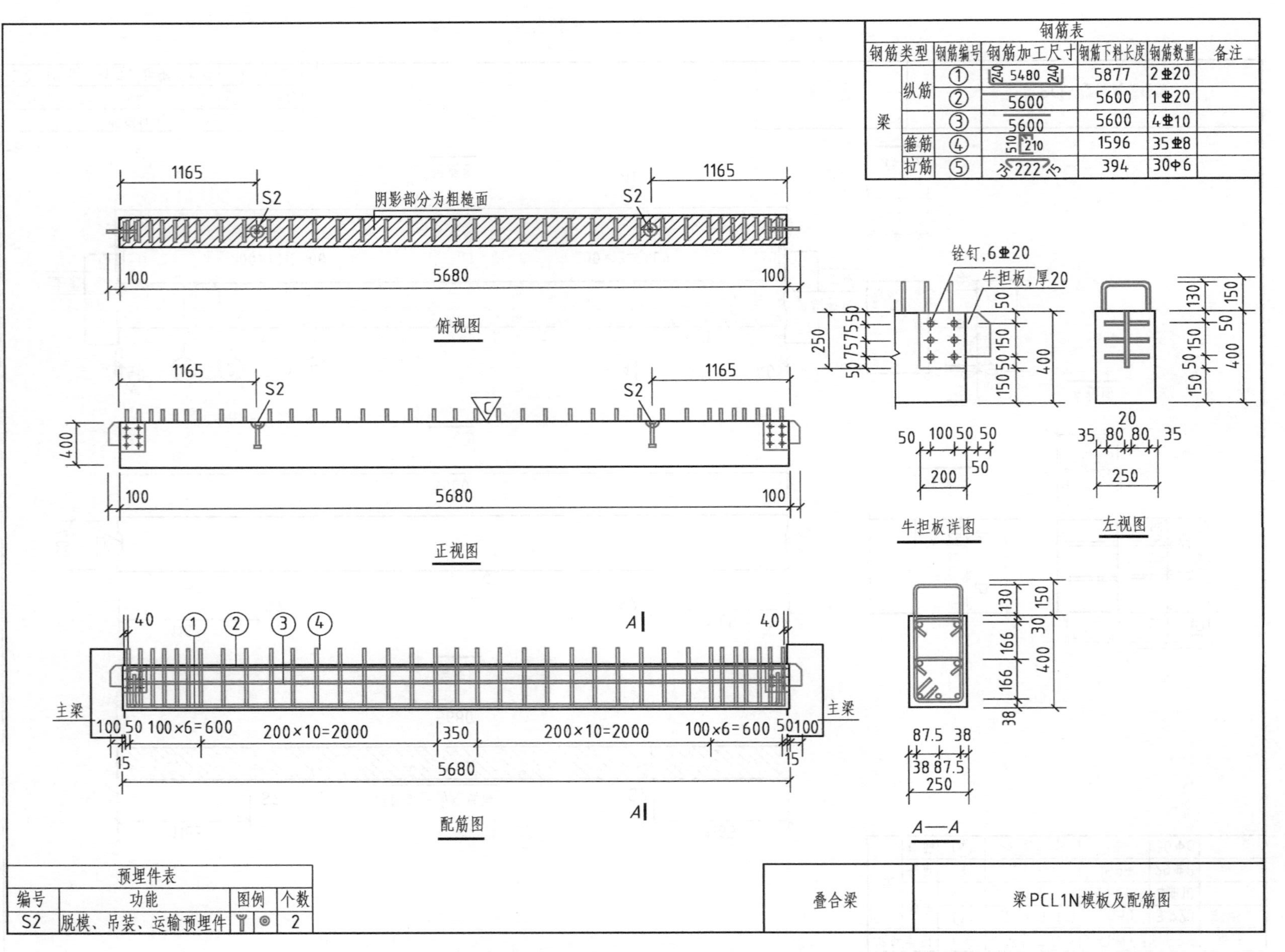

钢筋表

钢筋类型		钢筋编号	钢筋加工尺寸	钢筋下料长度	钢筋数量	备注
梁	纵筋	①	240 5480 240	5877	2⌀20	
		②	5600	5600	1⌀20	
		③	5600	5600	4⌀10	
	箍筋	④	510 210	1596	35⌀8	
	拉筋	⑤	75 222 75	394	30Φ6	

预埋件表

编号	功能	图例		个数
S2	脱模、吊装、运输预埋件	▼	◎	2

图 2-44　端部设置牛担板的次梁模板图与配筋图

项目四　预制剪力墙

学习目标

1. 理解预制剪力墙及其连接构造。

2. 熟悉国家建筑标准设计图集《预制混凝土剪力墙外墙板》（15G365—1）和《预制混凝土剪力墙内墙板》（15G365—2）。

3. 了解预制混凝土剪力墙外墙板和内墙板的规格、编号及选用方法。

4. 读懂预制混凝土剪力墙外墙板和内墙板构件详图及连接构造详图。

知识解读

本项目结合国家建筑标准设计图集《预制混凝土剪力墙外墙板》（15G365—1）和《预制混凝土剪力墙内墙板》（15G365—2），重点介绍非组合式承重预制混凝土夹心保温外墙板（简称预制外墙板）和预制混凝土剪力墙内墙板（简称预制内墙板）部品构件的适用范围、规格、编号、选用方法、构件制作详图和连接构造。

一、构造要求

预制剪力墙包括预制混凝土剪力墙外墙板和预制混凝土剪力墙内墙板，如图 2-45 所示。

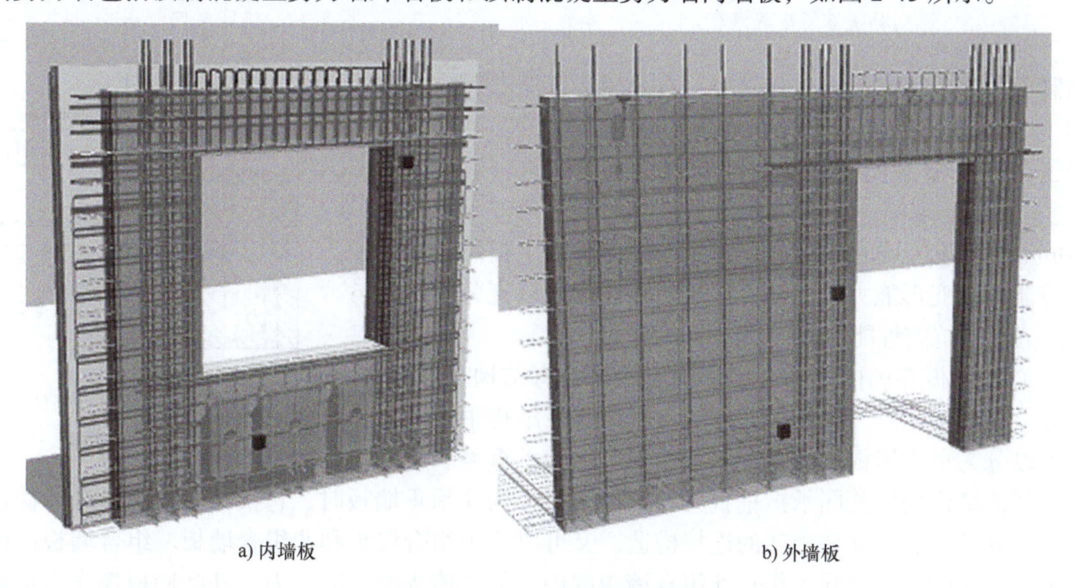

图 2-45　预制剪力墙示意图

预制剪力墙可结合建筑功能和结构平立面布置的要求，根据构件的生产、运输和安装能力，确定预制构件的形状和大小，宜采用一字形，也可采用 L 形、T 形或 U 形。

采用一字形的预制剪力墙相当于现浇剪力墙的墙身部位，分为开洞和不开洞两种类型。不开洞的剪力墙一般配置双层双向钢筋网片，水平钢筋伸出两侧锚入后浇墙柱，部分竖向钢筋伸出混凝土顶面与上层墙体连接。开洞的预制剪力墙洞口宜居中布置，洞口两侧的墙肢宽度不应小于 200mm，洞口上方连梁高度不宜小于 250mm。设置大洞口的预制剪力墙，一般在洞边设置边缘构件（开有两个洞口的预制剪力墙洞间墙一般不设边缘构件，仍按构造配筋），不开洞部分一般配置双层双向钢筋网片，水平钢筋伸出两侧锚入后浇墙柱，边缘构件竖向钢筋和部分墙身竖向钢筋伸出混凝土顶面与上层墙体连接。端部无边缘构件的预制剪力墙，宜在端部配置 2 根直径不小于 12mm 的竖向构造钢筋；沿该钢筋竖向应配置拉筋，拉筋直径不宜小于 6mm、间距不宜大于 250mm。对预制墙板边缘配筋适当加强是为了形成边框，保证墙板在形成整体结构之前的刚度、延性及承载力。

预制剪力墙开有边长小于 800mm 的洞口且在结构整体计算中不考虑其影响时，应沿洞口周边配置补强钢筋；补强钢筋的直径不应小于 12mm，截面面积不应小于同方向被洞口截断的钢筋面积，该钢筋自孔洞边角起算伸入墙内的长度，非抗震设计时不应小于 l_a，抗震设计时不应小于 l_{aE}，如图 2-46 所示。

预制剪力墙的连梁不宜开洞；当需开洞时，洞口宜预埋套管，洞口上、下截面的有效高度不宜小于梁高的 1/3，且不宜小于 200mm；被洞口削弱的连梁截面应进行承载力验算，洞口处应配置补强纵向钢筋和箍筋，补强纵向钢筋的直径不应小于 12mm，如图 2-47 所示。

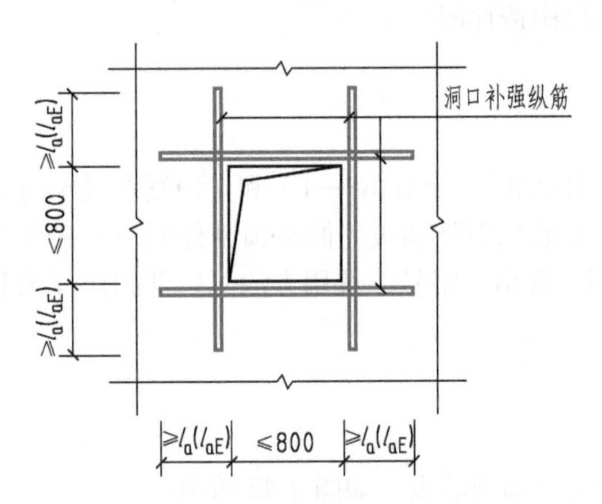

图 2-46 洞口补强钢筋配筋示意

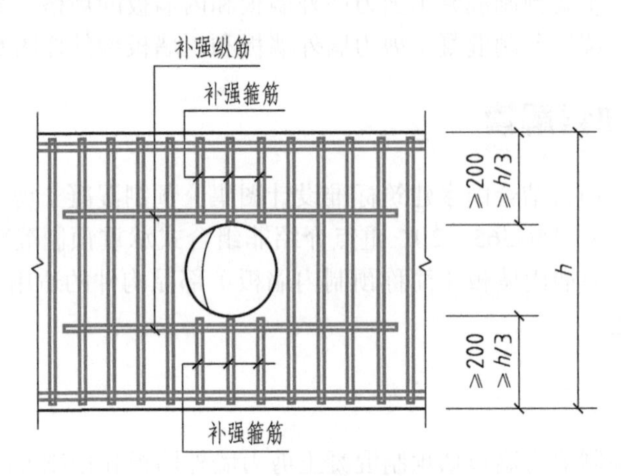

图 2-47 连梁洞口示意

当预制剪力墙采用套筒灌浆连接时，自套筒底部至套筒顶部并向上 300mm 范围内，水平分布筋应加密，如图 2-48 所示。加密区水平分布筋的最大间距及最小直径应符合表 2-8 的规定，套筒上端第一道水平分布钢筋距离套筒顶部不应大于 50mm。对该区域的水平分布筋的加强，是为了提高墙板的抗剪能力和变形能力，并使该区域的塑性铰可以充分发展，提高墙板的抗震性能。

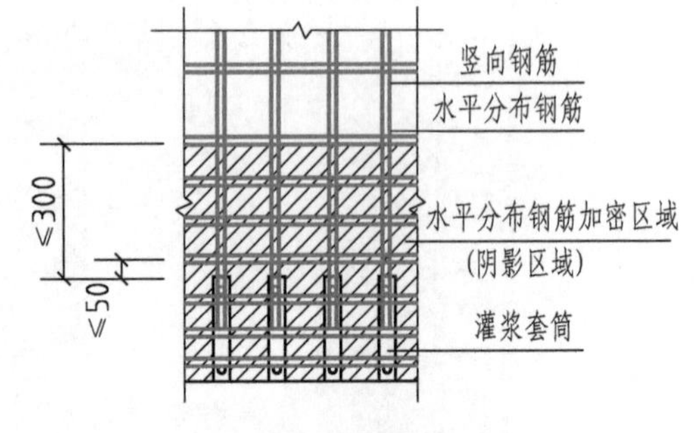

图 2-48 钢筋套筒灌浆连接部位水平钢筋的加密构造示意

预制夹心外墙板在国内外均有广泛的应用，具有结构、保温、装饰一体化的特点。预制夹心外墙板根据其在结构中的作用，可以分为承重墙板和非承重墙板两类。作为承重墙板时，它与其他结构构件共同承担垂直力和水平力；作为非承重墙板时，它仅作为外围护墙体使用。预制夹心外墙板根据其内、外叶墙板间的连接构造，又可以分为组合墙板和非组合墙板。组合墙板的内、外叶墙板可通过拉结件的连接共同工作；非组合墙板的内、外叶墙板不共同受力，外叶墙板仅作为荷载，通过拉结件作用在内叶墙板上。鉴于我国对于预制夹心外墙板的科研成果和工程实践经验都还较少，目前在实际工程中，通常采用非组合墙板。当作为承重墙时，内叶墙板的要求与普通剪力墙板的要求完全相同。

表 2-8 加密区水平分布钢筋的要求

抗震等级	最大间距 /mm	最小直径 /mm
一、二级	100	8
三、四级	150	8

当预制外墙采用夹心墙板时，外叶墙板厚度不应小于 50mm，且外叶墙板应与内叶墙板可靠连接；夹心外墙板的夹层厚度不宜大于 120mm；当作为承重墙时，内叶墙板应按剪力墙进行设计。

预制剪力墙的顶部和底部与后浇混凝土的结合面应设置粗糙面；侧面与后浇混凝土的结合面应设置粗糙面，也可设置键槽；键槽深度 t 不宜小于 20mm，宽度 w 不宜小于深度的 3 倍且不宜大于深度的 10 倍，键槽间距宜等于键槽宽度，键槽端部斜面倾角不宜大于 30°。粗糙面的面积不宜小于结合面的 80%，粗糙面凹凸深度不应小于 6mm。图集中的预制剪力墙板侧面按图 2-49 设置键槽。

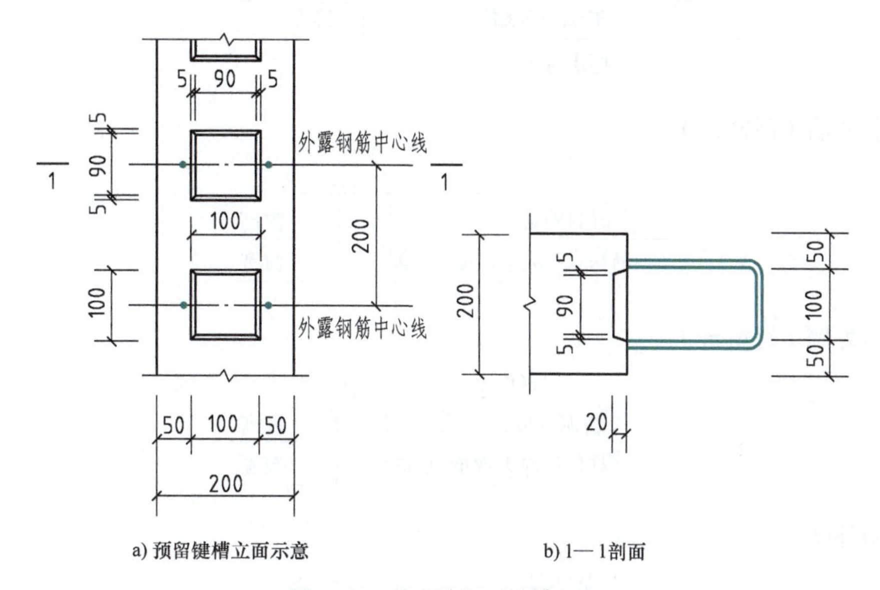

图 2-49　剪力墙两侧键槽示意

二、适用范围及材料

预制外墙板和预制内墙板的适用范围基本相同，适用于非结构抗震和抗震设防烈度为 6~8 度地区抗震设计的高层装配整体式剪力墙结构住宅，结构应具有较好的规则性，剪力墙为构造配筋。其他类型的建筑可参考选用。不适用于地下室、底部加强部位及相邻上一层、电梯井筒剪力墙、顶层剪力墙。

上下层预制内墙板的竖向钢筋采用套筒灌浆连接，相邻预制内墙板之间的水平钢筋采用整体式接缝连接。

预制外墙板和预制内墙板均有三种层高规程，分别为 2.8m、2.9m 和 3.0m。外墙板门窗洞口宽度尺寸采用的模数均为 3M，承重内叶墙板厚度为 200mm，外叶墙板厚度为 60mm，中间夹心保温层厚度 t 为 30~100mm；内墙板门窗洞口尺寸分为 900mm 和 1000mm 两种，预制内墙板厚度为 200mm。楼板和预制阳台板的厚度为 130mm，建筑面层做法厚度分为 50mm 和 100mm 两种。当具体工程项目中墙板尺寸与上述规定不符时，可参考图集另行设计。

混凝土强度等级不应低于 C30，除外叶墙板中钢筋采用冷轧带肋钢筋外，其他钢筋均采用 HRB400（C）。钢材采用 Q235-B 级钢材。预制外墙板保温材料采用挤塑聚苯板（XPS）。

图集中的预制外墙板和预制内墙板安全等级为二级，设计使用年限为 50 年。外墙板的外叶墙板按环境类别二 a 类设计，最外层钢筋保护层厚度按 20mm 设计；外墙板的内叶墙板按环境类别一类设计，钢筋最小保护层厚度按 15mm 设计。

三、预制外墙板的规格、编号与选用方法

如图 2-45 所示，非组合式预制外墙板主要包括内叶墙板、挤塑聚苯板（XPS）保温材料和外叶墙板三部分，保温材料置于内外叶墙板之间，内叶墙板、保温材料一次成型，外叶墙板通过贯穿保温层的拉结件与内叶墙板相连，外叶墙板仅作为荷载，不参与结构受力。

（一）规格与编号

1. 内叶墙板

内叶墙板的类型有无洞口外墙、一个窗洞外墙（高窗台）、一个窗洞外墙（矮窗台）、两个窗洞外墙、一个门洞外墙，分别按以下规则编号。

（1）无洞口外墙

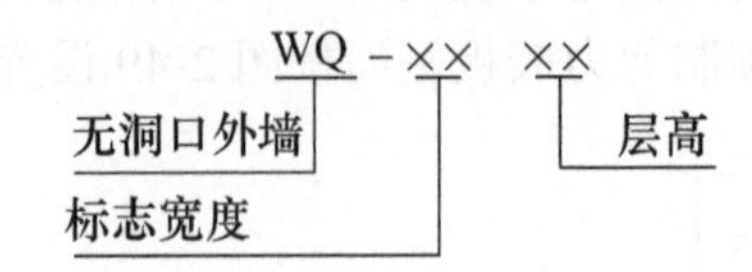

（2）一个窗洞外墙（高窗台）

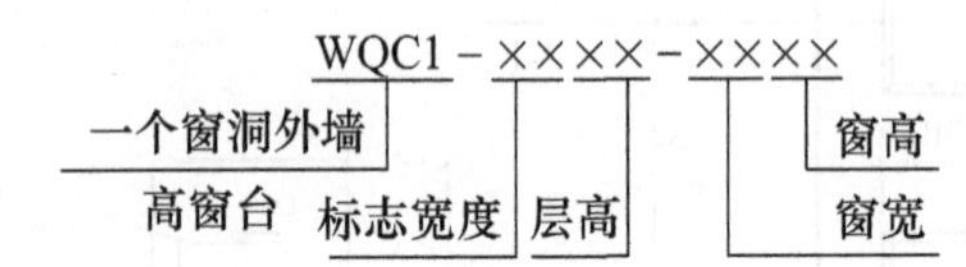

（3）一个窗洞外墙（矮窗台）

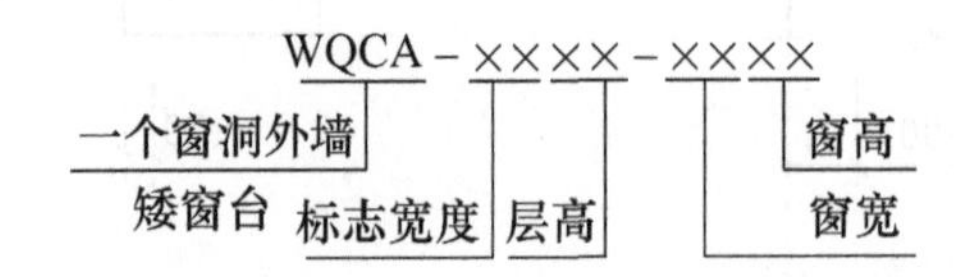

（4）两个窗洞外墙

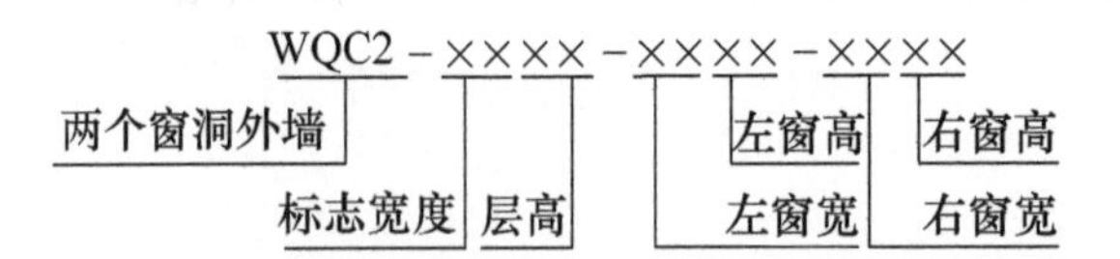

（5）一个门洞外墙

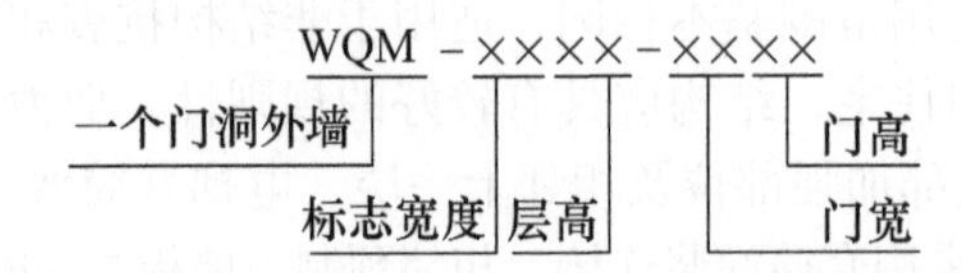

各种墙板编号示例见表 2-9。

表 2-9　墙板编号示例　（单位：mm）

墙板类型	示意图	墙板编号	标志宽度	层高	门/窗宽	门/窗高	门/窗宽	门/窗高
无洞口外墙		WQ-2428	2400	2800	—	—	—	—
一个窗洞外墙（高窗台）		WQC1-3028-1514	3000	2800	1500	1400	—	—
一个窗洞外墙（矮窗台）		WQCA-3029-1517	3000	2900	1500	1700	—	—

（续）

墙板类型	示意图	墙板编号	标志宽度	层高	门/窗宽	门/窗高	门/窗宽	门/窗高
两个窗洞外墙		WQC2-4830-0615-1515	4800	3000	600	1500	1500	1500
一个门洞外墙		WQM-3628-1823	3600	2800	1800	2300	—	—

2. 外叶墙板

外叶墙板与内叶墙板对应，分为标准外叶墙板（图 2-50a）和带阳台板外叶墙板（图 2-50b）。标准外叶墙板编号为 wy1（a、b），按实际情况标注出 a、b，当 a、b 均为 290 时，仅注写 wy1；带阳台板外叶墙板编号为 wy2（a、b、c_L 或 c_R、d_L 或 d_R），按外叶墙板实际情况标注 a、b、c_L 或 c_R、d_L 或 d_R。特别需要注意的是，左右方向是从内向外的方向。

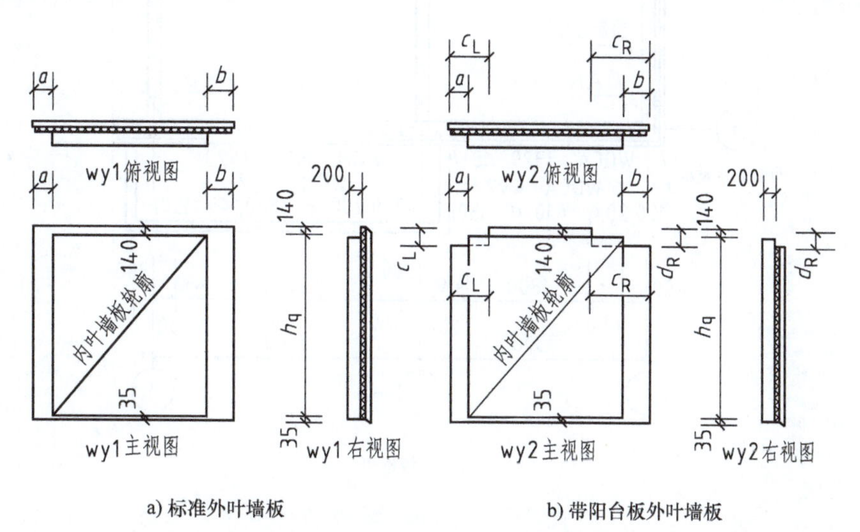

图 2-50　外叶墙板类型图（内表面视图）

（二）选用方法

选用预制外墙板，首先要确定各参数与图集适用范围要求是否一致，并在施工图中统一说明；然后根据结构平面布置、结构计算分析结果，以及外墙板门窗洞口位置及尺寸、墙板标志宽度及层高，确定预制外墙板内叶墙板、外叶墙板编号；再结合生产施工实际需求，确定预埋件、拉结件。此外，还需结合设备专业图纸，选用电线盒预埋位置，补充预制外墙板中其他设备孔洞及管线。

当房屋开间尺寸与图集预制外墙板标志宽度不同时，可调整后浇段长度来满足选用要求。

选用示例

已知条件：如图 2-51a 所示，建筑层高为 2900mm，①～②轴墙板标志宽度 3300mm，卧室窗洞尺寸为 18mm×1700mm，窗台高度为 600mm；②～③轴墙板标志宽度 3900mm，客厅门洞尺寸为 2400mm×2300mm；建筑保温层厚度为 70mm；叠合楼板和预制阳台板厚度均为 130mm，建筑面层厚度为 50mm；抗震等级为二级，混凝土强度等级为 C30，所在楼层为标准层，剪力墙边缘构件为构造边缘构件，墙身计算结果为构造配筋（各部分配筋量与本图集构件相符）。

选用结果：如图 2-51b 所示。

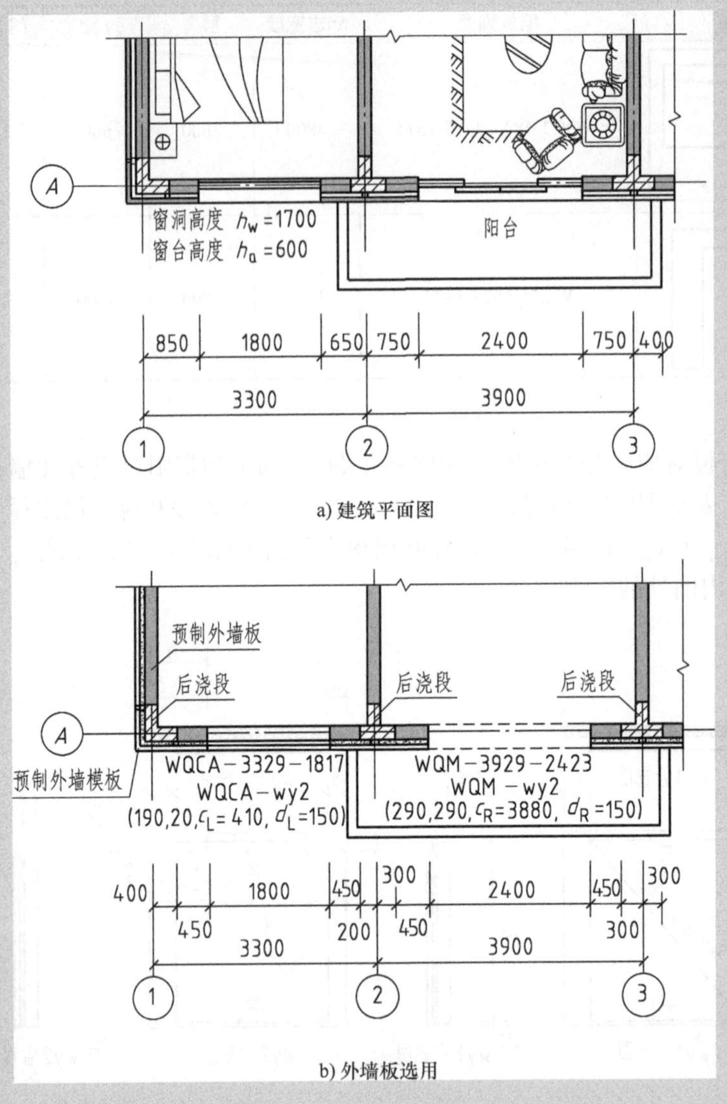

a) 建筑平面图

b) 外墙板选用

图 2-51　外墙板选用示例

1. ①～②轴间预制墙板选用

（1）内叶墙板选用：图中参数①～②轴间内叶墙板与本图集中墙板 WQCA-3329-1817 的模板图参数对比，将①轴右侧后浇段预留 400mm，②轴左侧后浇段预留 200mm 后，可直接选用。

（2）外叶墙板选用：图中①～②轴间外叶墙板符合 WQCA-wy2 的构造，从内向外看，外叶墙板两侧相对于内叶墙板分别伸出 190mm 和 20mm，阳台板左侧局部缺口尺寸 c 为 400mm，阳台板厚度为 130mm，考虑 20mm 的板缝，可选用 WQC1-wy2（190，20，c_L=410，d_L=150)。

2. ②～③轴间预制墙板选用

（1）内叶墙板选用：图中参数②～③轴间墙板与本图集中墙板 WQM-3929-2423 的模板图参数对比，完全符合，可直接选用。

（2）外叶墙板选用：图中②～③轴间外叶墙板符合 WQM-wy2 的构造，从内向外看，外叶墙板两侧相对于内叶墙板均伸出 290mm，阳台板全部缺口，缺口尺寸水平段 c 为 3880mm，阳台板厚度为 130mm，考虑 20mm 的板缝，可选用 WQC1-wy2（290，290，c_R=3880，d_R=150）。

按本图集选用标准构件后，应在结构设计说明或结构施工图中补充以下内容：结构抗震等级为二级，预制外墙板混凝土强度等级为 C30，保温层厚度为 70mm，建筑面层为 50mm；设计人员与生产单位、施工单位确定吊件形式并进行核算，补充施工相关预埋件；核对并补充各专业预埋管线。

四、预制内墙板规格、编号及选用方法

（一）规格及编号

预制内墙板的类型主要有无洞口内墙、固定门垛内墙、中间门洞内墙、刀把内墙，分别按以下规则编号。

（1）无洞口内墙

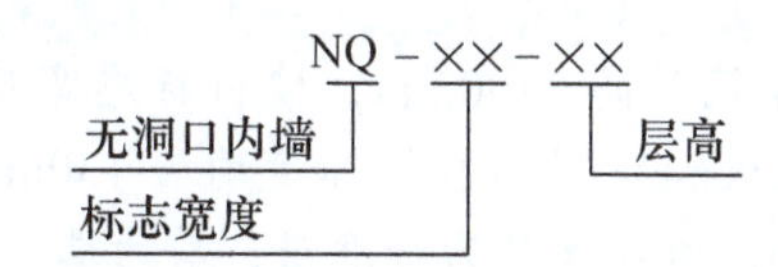

（2）固定门垛内墙

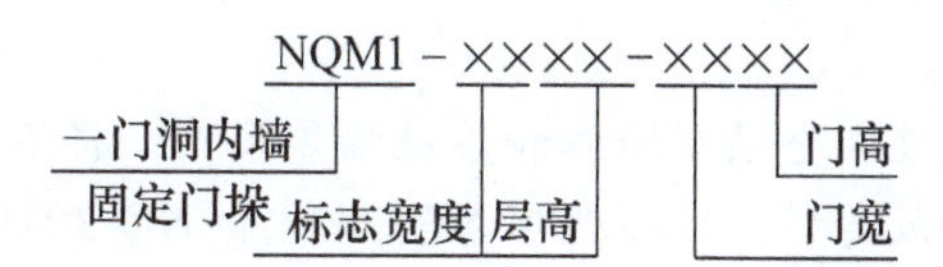

（3）中间门洞内墙

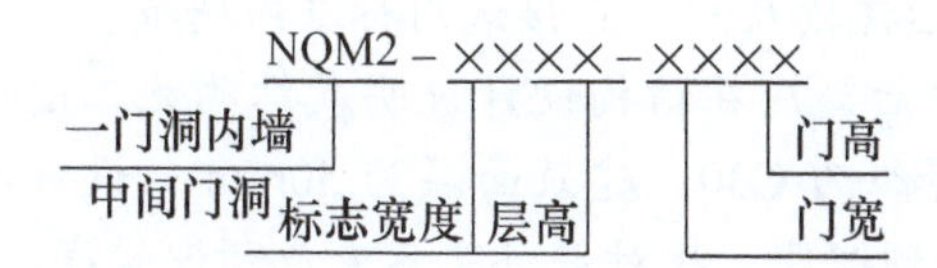

（4）刀把内墙

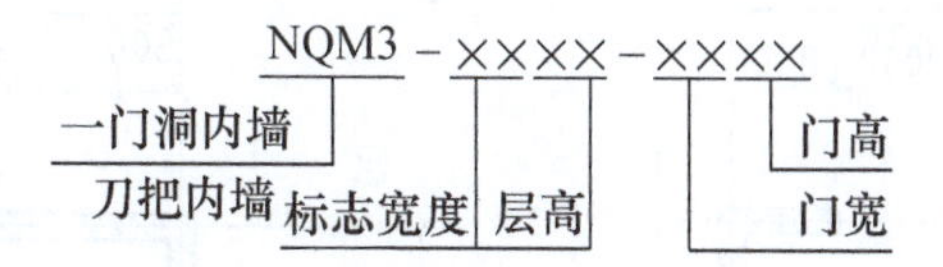

各种内墙板编号示例见表 2-10。

表 2-10　内墙板编号示例表　（单位：mm）

墙板类型	示意图	墙板编号	标志宽度	层高	门宽	门高
无洞口内墙		NQ-2128	2100	2800	—	—
固定门垛内墙		NQM1-3028-0921	3000	2800	900	2100
中间门洞内墙		NQM2-3029-1022	3000	2900	1000	2200
刀把内墙		NQM3-3330-1022	3300	3000	1000	2200

（二）选用方法

内墙板分段自由，根据具体工程中的户型布置和墙段长度，结合图集中的墙板类型和尺寸，将内墙板分段，通过调整后浇段长度，合预制构件均能够直接选用标准墙板，具体工程设计若与图集中的墙板模板、配筋相差较大，可参考图集中相关构件详图，重新进行构件设计。

预制内墙板与预制外墙板的选用方法基本一致，首先要确定各参数与图集适用范围要求是否一致，并在施工图中统一说明；然后根据结构平面布置、结构计算分析结果，以及内墙板门窗洞口位置及尺寸、墙板标志宽度及层高，确定预制内墙板编号；再结合生产施工实际需求，确定预埋件、拉结件；此外，还需结合设备专业图纸，选用电线盒预埋位置，补充预制内墙板中其他设备孔洞及管线。当房屋尺寸与图集预制内墙板标志宽度不同时，可局部调整后浇段后选用。

选用示例

已知条件：如图 2-52a 所示，建筑层高 2800mm，墙板标志宽度为 4500mm、7500mm，内墙门洞尺寸为 1000mm×2100mm；叠合楼板和预制阳台板厚度均为 130mm，建筑面层厚度为 50mm；抗震等级为二级，混凝土强度等级为 C30，所在楼层为标准层，剪力墙边缘构件为构造边缘构件，墙身计算结果为构造配筋（各部分配筋量与本图集构件相符）。

选用结果：如图 2-52b 所示。

（1）不开洞内墙板选用：通过调整预制墙体和后浇墙体尺寸，将不开洞墙板分成两段符合 3M 尺寸的墙板，与本图集索引图核对墙板类型，直接选用 NQ-2428 和 NQ-3028。

（2）开门洞内墙板选用：根据开门洞位置，选择相应内墙板类型。本示例门洞偏置，符合 NQM1-3628-1021 尺寸关系，通过调整后浇段尺寸，直接选用标准内墙板。

（3）按本图集选用标准构件后，应在结构设计说明或结构施工图中补充以下内容：结构抗震等级为二级，预制墙板混凝土强度等级为 C30，建筑面层为 50mm；设计人员与生产单位、施工单位确定吊件形式并进行核算，补充施工预埋件；核对并补充各专业预埋管线。

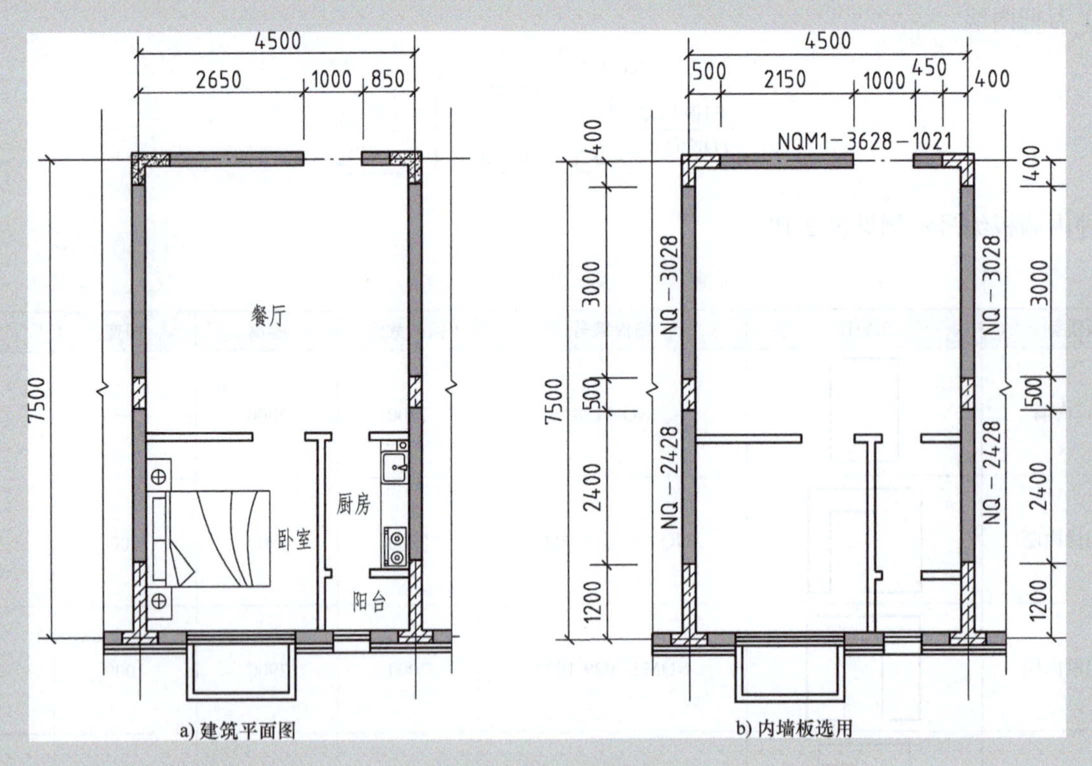

图 2-52　内墙板选用示例

五、构件详图

（一）预制外墙板

以图 2-50 为例来说明预制外墙板（WQC1-3329-1514-wy1）的构造，详图参见图 2-53~ 图 2-55。图中清楚地表达出非组合式预制外墙板三个组成部分：内叶墙板、挤塑聚苯板（XPS）保温材料和外叶墙板。

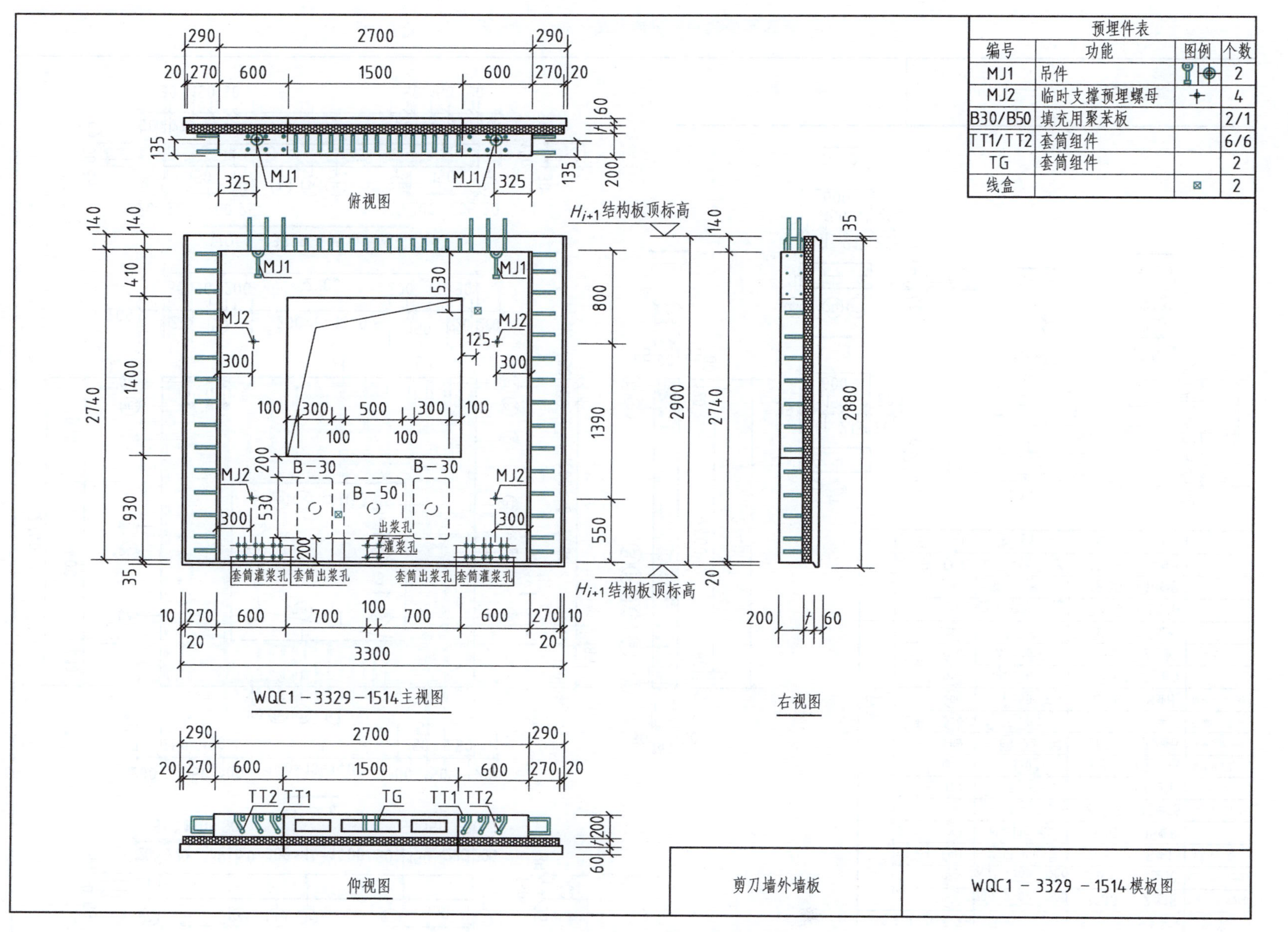

预埋件表

编号	功能	图例	个数
MJ1	吊件		2
MJ2	临时支撑预埋螺母		4
B30/B50	填充用聚苯板		2/1
TT1/TT2	套筒组件		6/6
TG	套筒组件		2
线盒			2

图 2-53 剪力墙外墙板模板图

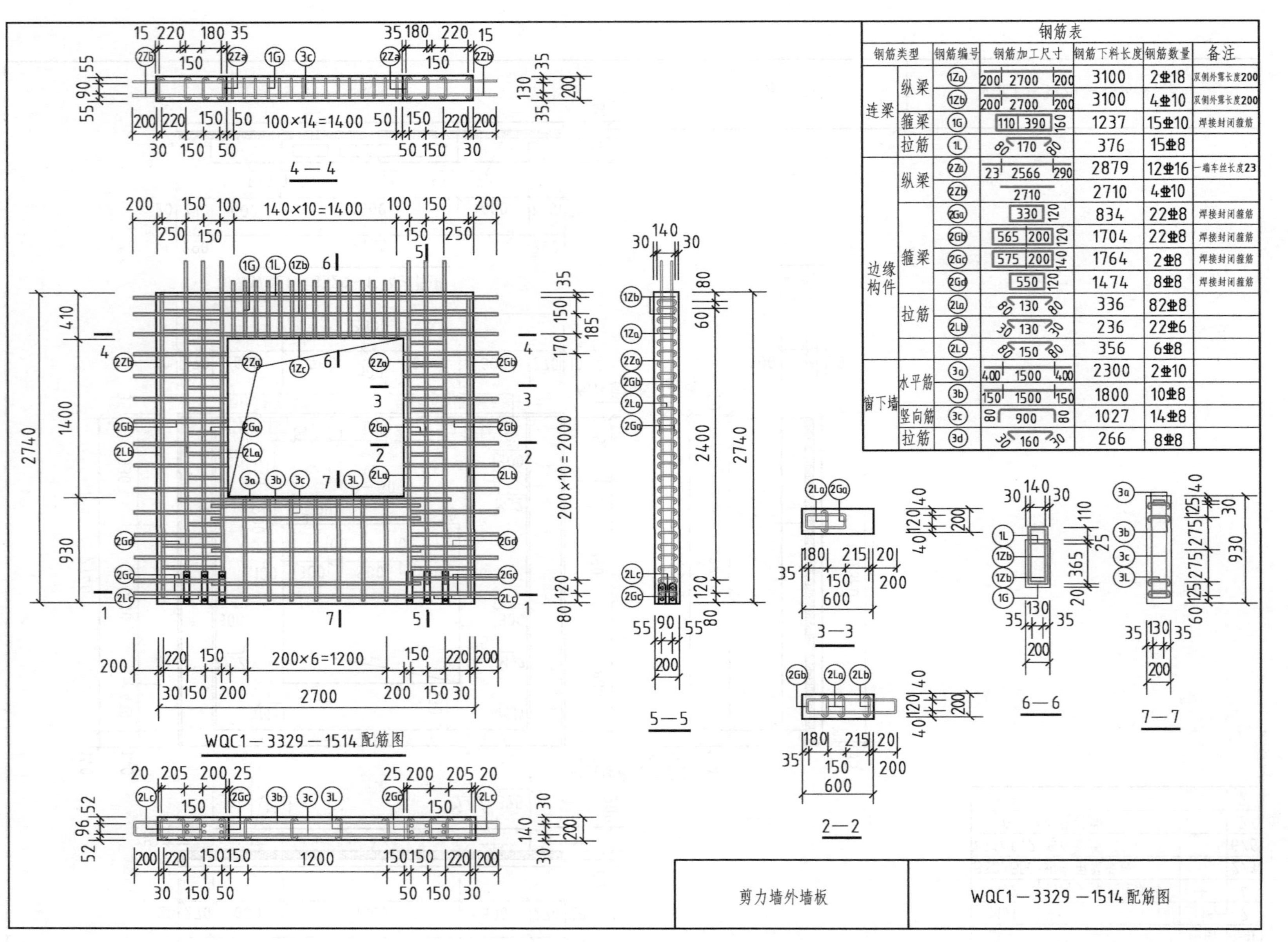

钢筋表

钢筋类型		钢筋编号	钢筋加工尺寸	钢筋下料长度	钢筋数量	备注
连梁	纵梁	1Za	200 2700 200	3100	2Φ18	双侧外露长度200
		1Zb	200 2700 200	3100	4Φ10	双侧外露长度200
	箍梁	1G	110 390 160	1237	15Φ10	焊接封闭箍筋
	拉筋	1L	80 170 80	376	15Φ8	
边缘构件	纵梁	2Za	23 2566 290	2879	12Φ16	一端车丝长度23
		2Zb	2710	2710	4Φ10	
	箍梁	2Ga	330 120	834	22Φ8	焊接封闭箍筋
		2Gb	565 200 120	1704	22Φ8	焊接封闭箍筋
		2Gc	575 200 140	1764	2Φ8	焊接封闭箍筋
		2Gd	550 120	1474	8Φ8	焊接封闭箍筋
	拉筋	2La	80 130 80	336	82Φ8	
		2Lb	30 130 30	236	22Φ6	
		2Lc	80 150 80	356	6Φ8	
窗下墙	水平筋	3a	400 1500 400	2300	2Φ10	
		3b	150 1500 150	1800	10Φ8	
	竖向筋	3c	80 900 80	1027	14Φ8	
	拉筋	3d	30 160 30	266	8Φ8	

图 2-54　剪力墙外墙板内叶墙板配筋图

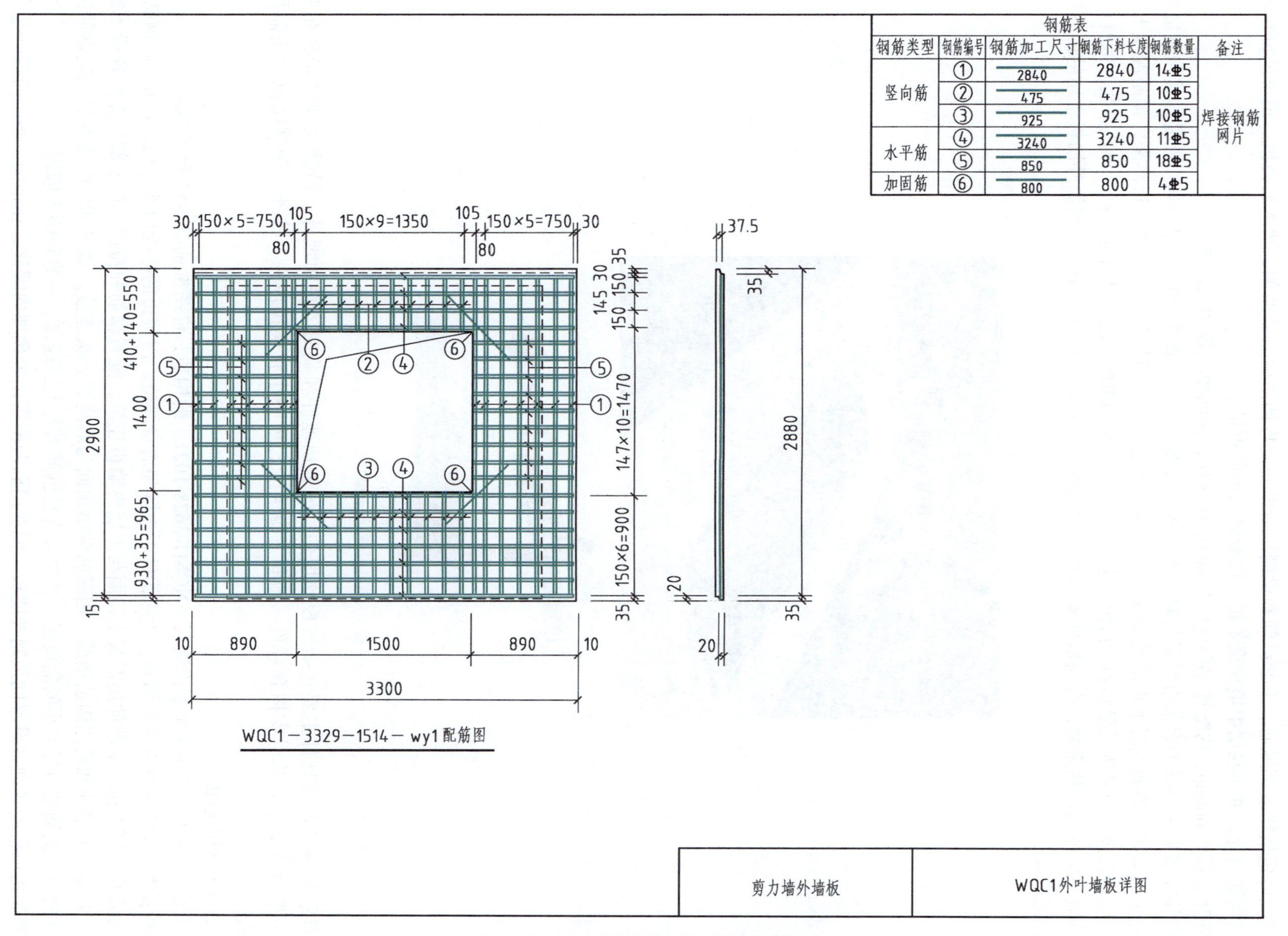

钢筋类型	钢筋编号	钢筋加工尺寸	钢筋下料长度	钢筋数量	备注
竖向筋	①	2840	2840	14⌀5	焊接钢筋网片
	②	475	475	10⌀5	
	③	925	925	10⌀5	
水平筋	④	3240	3240	11⌀5	
	⑤	850	850	18⌀5	
加固筋	⑥	800	800	4⌀5	

图 2-55 剪力墙外墙板外叶墙板配筋图

内叶墙板是结构受力部分，墙厚 200mm，分为三个部分：洞边边缘构件、洞口上方连梁、窗下墙。洞边边缘构件共配置 12⌀16 纵向钢筋，剪力墙边配置 4 ⌀10 加强钢筋，并通过水平箍筋形成骨架。洞口上方连梁的配筋包括梁上部纵筋、下部纵筋和梁侧构造钢筋，均伸出剪力墙两侧，锚入后浇段。窗下墙部位配置双向钢筋网片，并可在墙中填充聚苯板，以减轻墙板的重量。

外叶墙板厚 60mm，内配置 $\phi^R5@150$ 双向钢筋网片，洞四角配置加强钢筋。

内外叶墙板间为挤塑聚苯板保温材料，厚度按设计要求，本详图为 70mm 厚。连接件是连接预制混凝土夹心保温墙体内外侧混凝土板的关键部件，其受力性能直接影响墙体的安全性，近年来，预制混凝土夹心保温墙体大多采用纤维增强塑料（FRP）连接件（图 2-56），FRP 连接件具有强度高、导热系数低的特点，可有效减小墙体的传热系数，提高墙体安全性与耐久性。不锈钢连接件也是夹心保温外墙板常用的内外叶墙板连接形式。

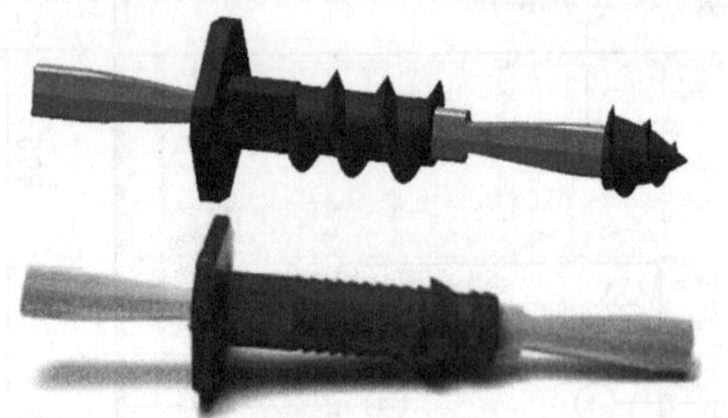

图 2-56　纤维增强塑料（FRP）连接件

预制外墙板的预埋件主要包括脱模预埋件、吊装预埋件和临时支撑预埋件。吊装预埋件安装在墙顶，一般设置 2 个；临时支撑预埋件一般每片墙 4 个，可兼作脱模预埋件。此外，预制墙板内还需预留线盒。

（二）预制内墙板

以图 2-45a 为例来说明预制内墙板（NQM1-3628-1021）的构造，详图参见图 2-57 和图 2-58。

图示预制内墙板分为三个部分：边缘构件、连梁和墙身部位。门洞边的边缘构件分别配置 6 ⌀16 钢筋，下端与灌浆套筒连接，上端伸出混凝土顶面与上层内墙板连接，配置箍筋和拉筋。连梁部位需配置梁下部钢筋、上部受力钢筋和梁侧构造钢筋，用箍筋伸出顶面与后浇叠合板连接。墙身部位配置双层双向钢筋网片，竖向分布钢筋按直径大小间隔放置，其中大直径钢筋需与上层连接，小直径锚入墙内。

预制内墙板的预埋件设置同预制外墙板，但在门洞两侧需设置预埋内螺栓，在运输、吊装阶段安装角钢，以保护构件。

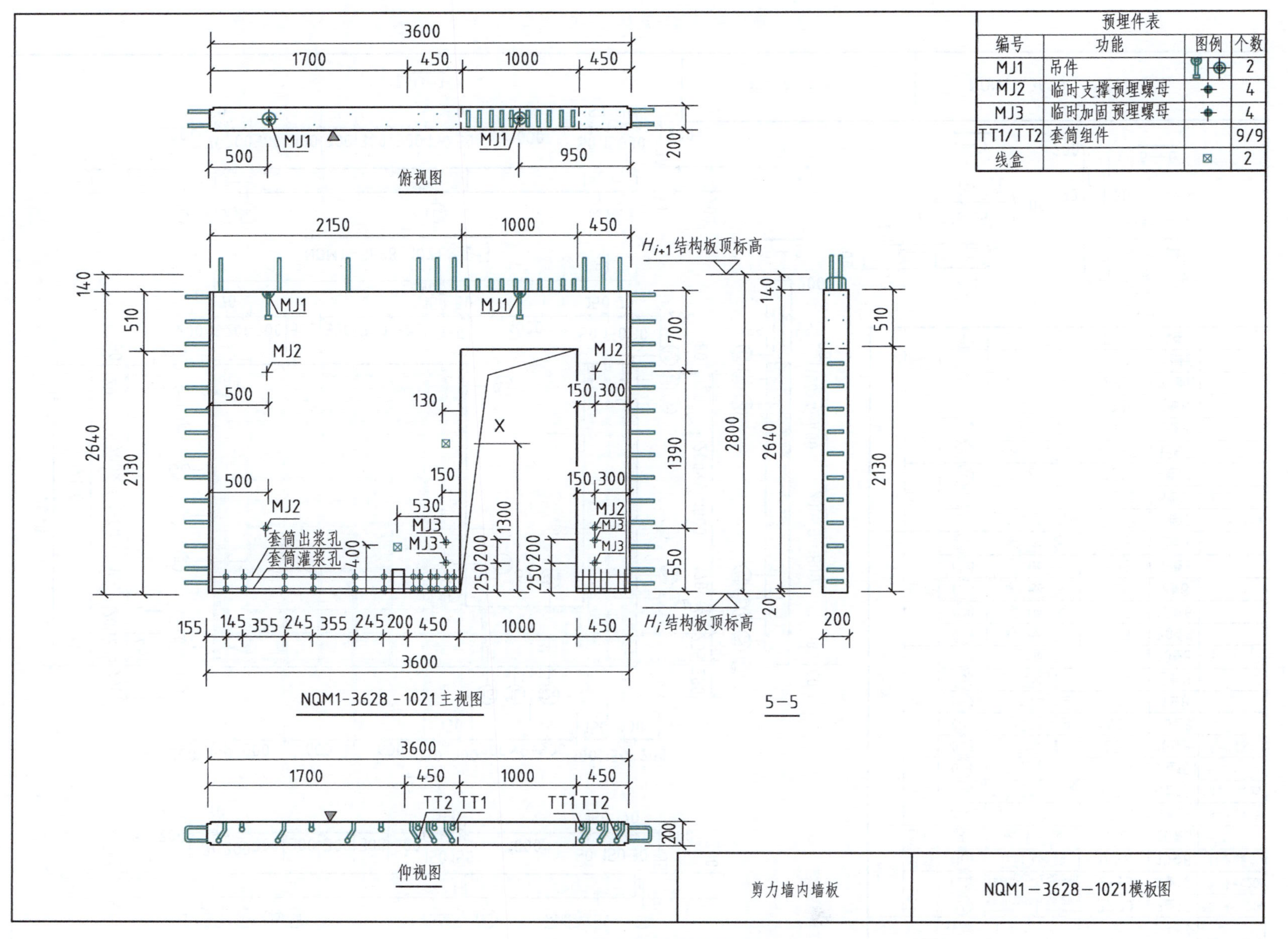

预埋件表

编号	功能	图例	个数
MJ1	吊件		2
MJ2	临时支撑预埋螺母		4
MJ3	临时加固预埋螺母		4
TT1/TT2	套筒组件		9/9
线盒		⊠	2

图 2-57　剪力墙内墙板模板图

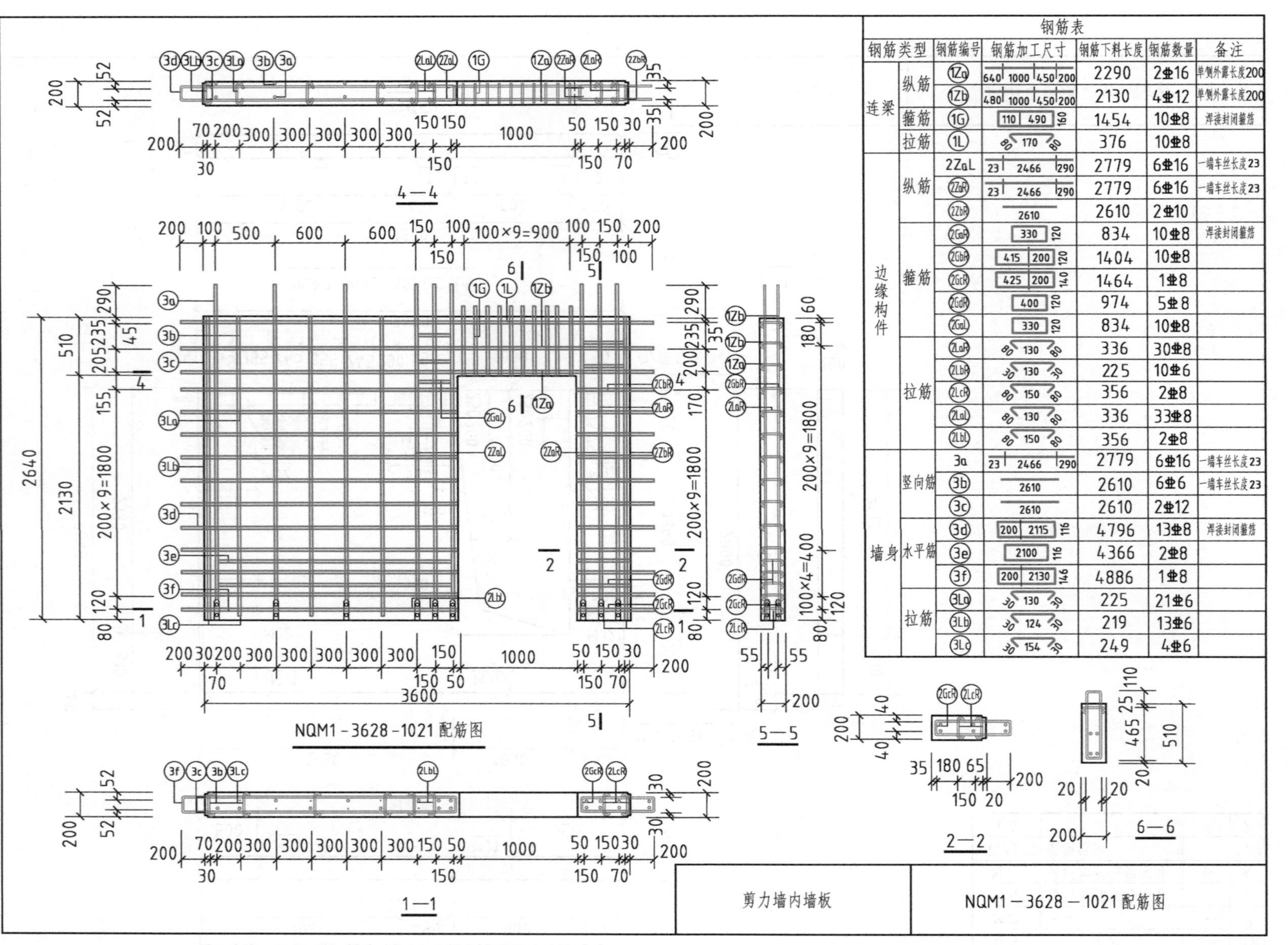

钢筋表

钢筋类型		钢筋编号	钢筋加工尺寸	钢筋下料长度	钢筋数量	备注
连梁	纵筋	1Za	640 1000 450 200	2290	2⌀16	单侧外露长度200
		1Zb	480 1000 450 200	2130	4⌀12	单侧外露长度200
	箍筋	1G	110 490 160	1454	10⌀8	焊接封闭箍筋
	拉筋	1L	80 170 80	376	10⌀8	
边缘构件	纵筋	2ZaL	23 2466 290	2779	6⌀16	一端车丝长度23
		2ZaR	23 2466 290	2779	6⌀16	一端车丝长度23
		2ZbR	2610	2610	2⌀10	
	箍筋	2GaR	330 120	834	10⌀8	焊接封闭箍筋
		2GbR	415 200 120	1404	10⌀8	
		2GcR	425 200 140	1464	1⌀8	
		2GdR	400 120	974	5⌀8	
		2GaL	330 120	834	10⌀8	
	拉筋	2LaR	80 130 80	336	30⌀8	
		2LbR	30 130 30	225	10⌀6	
		2LcR	80 150 80	356	2⌀8	
		2LaL	80 130 80	336	33⌀8	
		2LbL	80 150 80	356	2⌀8	
墙身	竖向筋	3a	23 2466 290	2779	6⌀16	一端车丝长度23
		3b	2610	2610	6⌀6	一端车丝长度23
		3c	2610	2610	2⌀12	
	水平筋	3d	200 2115 116	4796	13⌀8	焊接封闭箍筋
		3e	2100 116	4366	2⌀8	
		3f	200 2130 146	4886	1⌀8	
	拉筋	3La	30 130 30	225	21⌀6	
		3Lb	30 124 30	219	13⌀6	
		3Lc	30 154 30	249	4⌀6	

图 2-58 剪力墙内墙板配筋图

六、连接构造

预制剪力墙墙板的连接构造主要包括竖向后浇段、后浇钢筋混凝土圈梁、水平后浇段和墙底部接缝。

（一）竖向后浇段

楼层内相邻预制剪力墙之间应采用整体式接缝连接。后浇段的类型主要有 L 形后浇段（LJZ）、T 形后浇段（LYZ）、一字形后浇段（LAZ），如图 2-59 所示，后浇段的尺寸可根据需要进行调整。后浇段混凝土强度等级由设计指定，结构抗震等级为一级时，后浇段的混凝土强度等级不低于 C35；结构抗震等级为二、三、四级时，后浇段的混凝土强度等级不低于 C30。后浇段竖向钢筋直径及间距应结合墙板竖向钢筋，根据计算结果和构造要求配置。

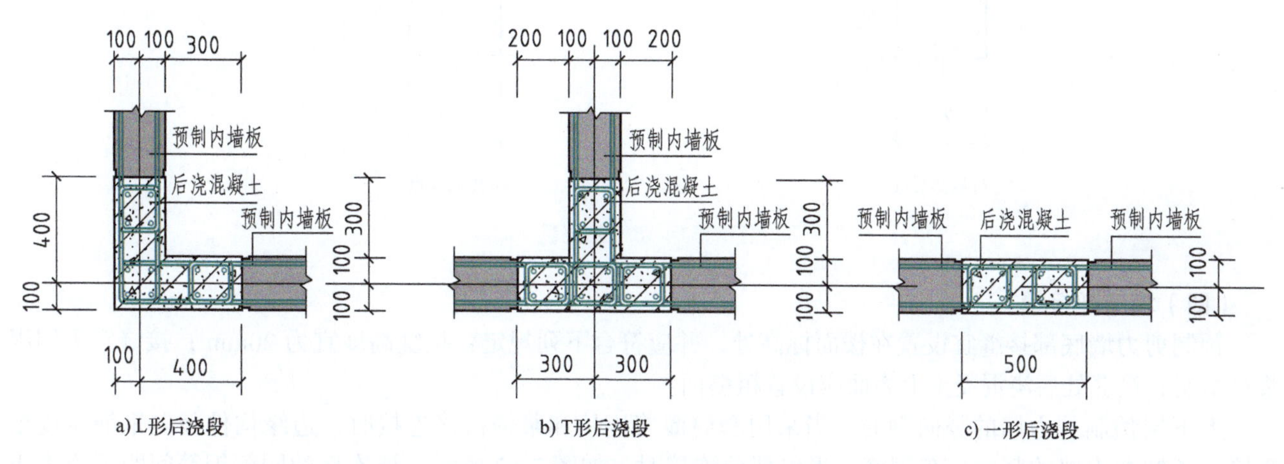

图 2-59　预制剪力墙后浇段连接节点

（二）后浇钢筋混凝土圈梁

屋面以及立面收进的楼层，应在预制剪力墙顶部设置封闭的后浇钢筋混凝土圈梁，如图 2-60 所示，圈梁截面宽度不应小于剪力墙的厚度，截面高度不宜小于楼板厚度及 250mm 的较大值；圈梁应现浇或与者叠合楼、屋盖浇筑成整体。圈梁内配置的纵向钢筋不应少于 4⌀12，且按全截面计算的配筋率不应小于 0.5% 和水平分布筋配筋率的较大值，纵向钢筋竖向间距不应大于 200mm；箍筋间距不应大于 200mm，且直径不应小于 8mm。

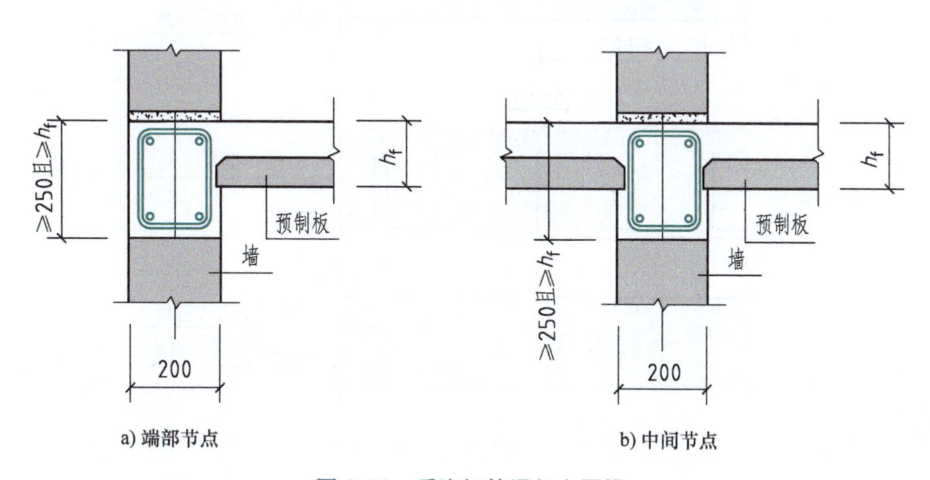

图 2-60　后浇钢筋混凝土圈梁

（三）水平后浇段

各层楼面位置，预制剪力墙顶部无后浇圈梁时，应设置连续的水平后浇段，如图 2-61 所示，水平后浇段宽度应取剪力墙的厚度，高度不应小于楼板厚度；水平后浇段应与现浇或者叠合楼、屋盖浇筑成整体；水平后浇段内应配置不少于 2 根连续纵向钢筋，其直径不宜小于 12mm。

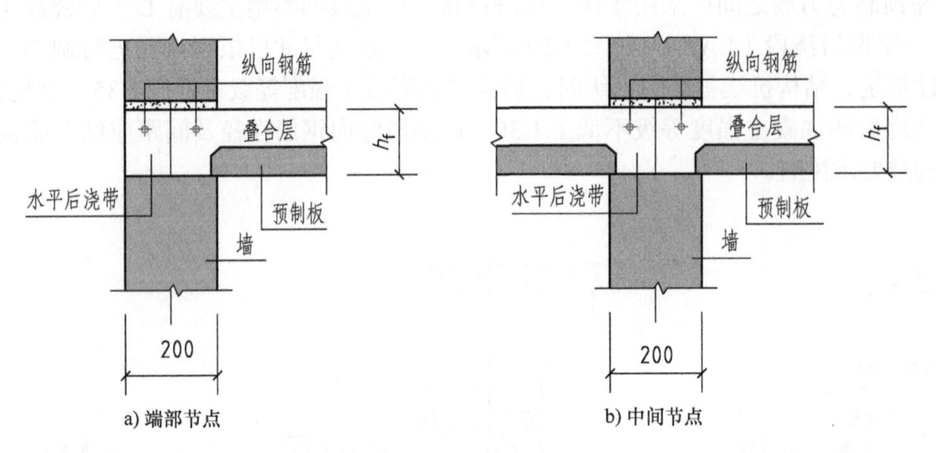

图 2-61　水平后浇段

（四）墙底部接缝

预制剪力墙底部接缝宜设置在楼面标高处，并应符合下列规定：接缝高度宜为 20mm；接缝宜采用灌浆料填实；接缝处后浇混凝土上表面应设置粗糙面。

上下层预制剪力墙的竖向钢筋，当采用套筒灌浆连接和浆锚搭接连接时，边缘构件竖向钢筋应逐根连接；预制剪力墙的竖向分布钢筋，当仅部分连接时，如图 2-62 所示，被连接的同侧钢筋间距不应大于 600mm，且在剪力墙构件承载力设计和分布钢筋配筋率计算中不得计入不连接的分布钢筋；不连接的竖向分布钢筋直径不应小于 6mm；一级抗震等级剪力墙以及二、三级抗震等级底部加强部位，剪力墙的边缘构件竖向钢筋宜采用套筒灌浆连接。

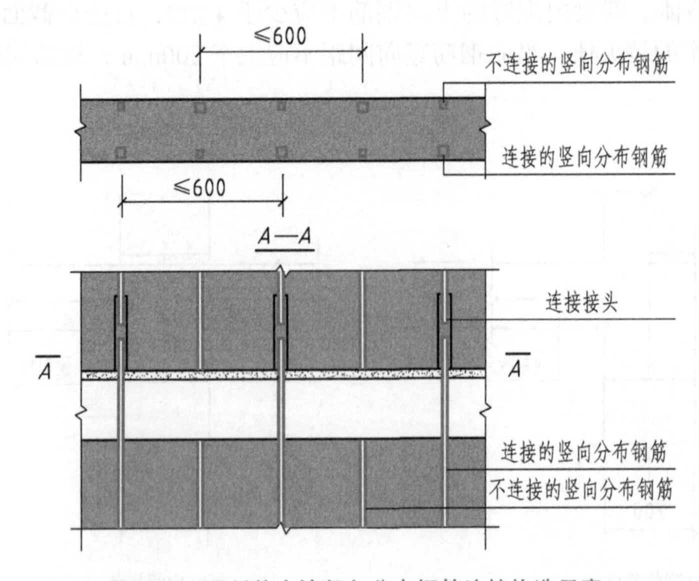

图 2-62　预制剪力墙竖向分布钢筋连接构造示意

项目五　桁架钢筋混凝土叠合板

学习目标

1. 理解桁架钢筋混凝土叠合板及其连接构造。
2. 熟悉国家建筑标准设计图集《桁架钢筋混凝土叠合板（60mm 厚底板）》（15G366-1）。
3. 了解桁架钢筋混凝土叠合板的规格、编号及选用方法。
4. 读懂桁架钢筋混凝土叠合板构件详图与连接构造详图。
5. 了解桁架钢筋混凝土叠合板的预制板布置形式。

知识解读

本项目结合国家建筑标准设计图集《桁架钢筋混凝土叠合板（60mm 厚底板）》（15G366-1），重点介绍双向板和单向板部品构件的适用范围、规格、编号、选用方法、构件制作详图和连接构造。

一、构造要求

装配整体式结构的楼盖宜采用叠合楼盖，叠合楼盖有多种形式，桁架钢筋混凝土叠合板是常用的叠合楼盖形式，包括底板和后浇面层两部分。底板按受力性能分为双向受力叠合板用底板（以下简称双向板底板）和单向受力叠合板用底板（以下简称单向板底板），双向板底板按所处楼盖中的位置不同，又分为边板和中板，如图 2-63 所示。

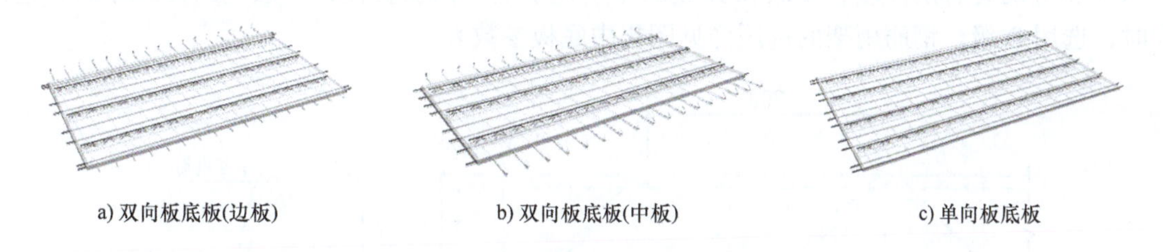

图 2-63　桁架钢筋混凝土叠合板

叠合板的预制板厚度一般不宜小于 60mm，但在采取可靠的构造措施的情况下（如设置桁架钢筋或板肋等，增加了预制板刚度），可以考虑将其厚度适当减少。后浇混凝土叠合层厚度不应小于 60mm，叠合板后浇层最小厚度的规定考虑了楼板整体性要求以及管线预埋、面筋铺设、施工误差等因素。

桁架钢筋混凝土叠合板底板钢筋包括钢筋桁架及钢筋网片。钢筋桁架由钢筋焊接而成，分为弦杆和腹杆，其中弦杆又分为上弦和下弦。钢筋桁架沿主要受力方向布置，距板边不应大于 300mm，间距不宜大于 600mm，钢筋桁架弦杆钢筋直径不宜小于 8mm，腹杆钢筋直径不应小于 4mm，桁架钢筋弦杆混凝土保护层厚度不应小于 15mm。平行于钢筋桁架的底板钢筋与桁架下弦钢筋并排放置，垂直于钢筋桁架的底板钢筋放置在桁架下弦钢筋下方；后浇混凝土叠合层一般也需配置双向钢筋，沿主要受力方向的钢筋与桁架上弦钢筋平齐，另一方向的钢筋布置在桁架上弦钢筋之上，如图 2-64 所示，H_1 为桁架钢筋高度。

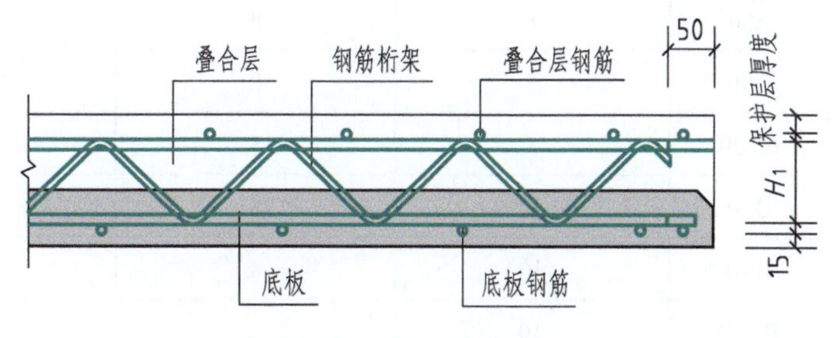

图 2-64　叠合板剖面图

叠合板底板主要受力方向（一般为预制板长方向）钢筋需伸出板边，锚入梁或墙的后浇混凝土中，单向板短方向钢筋不需伸出混凝土，双向板短方向钢筋需伸出混凝土锚入梁或墙的后浇混凝土中或与相邻板对接连接。

预制板与后浇混凝土叠合层之间的结合面及四个侧面均应设置粗糙面。粗糙面的面积不宜小于结合面的 80%，预制板的粗糙面凹凸深度不应小于 4mm。

叠合板底板一般无预埋件，叠合板的吊点设置在最外侧钢筋桁架的两端，如跨度 3600mm 的板，吊点位置为距离端部 700mm 最近的上弦节点，与吊点相邻的两个下弦节点处需放置垂直于钢筋桁架的钢筋，常用 2⌀8，长度 280mm，其他跨度的预制板吊点位置详见图集。

二、规格

《桁架钢筋混凝土叠合板（60mm 厚底板）》（15G366—1）适用于环境类别为一类的住宅建筑楼、屋面叠合板用的底板（不包括阳台、厨房和卫生间），非抗震设计或抗震设防烈度为 6~8 度抗震设计的剪力墙结构，对应剪力墙厚为 200mm，其他墙厚及结构形式可参考使用。

底板混凝土强度等级为 C30；底板钢筋及钢筋桁架的上弦、下弦钢筋采用 HRB400 级钢筋，钢筋桁架腹杆钢筋采用 HPB300 级钢筋。叠合板安全等级为二级，设计使用年限为 50 年。底板施工阶段验算参数及制作、施工要求详见图集总说明。

图集中预制板厚度均为 60mm，底板最外层钢筋保护层厚度 15mm。后浇混凝土叠合层厚度为 70mm、80mm 和 90mm 三种。单双向板底板的标志宽度均有 1200mm、1500mm、1800mm、2000mm、2400mm 五种，双向板边板实际宽度 = 标志宽度 –240mm，中板实际宽度 = 标志宽度 –300mm，单向板的实际宽度与标志宽度相同；单双向板标志跨度满足 3M，其中双向板的标志跨度从 3000mm 到 6000mm，单向板的标志跨度从 2700mm 到 4200mm，实际跨度 = 标志跨度 –180mm。

图 2-65 为钢筋桁架示意图，图集中的钢筋桁架共六种规格，规格及代号见表 2-11。不同钢筋桁架设计高度分别对应相应的叠合层厚度，A 级和 B 级的差别在于上弦钢筋直径，一般当跨度较小时，选用 A 级；跨度较大时，选用 B 级。钢筋桁架的选用详见图集中底板参数表。

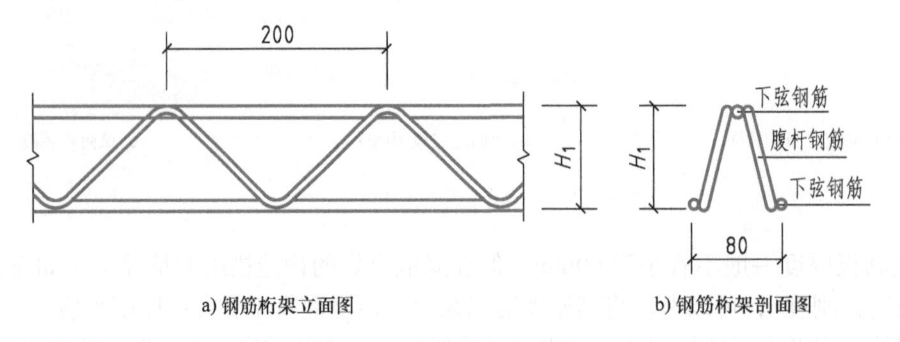

图 2-65 钢筋桁架示意图

表 2-11 钢筋桁架规格及代号

桁架代号	上弦钢筋公称直径 / mm	下弦钢筋公称直径 / mm	腹杆钢筋公称直径 / mm	桁架设计高度 / mm	60mm 厚底板叠合层厚度 /mm
A80	8	8	6	80	70
A90	8	8	6	90	80
A100	8	8	6	100	90
B80	10	8	6	80	70
B90	10	8	6	90	80
B100	10	8	6	100	90

为了后浇混凝土与预制板的连接以及预制板的拼缝，叠合板的板边需做成倒角形式，如图 2-66 所示。

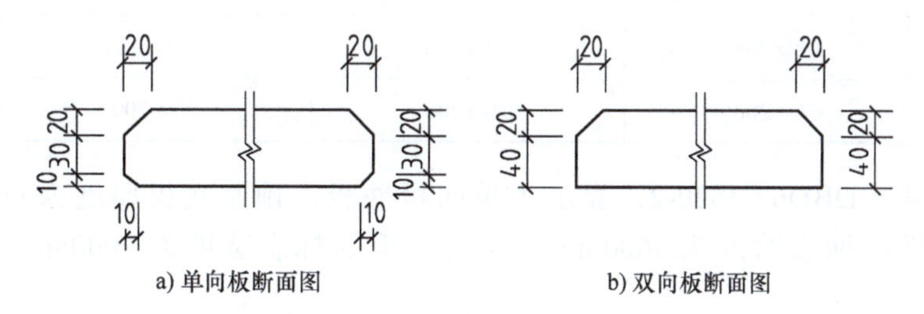

图 2-66　底板断面图

三、编号

（一）双向板底板编号规则

桁架钢筋混凝土叠合板用底板（双向板）的编号规则如下：

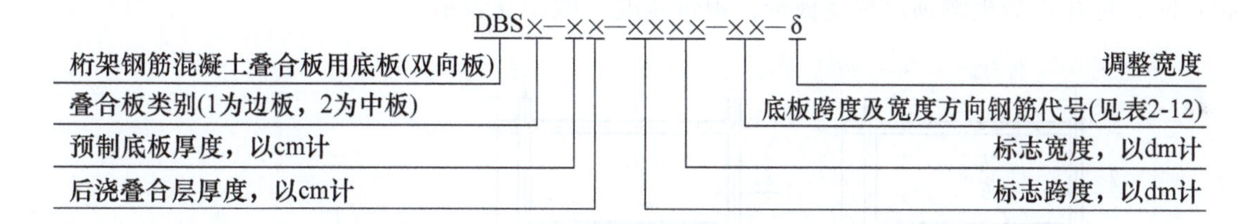

表 2-12　双向板底板跨度方向、宽度方向钢筋代号组合表

宽度方向钢筋＼跨度方向钢筋	⌀8@200	⌀8@150	⌀10@200	⌀10@150
⌀8@200	11	21	31	41
⌀8@150		22	32	42
⌀8@100				43

【例 2-1】 底板编号 DBS1-67-3620-31，表示双向板底板，拼装位置为边板，预制底板厚度为 60mm，后浇叠合层厚度为 70mm，预制底板的标志跨度为 3600mm，预制底板的标志宽度为 2000mm，底板跨度方向配筋为⌀10@200，底板宽度方向配筋为⌀8@200。

【例 2-2】 底板编号 DBS2-67-3620-31，表示双向板底板，拼装位置为中板，预制底板厚度为 60mm，后浇叠合层厚度为 70mm，预制底板的标志跨度为 3600mm，预制底板的标志宽度为 2000mm，底板跨度方向配筋为⌀10@200，底板宽度方向配筋为⌀8@200。

（二）单向板底板编号规则

单向板底板编号规则如下：

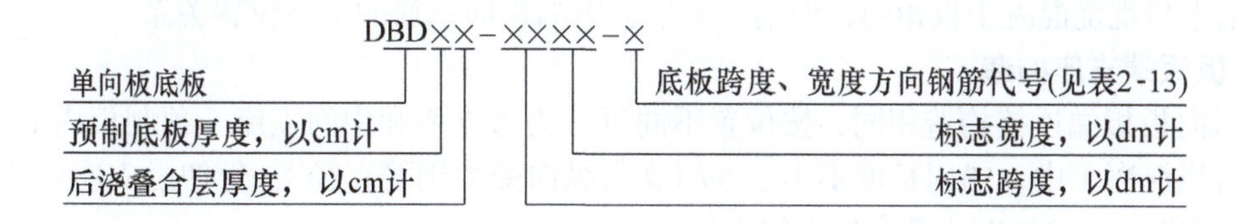

表 2-13　单向板底板跨度方向、宽度方向钢筋代号组合表

代号	1	2	3	4
受力钢筋规格及间距	⌀8@200	⌀8@150	⌀10@200	⌀10@150
分布钢筋规格及间距	⌀6@200	⌀6@200	⌀6@200	⌀6@200

【例 2-3】 底板编号 DBD67-3620-2，表示为单向板底板，预制底板厚度为 60mm，后浇叠合层厚度为 70mm，预制底板的标志跨度为 3600mm，预制底板的标志宽度为 2000mm，底板跨度方向配筋 ⌀ 8@150。

四、预制板布置形式与选用

根据叠合板尺寸、预制板尺寸及接缝构造，叠合板可按照单向板或者双向板进行设计，如图 2-67 所示。当按照双向板设计时，同一板块内，可采用整块双向板或者几块预制板通过整体式接缝组合成的双向板；当按照单向板设计时，几块叠合板各自作为单向板进行设计，板侧采用分离式拼缝即可，当预制板不能布满板块时，可在边板板侧预留现浇板带，板带宽度一般用 δ 表示。

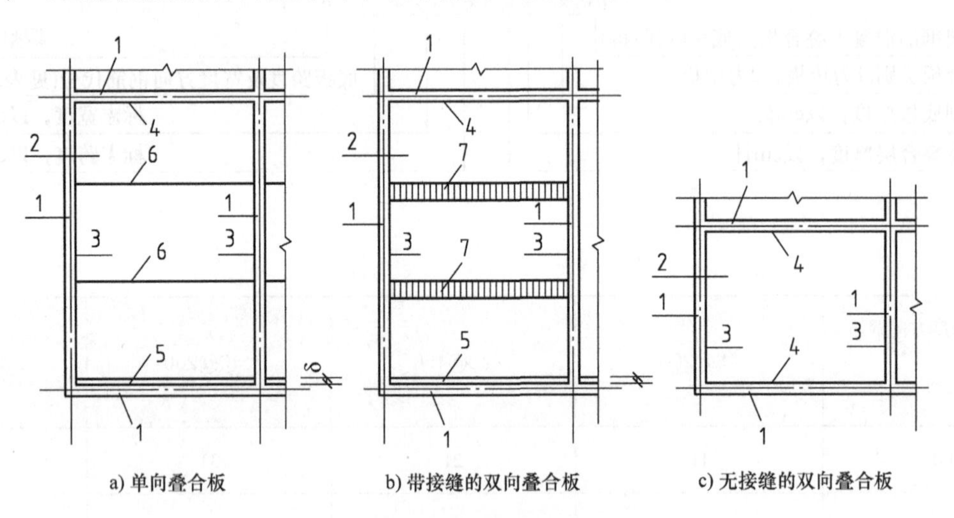

图 2-67　叠合板的预制板布置形式示意

1—梁或墙　2—预制板　3—预制板板端　4—预制板板侧
5—边板预留现浇带　6—板侧分离式接缝　7—板侧整体式接缝

预制板选用时，应对叠合板进行承载能力极限状态和正常使用极限状态设计，根据板厚和配筋进行底板的选型，绘制底板平面布置图，并另行绘制楼板后浇叠合层顶面配筋图。布置底板时，应尽量选用标准板型，当采用非标准板型时，应另行设计底板。单向板底板之间采用分离式接缝，可在任意位置拼接；双向板底板之间采用整体式接缝，接缝位置宜设置在叠合板的次要受力方向上且为受力较小处。

五、连接构造

叠合板的连接构造主要包括板端支座构造、板侧支座构造、悬挑叠合板连接构造、双向叠合板整体式接缝连接构造、单向叠合板分离式接缝连接构造以及叠合板与后浇混凝土的结合面构造。后浇混凝土中的板面钢筋配置基本与现浇混凝土板相同，但钢筋桁架会影响板面钢筋的上下位置关系。

（一）叠合板板端支座构造

单向板和双向板板端连接构造相同，按位置不同可分为边支座和中间支座。预制板内的纵向钢筋从板端伸出并锚入后浇混凝土中，锚固长度不小于 $5d$（d 为纵向受力钢筋直径），且伸过支座中心线。图 2-68a 为叠合板边支座构造，图 2-68b 为叠合板中间支座构造。

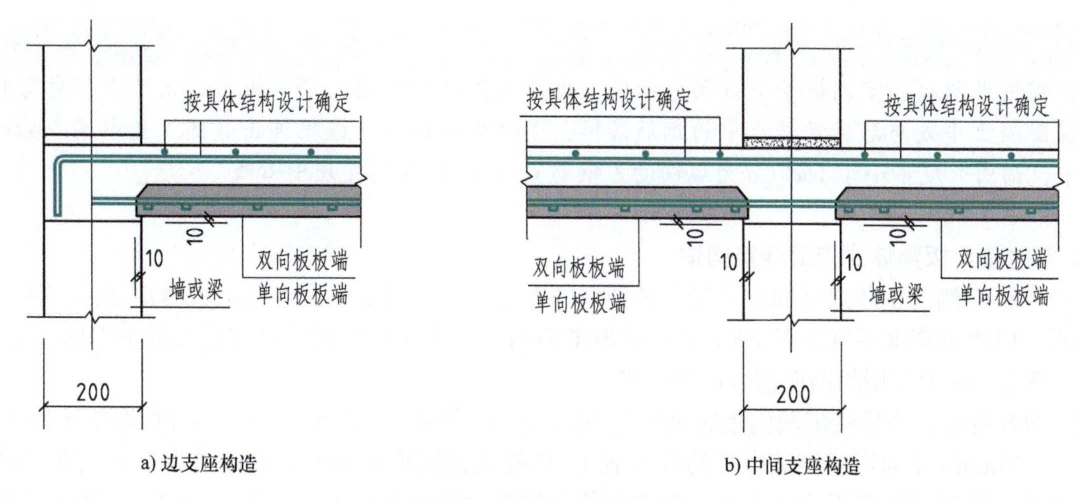

a) 边支座构造　　b) 中间支座构造

图 2-68　叠合板板端支座构造

（二）叠合板板侧支座构造

在双向叠合板的板侧，板底钢筋同样需伸入支承梁或墙的后浇混凝土中，其支座构造与板端构造相同。为了加工及施工方便，单向板底分布钢筋一般不伸出板边，采用附加钢筋的形式，保证楼面的整体性及连续性。如图 2-69a 所示，在紧邻预制板顶面的后浇混凝土叠合层中设置附加钢筋，附加钢筋截面面积不宜小于预制板内的同向分布钢筋面积，间距不宜大于 600mm，在板的后浇混凝土叠合层内锚固长度不应小于 15*d*，在支座内锚固长度不应小于 15*d*（*d* 为附加钢筋直径），且伸过支座中心线。

当在边板板侧预留现浇板带时，同样需在紧邻预制板顶面的后浇混凝土叠合层中设置附加钢筋，并在现浇板带内按结构设计要求配置板底钢筋网片，如图 2-69b 所示。

图 2-69 为板侧支座构造，如为中间支座，将附加钢筋及板面受力钢筋拉通即可。

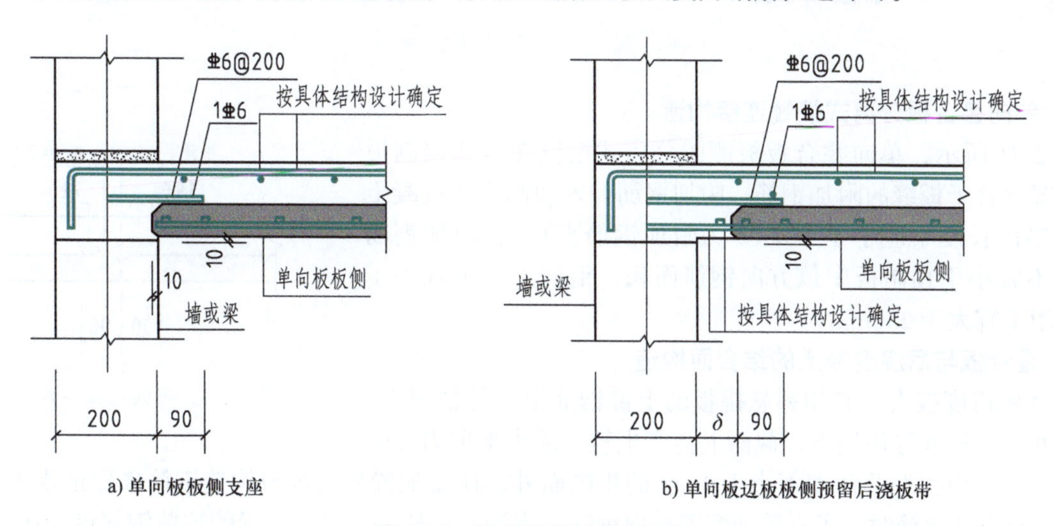

a) 单向板板侧支座　　b) 单向板边板板侧预留后浇板带

图 2-69　叠合板板侧支座构造

（三）悬挑叠合板连接构造

叠合板式阳台等构件为悬挑叠合板。悬挑叠合板的负弯矩钢筋应在相邻叠合板的后浇混凝土中锚固。叠合构件中预制板底钢筋为构造配筋时，预制板内的纵向钢筋从板端伸出并锚入支承梁或墙的后浇混凝土中，锚固长度不小于 15*d*（*d* 为纵向受力钢筋直径），且伸过支座中心线；当板底为计算要求配筋时，钢筋应满足受拉钢筋的锚固要求。构造详图可参考叠合板式阳台。

知识拓展

全预制悬挑板连接构造

全预制板式阳台、空调板等全预制悬挑板，应与主体结构连接，预制板中伸出的上部负弯矩钢筋锚入后浇混凝土中或与后浇混凝土中的钢筋搭接，下部纵向钢筋从板端伸出并锚入支承梁或墙的后浇混凝土中，锚固长度不小于 15*d*（*d* 为纵向受力钢筋直径），且伸过支座中心线。

（四）双向叠合板整体式接缝连接构造

双向叠合板板侧的整体式接缝宜设置在叠合板的次要受力方向上且宜避开最大弯矩截面。接缝可采用后浇带形式，后浇带宽度不宜小于 200mm；后浇带两侧板底纵向受力钢筋可在后浇带中焊接、搭接连接、弯折锚固，图 2-70a 为常用的钢筋搭接连接形式。

如图 2-70b 所示，当后浇带两侧板底纵向受力钢筋在后浇带中弯折锚固时，叠合板厚度不应小于 10*d*，且不应小于 120mm（*d* 为弯折钢筋直径的较大值）；接缝处预制板侧伸出的纵向受力钢筋应在后浇混凝土叠合层内锚固，且锚固长度不应小于 l_a；两侧钢筋在接缝处重叠的长度不应小于 10*d*，钢筋弯折角度不应大于 30°，弯折处沿接缝方向应配置不少于 2 根通长构造钢筋，且直径不应小于该方向预制板内钢筋直径。

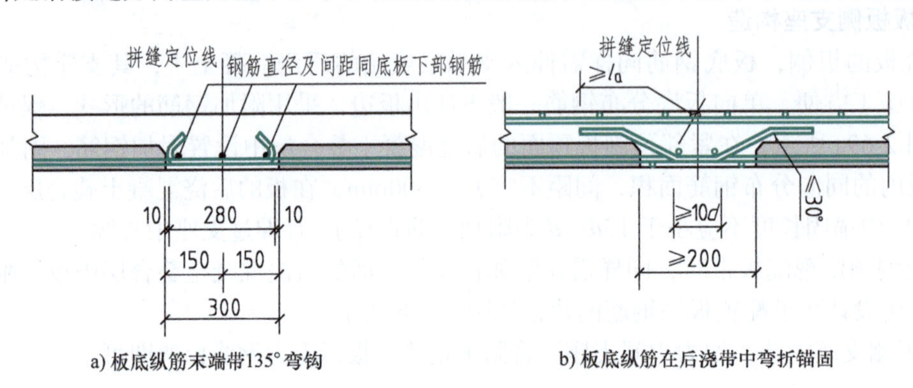

a) 板底纵筋末端带135°弯钩　　b) 板底纵筋在后浇带中弯折锚固

图 2-70　双向板接缝构造大样

（五）单向叠合板分离式接缝连接构造

如图 2-71 所示，单向叠合板板侧的分离式接缝在紧邻预制板顶面宜设置垂直于板缝的附加钢筋，附加钢筋伸入两侧后浇混凝土叠合层的锚固长度不应小于 15*d*（*d* 为附加钢筋直径）；附加钢筋截面面积不宜小于预制板中该方向钢筋面积，钢筋直径不宜小于 6mm、间距不宜大于 250mm。

图 2-71　单向板接缝构造大样

（六）叠合板与后浇混凝土的结合面构造

在叠合板跨度较大、有相邻悬挑板的上部钢筋锚入等情况下，叠合面在外力、温度等作用下，截面上会产生较大的水平剪力，除需在预制板板面设置凹凸深度不小于 4mm 的粗糙面外，还需配置界面抗剪构造钢筋来保证水平界面的抗剪能力。当有桁架钢筋时，可不单独配置抗剪钢筋；当没有桁架钢筋时，配置的抗剪钢筋可采用马镫形状，钢筋直径、间距及锚固长度应满足叠合面抗剪的需求。

六、构件详图

叠合板构件详图如图 2-72~ 图 2-77 所示。其中图 2-72 和图 2-73 分别为双向板底板边板模板图、配筋图；图 2-74 和图 2-75 分别为双向板底板中板模板图、配筋图；图 2-76 和图 2-77 分别为单向板底板模板图、配筋图。

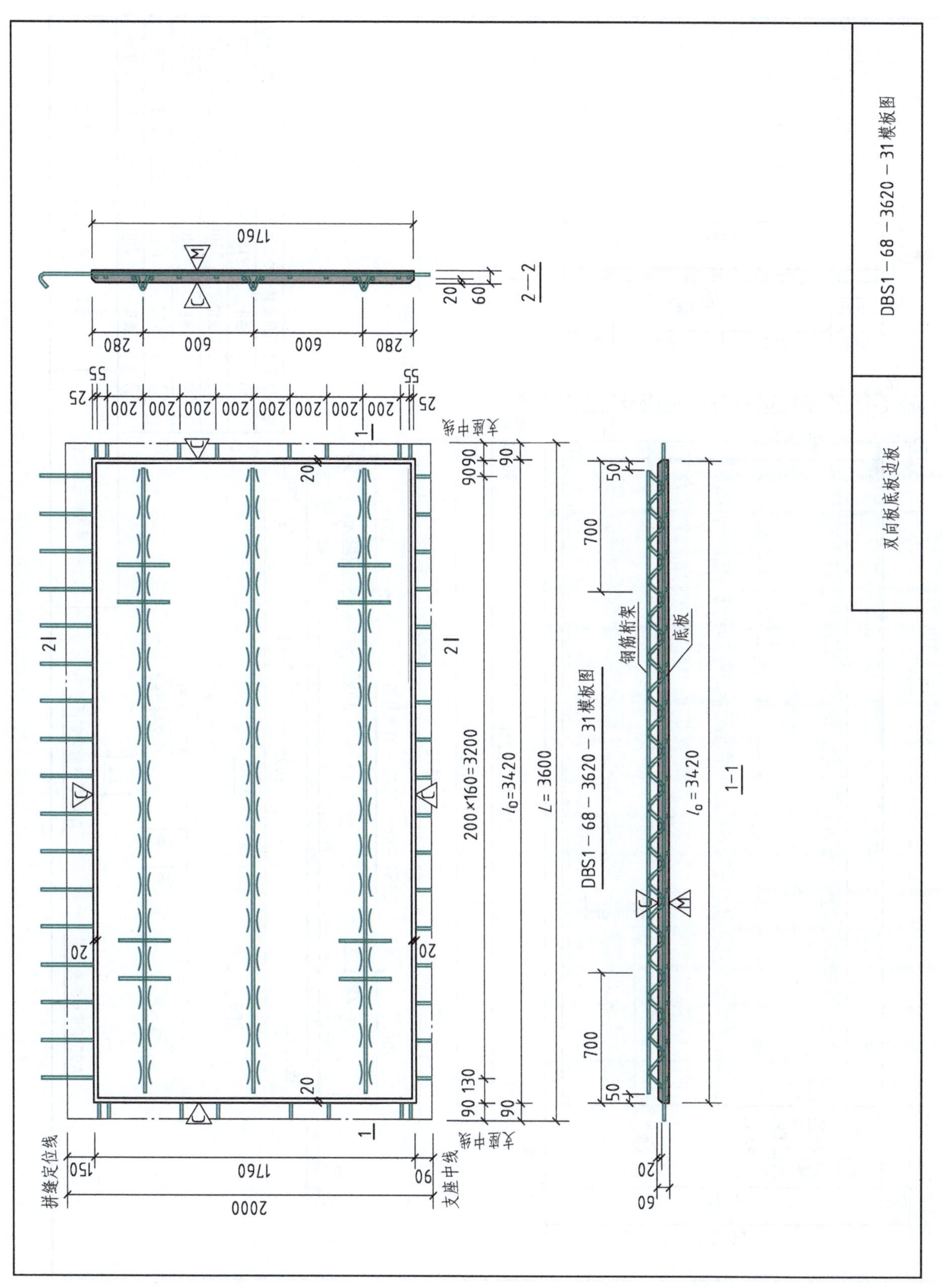

图 2-72　双向板底板边板模板图

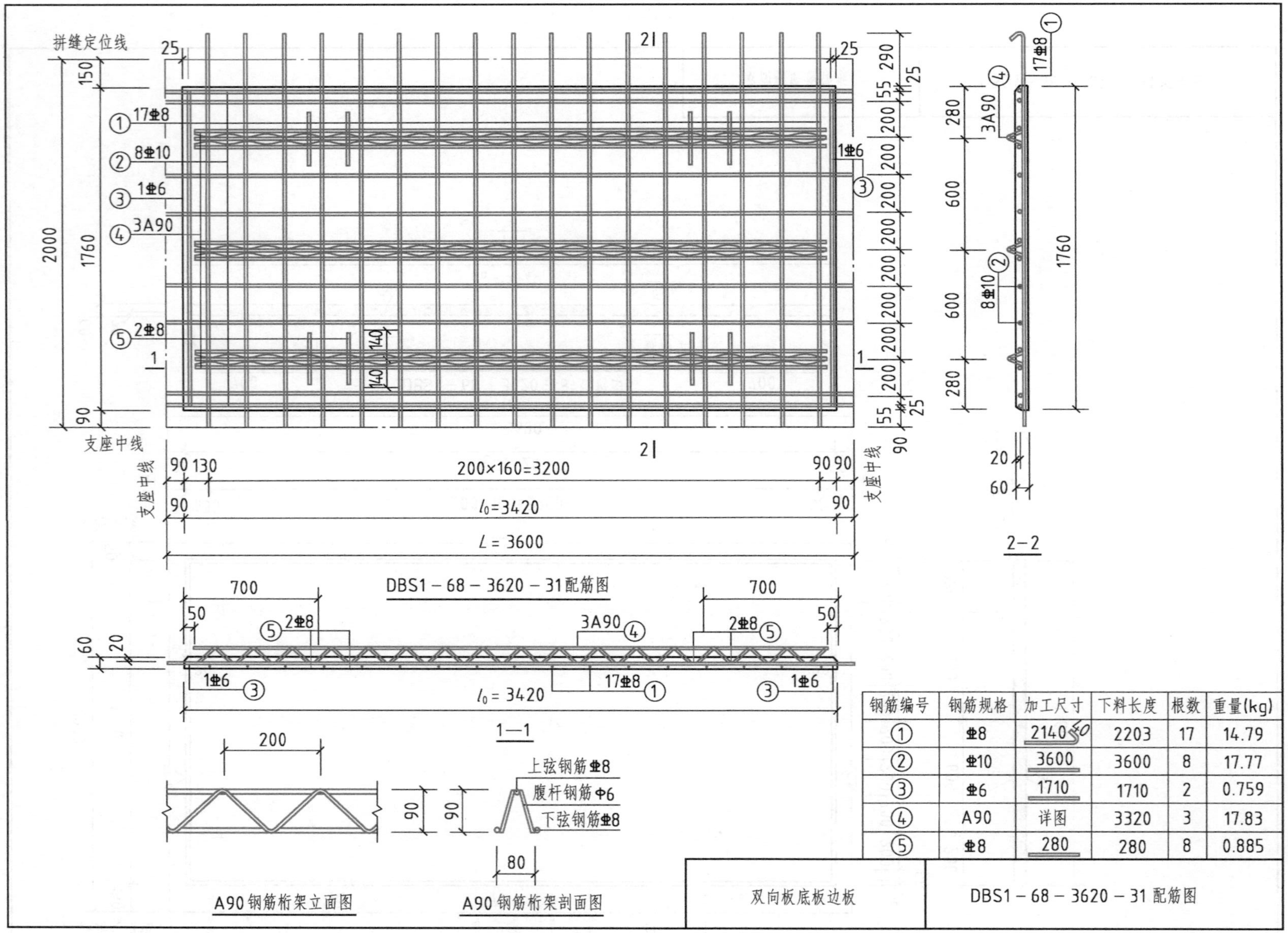

DBS1－68－3620－31配筋图

1—1

2—2

A90钢筋桁架立面图

A90钢筋桁架剖面图

钢筋编号	钢筋规格	加工尺寸	下料长度	根数	重量(kg)
①	⏀8	2140	2203	17	14.79
②	⏀10	3600	3600	8	17.77
③	⏀6	1710	1710	2	0.759
④	A90	详图	3320	3	17.83
⑤	⏀8	280	280	8	0.885

双向板底板边板	DBS1－68－3620－31 配筋图

图 2-73　双向板底板边板配筋图

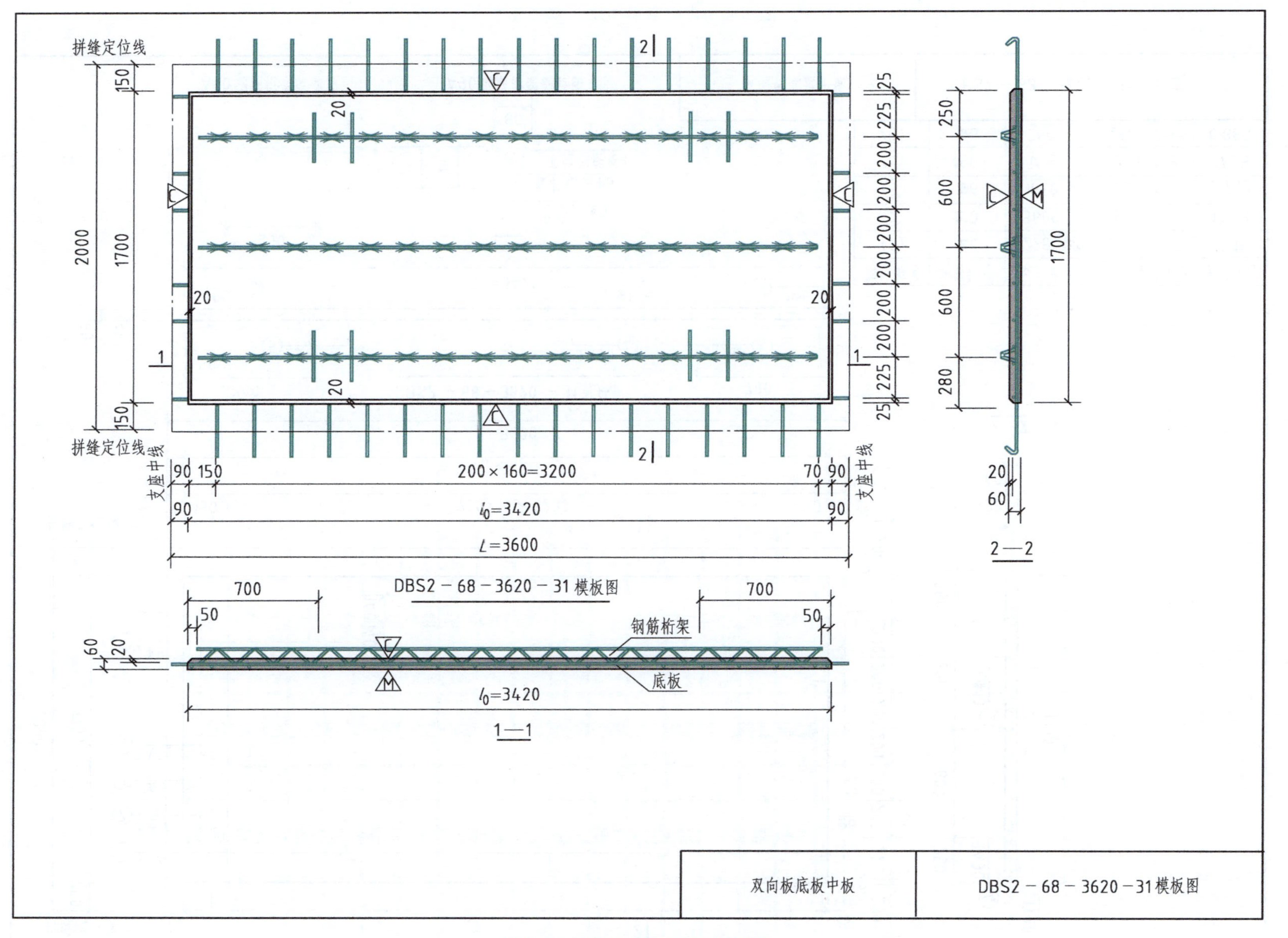

图 2-74 双向板底板中板模板图

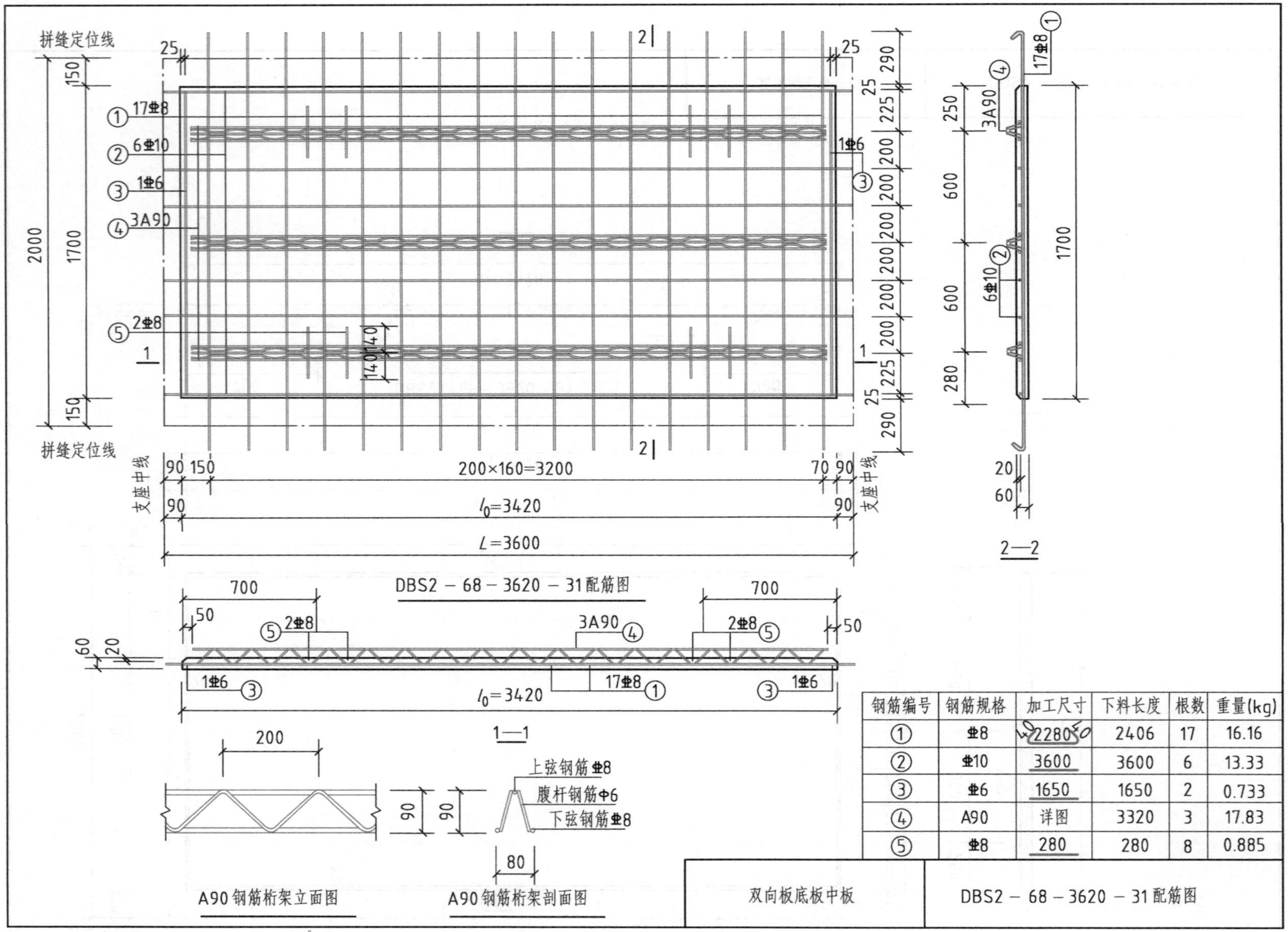

DBS2－68－3620－31配筋图

2—2

1—1

A90钢筋桁架立面图

A90钢筋桁架剖面图

上弦钢筋⌀8

腹杆钢筋⌀6

下弦钢筋⌀8

钢筋编号	钢筋规格	加工尺寸	下料长度	根数	重量(kg)
①	⌀8	2280	2406	17	16.16
②	⌀10	3600	3600	6	13.33
③	⌀6	1650	1650	2	0.733
④	A90	详图	3320	3	17.83
⑤	⌀8	280	280	8	0.885

双向板底板中板	DBS2－68－3620－31配筋图

图 2-75　双向板底板中板配筋图

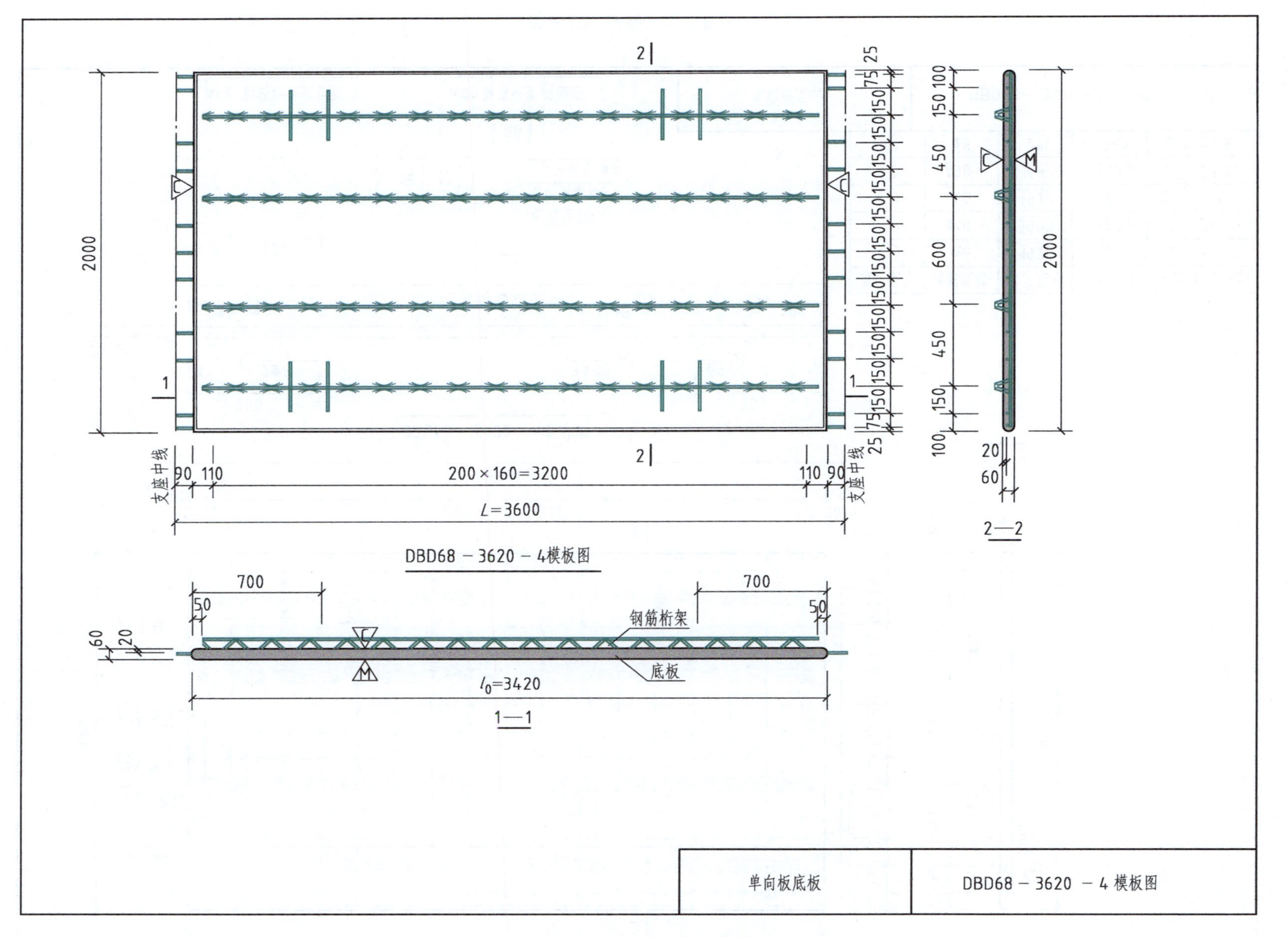

图2-76　单向板底板模板图

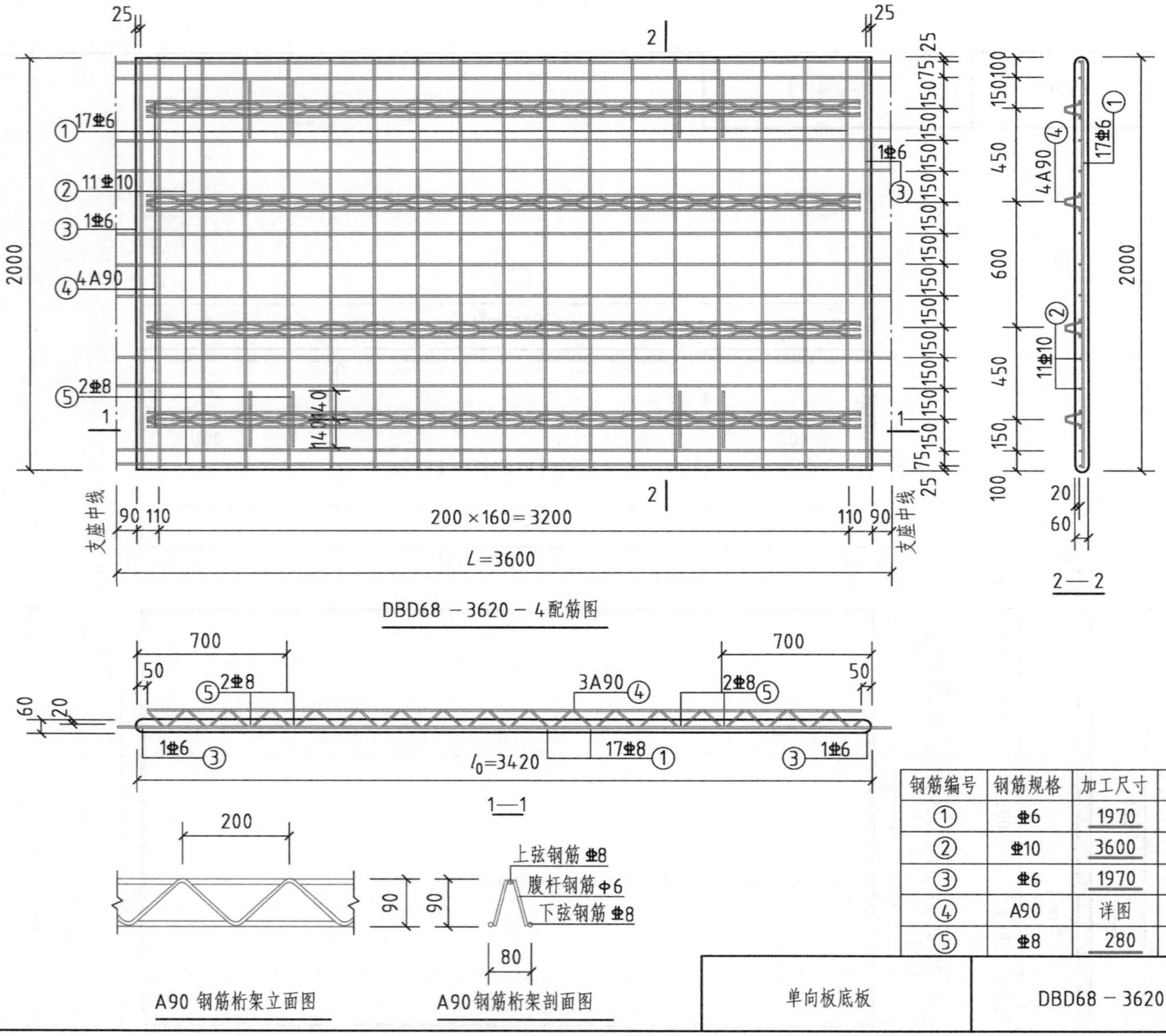

DBD68－3620－4配筋图

1—1

2—2

A90 钢筋桁架立面图

A90钢筋桁架剖面图

钢筋编号	钢筋规格	加工尺寸	下料长度	根数	重量(kg)
①	⌀6	1970	1970	17	7.435
②	⌀10	3600	3600	11	24.43
③	⌀6	1970	1970	2	0.875
④	A90	详图	3320	4	23.77
⑤	⌀8	280	280	8	0.885

单向板底板	DBD68－3620－4配筋图

图 2-77 单向板底板配筋图

项目六　预制楼梯

学习目标

1. 理解预制钢筋混凝土板式楼梯及其连接构造。
2. 熟悉国家建筑标准设计图集《预制钢筋混凝土板式楼梯》(15G367-1)。
3. 了解预制钢筋混凝土板式楼梯的规格、编号及选用方法。
4. 读懂预制钢筋混凝土板式楼梯构件详图与连接构造详图。

知识解读

本项目主要介绍国家建筑标准设计图集《预制钢筋混凝土板式楼梯》(15G367-1)中预制钢筋混凝土板式楼梯(简称预制板式楼梯)部品构件的规格、编号、选用方法及其构造。

一、构造要求

装配整体式混凝土结构住宅建筑常采用预制钢筋混凝土板式楼梯，包括多层住宅的双跑楼梯和高层住宅的剪刀楼梯，如图 2-78 所示。预制钢筋混凝土板式楼梯的梯段板在吊装、运输及安装过程中，受力状况比较复杂，规定其板面宜配置通长钢筋，钢筋量可根据加工、运输、吊装过程中的承载力及裂缝控制验算结果确定，最小构造配筋率可参照楼板的相关规定。当楼梯两端均不能滑动时，在侧向力作用下楼梯会起到斜撑的作用，楼梯中会产生轴向拉力，因此规定其板面和板底均应配通长钢筋。在预制楼梯的两侧需配置加强钢筋，同样也是考虑到楼梯在加工、运输、吊装过程中的承载力。此外，预制楼梯的构造还包括上下端销键、吊装预埋件(板侧和板面)、栏杆预埋件(板面或板侧)、预留洞等。

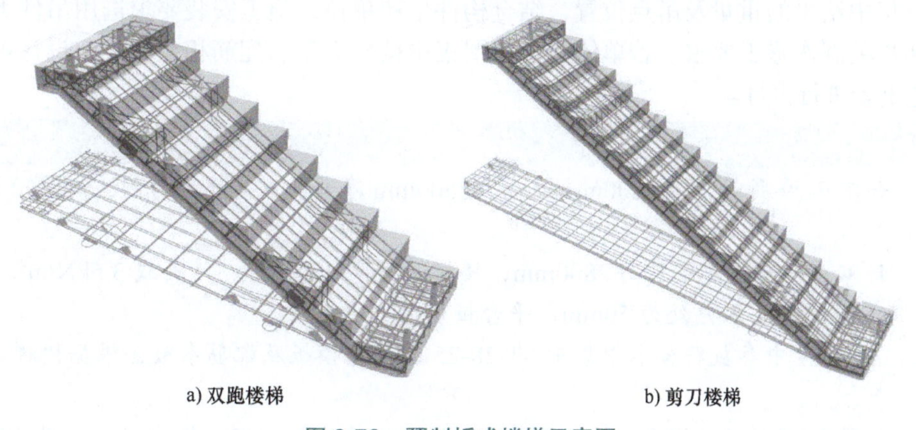

a) 双跑楼梯　　b) 剪刀楼梯

图 2-78　预制板式楼梯示意图

二、规格

《预制钢筋混凝土板式楼梯》(15G367-1)中的板式楼梯适用于环境类别为一类，非抗震设计和抗震设防烈度为 6~8 度地区的多高层剪力墙结构住宅，楼梯梯段板为预制混凝土构件，平台梁、板可采用现浇混凝土。其他类型的建筑可参考选用。

预制楼梯包括双跑楼梯和剪刀楼梯，预制楼梯的层高为 2.8m、2.9m 和 3.0m。对应楼梯间净宽双跑楼梯为 2.4m、2.5m，剪刀楼梯为 2.5m、2.6m。楼梯入户处建筑面层厚度 50mm，楼梯平台板处建筑面层厚度 30mm。剪刀楼梯中隔墙做法需另行设计。

梯段板混凝土强度等级为 C30；钢筋采用 HRB400。安全等级为二级，设计使用年限为 50 年。

图集中的预制钢筋混凝土板式楼梯梯段板对应施工阶段活荷载为 1.5kN/m^2，正常使用阶段活荷载为 3.5kN/m^2，栏杆顶部的水平荷载为 1.0kN/m。其他施工阶段验算参数及制作、施工要求详见图集总说明。

三、编号

预制钢筋混凝土板式楼梯按以下规则编号。

（一）双跑楼梯

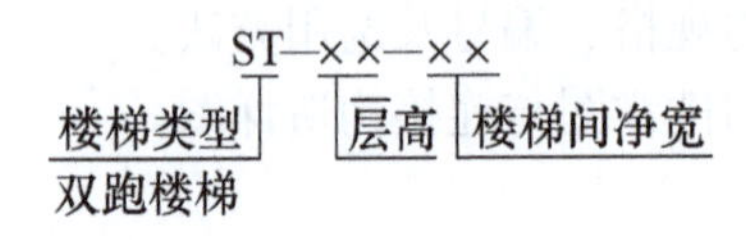

（二）剪刀楼梯

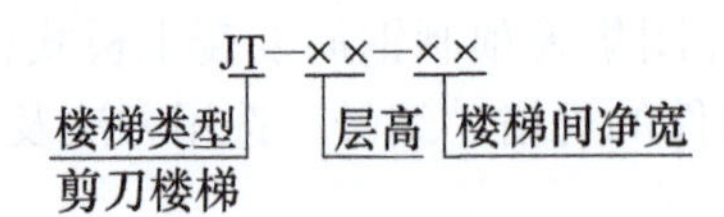

如 ST-30-25 表示双跑楼梯，建筑层高 3.0m、楼梯间净宽 2.5m 所对应的预制钢筋混凝土板式双跑楼梯梯段板；JT-28-25 表示剪刀楼梯，建筑层高 2.8m、楼梯间净宽 2.5m 所对应的预制钢筋混凝土板式剪刀楼梯梯段板。

四、选用

预制钢筋混凝土板式楼梯的选用，首先应确定各参数与图集选用范围要求是否保持一致，混凝土强度等级、建筑面层厚度等参数需在施工图中统一说明；然后根据楼梯间净宽、建筑层高，确定预制楼梯编号，并核对预制楼梯的结构计算结果；选用预埋件，并根据工程实际增加其他预埋件，预埋件可参考图集中的样式；再根据图集中给出的重量及吊点位置，结合构件生产单位、施工安装要求选用吊件类型及尺寸；最后补充预制楼梯相关制作施工要求。若单体设计与图集中楼梯类型、配筋相差较大，设计可参考图集中梯板类型相关构造重新进行设计。

选用示例

【例 2-4】 如图 2-79 所示，以 2800mm 层高、2500mm 净宽的双跑楼梯为例，说明预制梯段板选用方法。

已知条件：1. 双跑楼梯，建筑层高 2800mm，楼梯间净宽 2500mm，活荷载 3.5kN/m^2。

2. 楼梯建筑面层厚度：入户处为 50mm，平台板处为 30mm。

选用结果：图 2-79 中参数符合本图集中 ST-28-25 的楼梯模板及配筋参数，根据楼梯选用表直接选用。

【例 2-5】 如图 2-80 所示，以 2800mm 层高，2500mm 净宽的剪刀楼梯为例，说明预制梯段板选用方法。

已知条件：1. 剪刀楼梯，建筑层高 2800mm，楼梯间净宽 2500mm，活荷载 3.5kN/m^2。

2. 楼梯建筑面层厚度：入户处为 50mm。

选用结果：图 2-80 中参数符合本图集中 JT-28-25 的楼梯模板及配筋参数，根据楼梯选用表直接选用。

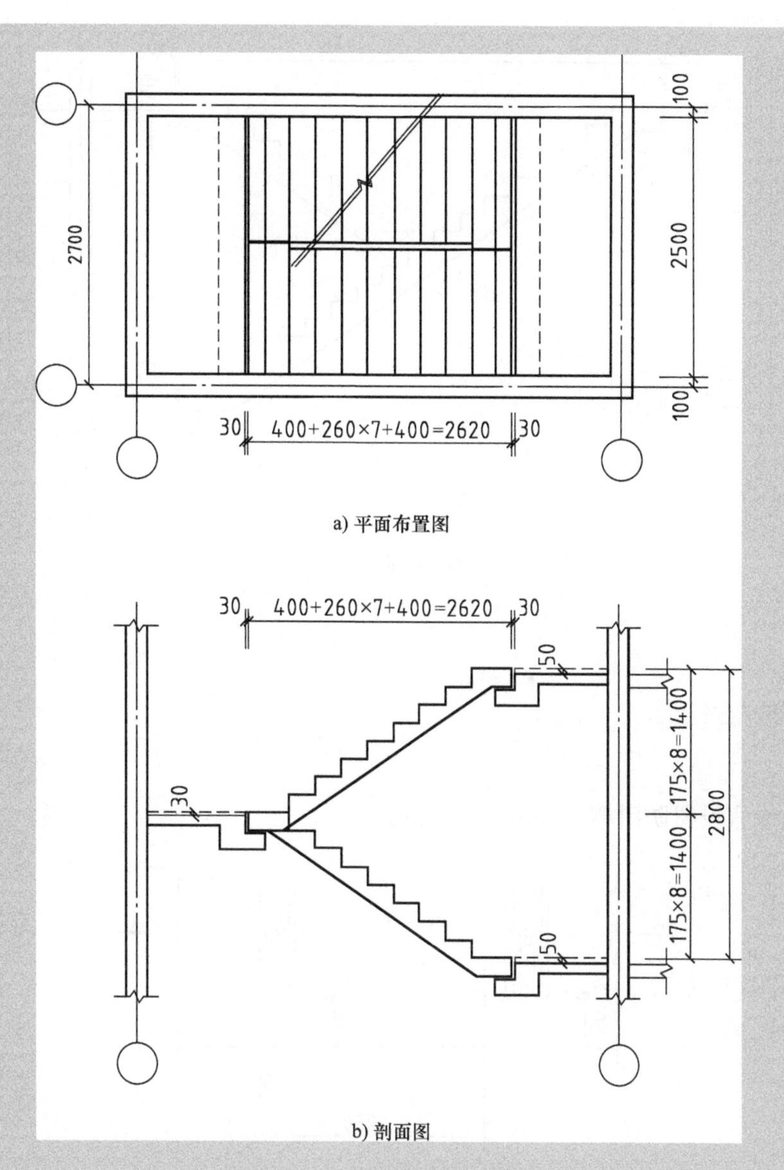

图 2-79　双跑楼梯选用示例

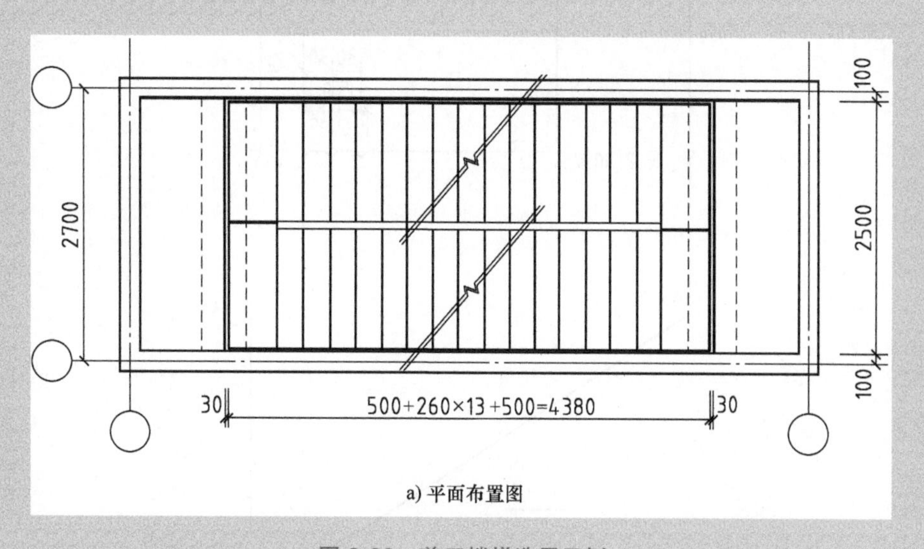

图 2-80　剪刀楼梯选用示例

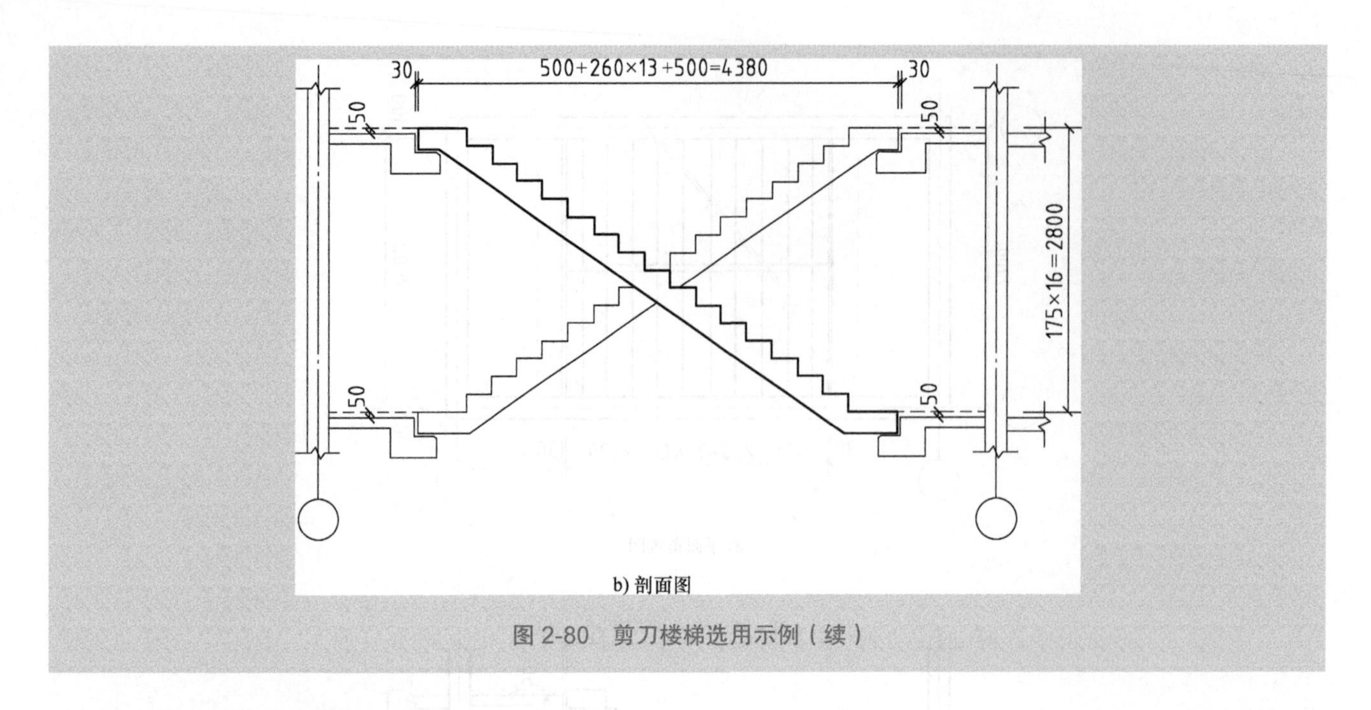

图 2-80　剪刀楼梯选用示例（续）

五、细部构造与连接构造

（一）防滑槽

锯齿形踏步的边缘宜设置防滑槽，如图 2-81 所示。

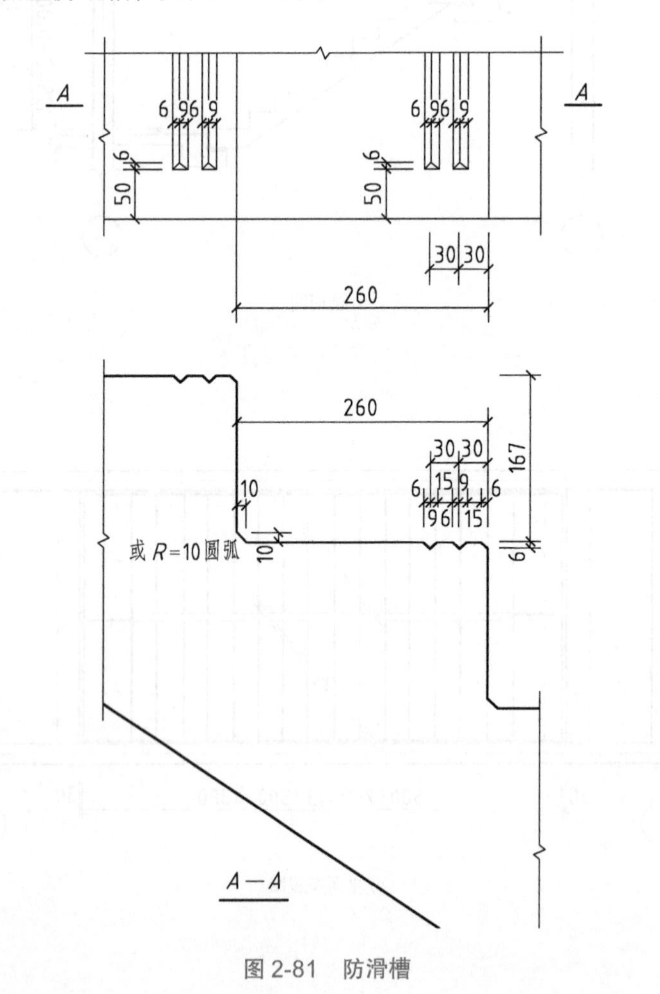

图 2-81　防滑槽

（二）梯段板吊装预埋件

梯段板吊装预埋件包括踏步表面的内埋式吊杆和板侧的内埋吊环，如图 2-82 和图 2-83 所示。内埋式吊杆部位应设置加强筋。

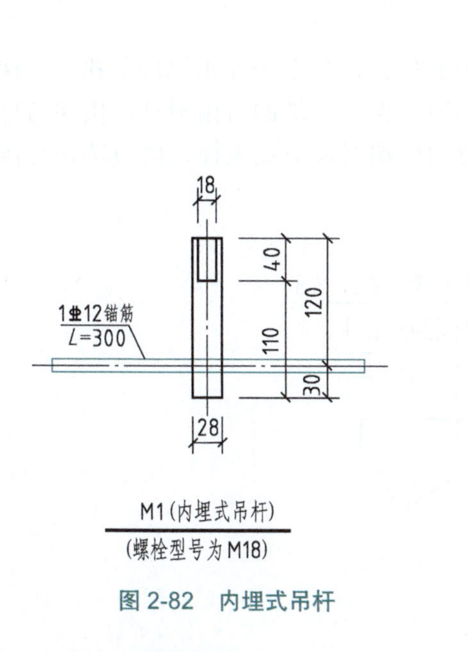

图 2-82　内埋式吊杆

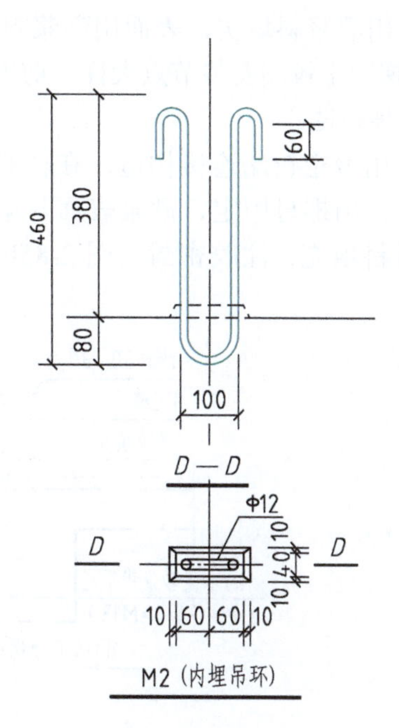

图 2-83　内埋吊环

（三）栏杆预留洞口

为便于安装楼梯扶手栏杆，在梯板两侧应预留洞口或预埋件。

（四）销键预留洞加强筋

梯板上下端应预留销键，洞周应用钢筋加强，如图 2-84 所示。

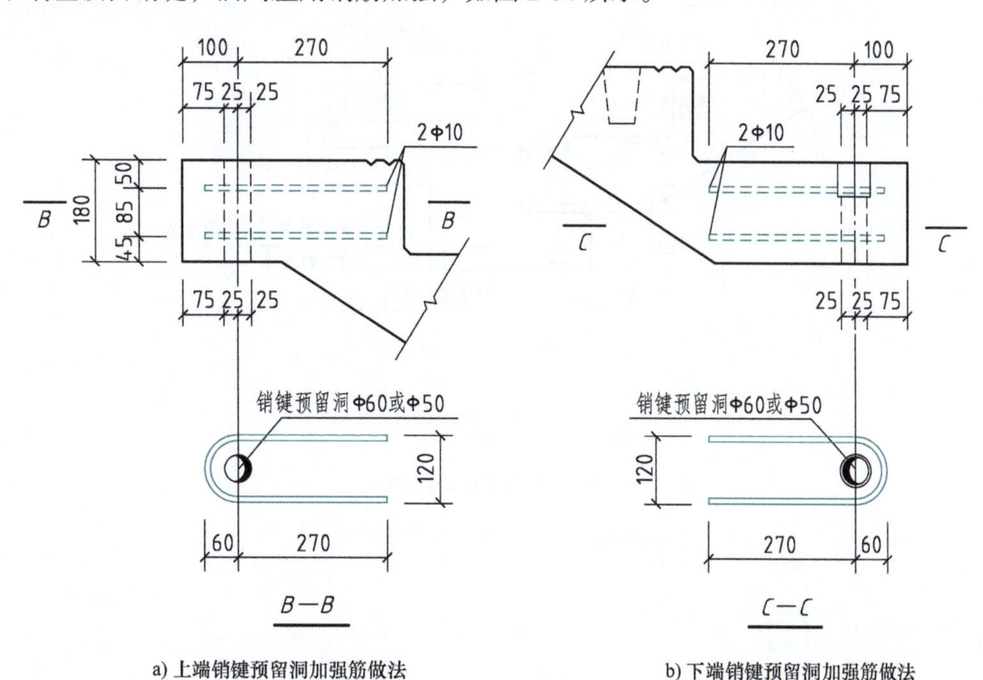

a) 上端销键预留洞加强筋做法　　b) 下端销键预留洞加强筋做法

图 2-84　上、下端销键预留洞加强筋做法

（五）连接构造

预制钢筋混凝土板式楼梯的连接构造主要包括上端（固定铰端）和下端（滑动铰端）连接构造。

1. 固定铰端连接构造

楼梯的上端采用固定铰端连接构造，在梯梁的挑耳上预留螺栓，挑耳上表面水泥砂浆找平，梯板上端销键套在螺栓上，用灌浆料填实，表面用砂浆封堵，楼梯与梯梁间的空隙用聚苯等材料填充，注胶密封。图 2-85a 为双跑楼梯固定铰端安装节点大样，剪刀楼梯与该节点基本相同。

2. 滑动铰端连接构造

楼梯的下端采用滑定铰端连接构造，在梯梁的挑耳上预留螺栓，挑耳上表面水泥砂浆找平，梯板上端销键套在螺栓上，用螺母固定，砂浆表面封堵，销键内为空腔，保证下端的自由滑动。楼梯与梯梁间的空隙用聚苯等材料填充，注胶密封。图 2-85b 为双跑楼梯滑动铰端安装节点大样，剪刀楼梯与该节点基本相同。

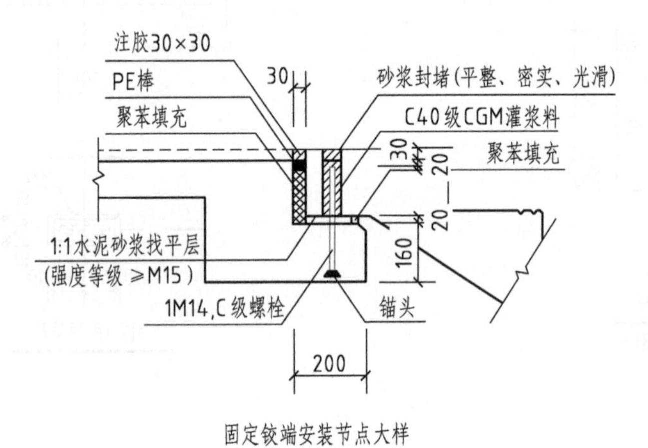

a) 固定铰端安装节点大样

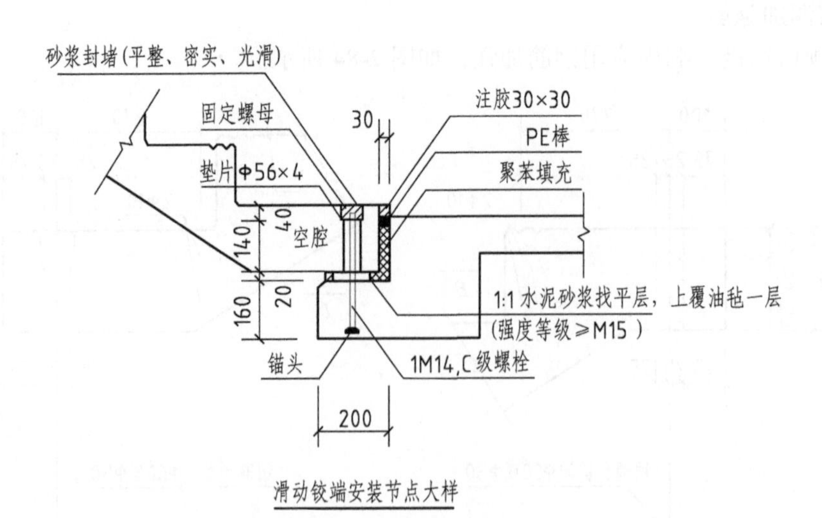

b) 滑动铰端安装节点大样

图 2-85 双跑楼梯安装节点大样

六、预制楼梯板构件详图

预制楼梯板构件详图如图 2-86~ 图 2-88 所示。图 2-86 为双跑楼梯模板图、配筋图。图 2-87 为剪刀楼梯模板图。图 2-88 为剪刀楼梯配筋图。

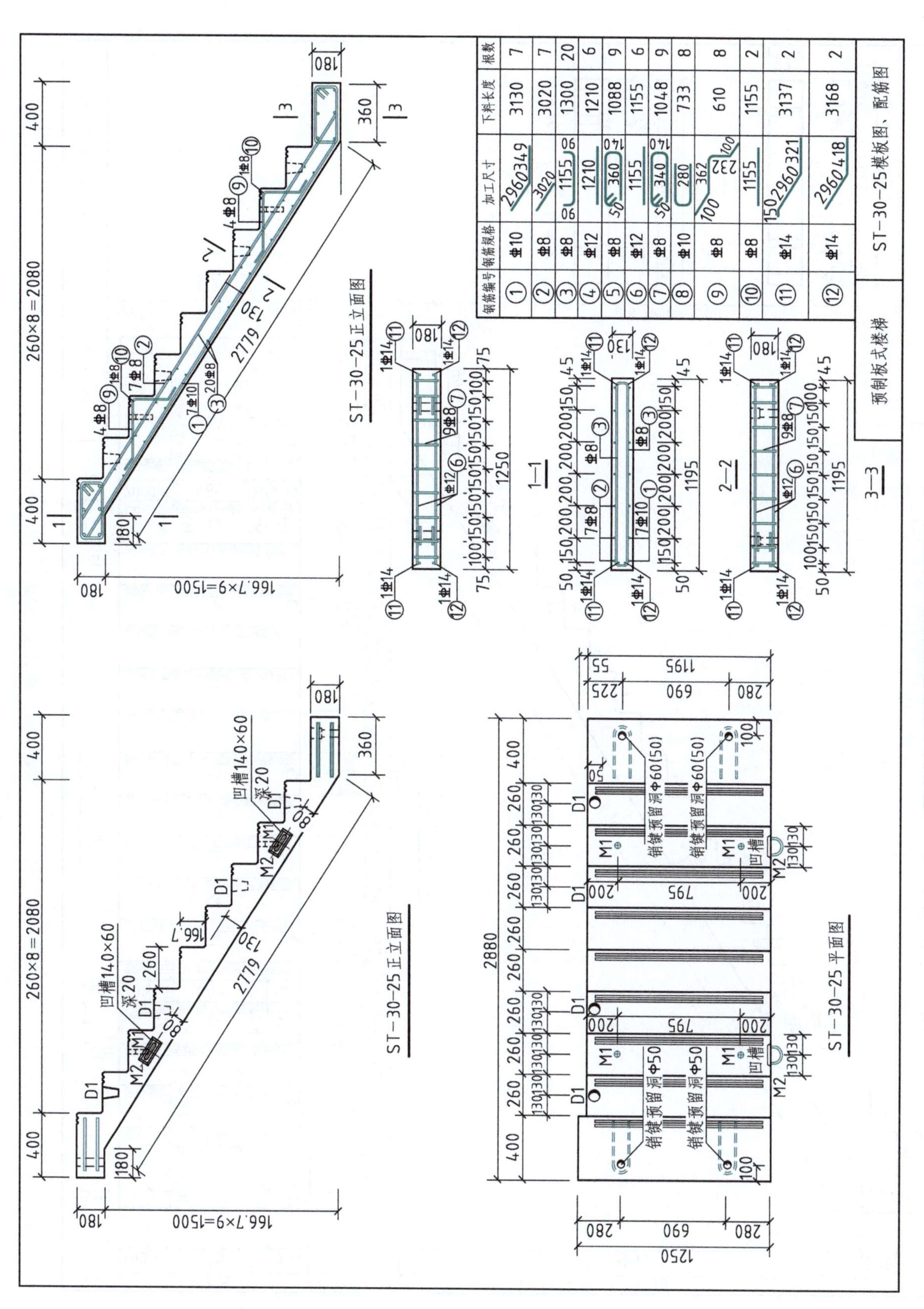

钢筋编号	钢筋规格	加工尺寸	下料长度	根数
①	Φ10	2960 349	3130	7
②	Φ8	3020	3020	7
③	Φ8	90 1155 90	1300	20
④	Φ12	1210	1210	6
⑤	Φ8	50 360 140	1088	9
⑥	Φ12	1155	1155	6
⑦	Φ8	50 340 140	1048	9
⑧	Φ10	280	733	8
⑨	Φ8	100 362 232 100	610	8
⑩	Φ8	1155	1155	2
⑪	Φ14	150 2960 321	3137	2
⑫	Φ14	2960 418	3168	2

图 2-86　双跑楼梯模板图、配筋图

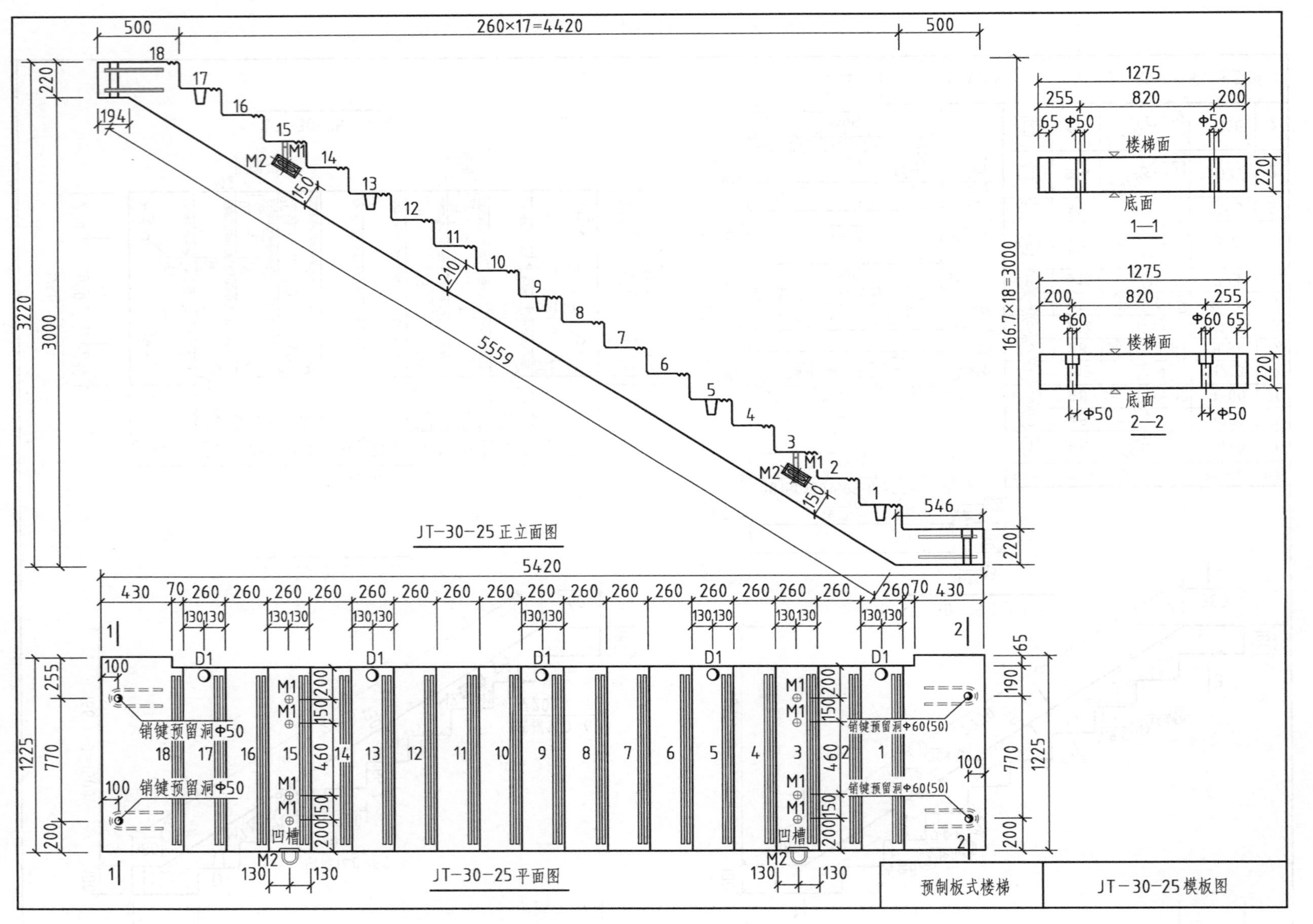

图 2-87　剪刀楼梯模板图

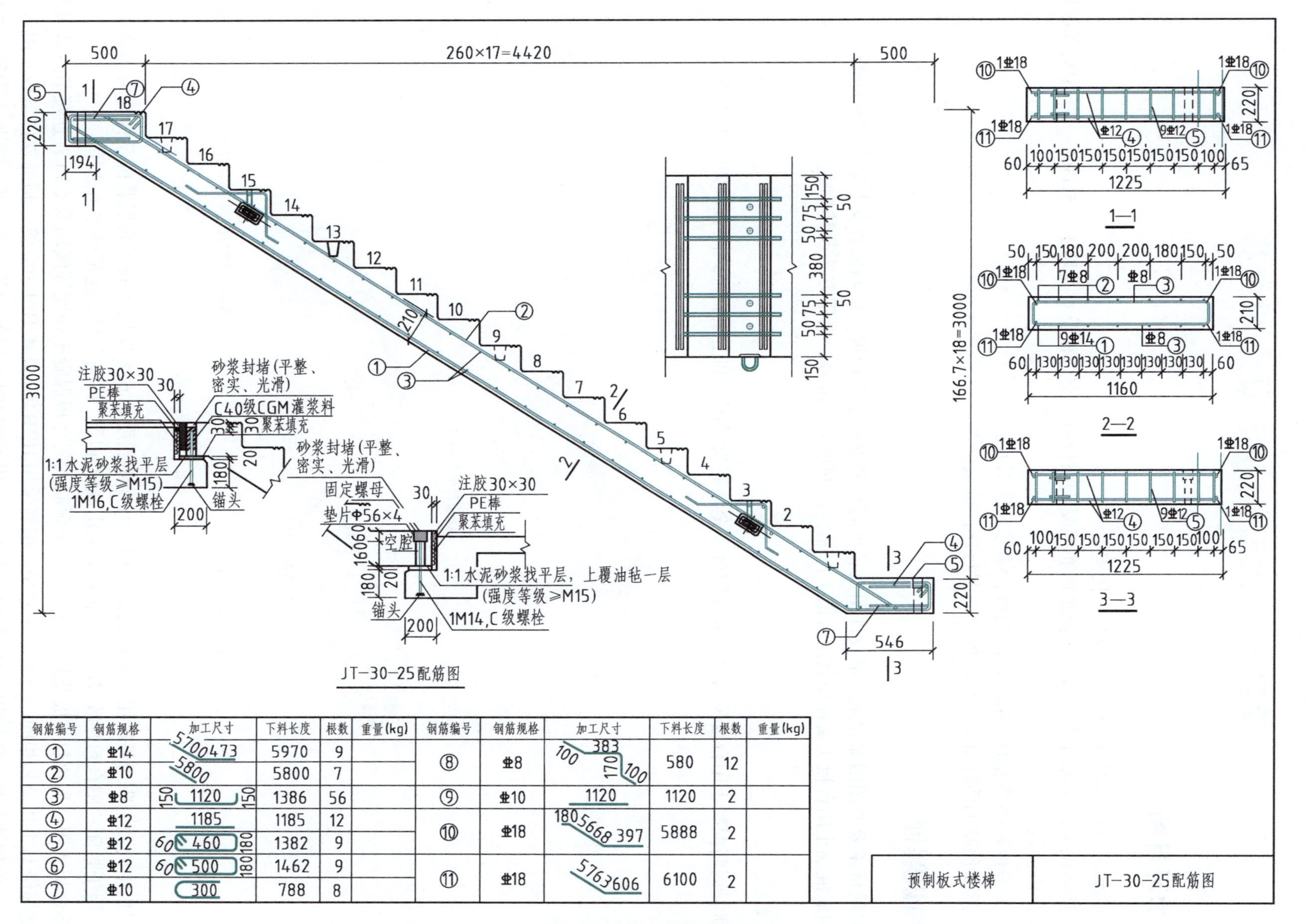

钢筋编号	钢筋规格	加工尺寸	下料长度	根数	重量(kg)
①	⌀14	5700 473	5970	9	
②	⌀10	5800	5800	7	
③	⌀8	150 1120 150	1386	56	
④	⌀12	1185	1185	12	
⑤	⌀12	60 460 180	1382	9	
⑥	⌀12	60 500 180	1462	9	
⑦	⌀10	300	788	8	
⑧	⌀8	100 383 170 100	580	12	
⑨	⌀10	1120	1120	2	
⑩	⌀18	180 5668 397	5888	2	
⑪	⌀18	5763 606	6100	2	

图 2-88　剪刀楼梯配筋图

项目七　预制钢筋混凝土阳台板

学习目标

1. 理解预制钢筋混凝土阳台板及其连接构造。

2. 熟悉国家建筑标准设计图集《预制钢筋混凝土阳台板、空调板及女儿墙》（15G368—1）中的预制钢筋混凝土阳台板。

3. 了解预制钢筋混凝土阳台板的规格、编号及选用方法。

4. 读懂预制钢筋混凝土阳台板构件详图与连接构造详图。

知识解读

本项目主要介绍国家建筑标准设计图集《预制钢筋混凝土阳台板、空调板及女儿墙》（15G368—1）中预制钢筋混凝土阳台板（简称预制阳台板）部品构件的规格、编号、选用方法及其构造。

一、规格

预制钢筋混凝土阳台板包括叠合板式阳台、全预制板式阳台和全预制梁式阳台，如图 2-89 所示。

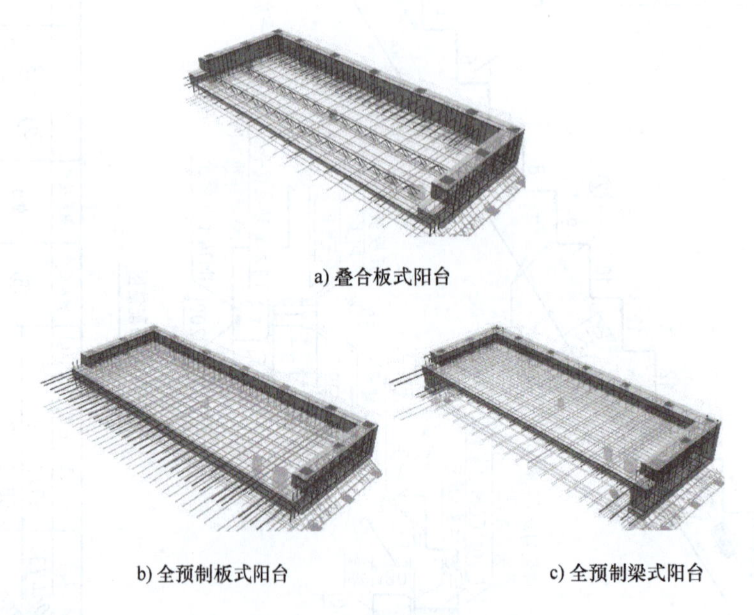

a) 叠合板式阳台

b) 全预制板式阳台　　c) 全预制梁式阳台

图 2-89　预制阳台板的类型

图集中的预制阳台板适用于非抗震设计和抗震设防烈度为 6~8 度地区的多高层装配整体式剪力墙结构住宅，用于封闭式阳台和开敞式阳台，不适用于建筑屋面层。其他类型的建筑可参考选用。

叠合板式阳台板预制底板及其现浇部分、全预制式阳台板混凝土强度等级均为 C30；连接节点区混凝土强度等级与主体结构相同，且不低于 C30。钢筋采用 HRB400 级和 HPB300 级。预埋铁件钢板一般采用 Q235-B，内埋式吊杆一般采用 Q345 钢材。吊环应采用 HPB300 级钢筋制作，严禁采用冷加工钢筋。其他连接件、预埋件、连接材料要求详见图集。

预制阳台板沿悬挑长度方向按建筑模数 2M 设计（叠合板式阳台、全预制板式阳台 1000mm、1200mm、1400mm；全预制梁式阳台 1200mm、1400mm、1600mm、1800mm），沿房间开间方向按建筑模数 3M 设计（2400mm、2700mm、3000mm、3300mm、3600mm、3900mm、4200mm、4500mm）。

板式阳台适用于采用夹心保温剪力墙外墙板的装配式混凝土剪力墙结构住宅。夹心保温剪力墙外墙板外叶墙厚度 60mm、保温层厚度 30~80mm。

封闭式阳台结构标高与室内楼面结构标高相同或比室内楼面结构标高低 20mm，开敞式阳台结构标高比室内楼面结构标高低 50mm。施工时应予起拱（安装阳台板时，将板端标高预先调高）。预制阳台板开洞位置由具体工程设计在深化图纸中指出，图集中阳台板模板图和配筋图示意了雨水管、地漏预留洞位置。

图集中的阳台板，结构安全等级为二级、结构设计使用年限为 50 年。钢筋保护层厚度梁 25mm，板 20mm。荷载计算取值见表 2-14。施工阶段验算参数及制作、施工要求详见图集总说明。

表 2-14　荷载计算取值

<table>
<tr><th rowspan="2">阳台形式</th><th colspan="2">恒荷载</th><th rowspan="2">活荷载</th></tr>
<tr><th>板上均布荷载</th><th>封边线荷载</th></tr>
<tr><td>叠合板式，封边 400mm</td><td rowspan="7">3.2kN/m²</td><td rowspan="3">4.3kN/m</td><td rowspan="7">1. 栏杆顶部的水平推力 1.0kN/m
2. 验算承载能力极限状态和正常使用极限状态时均布可变面荷载取 2.5kN/m²
3. 施工安装时施工荷载 1.5kN/m²</td></tr>
<tr><td>全预制板式，封边 400mm</td></tr>
<tr><td>全预制梁式</td></tr>
<tr><td>叠合板式，封边 800mm</td><td rowspan="2">2.5kN/m</td></tr>
<tr><td>全预制板式，封边 800mm</td></tr>
<tr><td>叠合板式，封边 1200mm</td><td rowspan="2">1.2kN/m</td></tr>
<tr><td>全预制板式，封边 1200mm</td></tr>
</table>

二、编号

预制阳台板按如下规则编号：

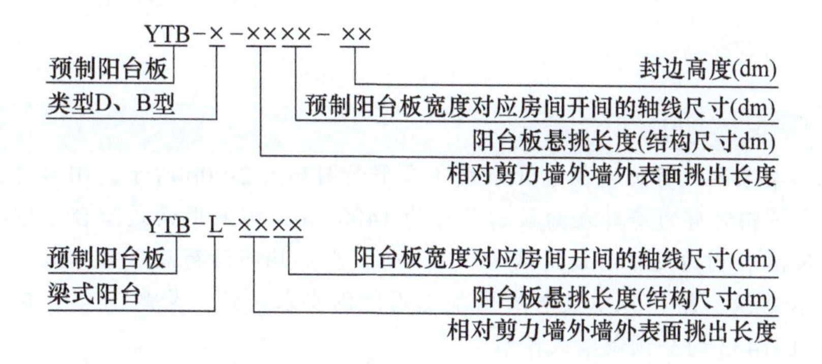

预制阳台板类型：D 型代表叠合板式阳台；B 型代表全预制板式阳台；L 型代表全预制梁式阳台。预制阳台板封边高度：04 代表阳台封边 400mm 高；08 代表阳台封边 800mm 高；12 代表阳台封边 1200mm 高。

三、选用方法

预制阳台板的选用，首先确定预制钢筋混凝土阳台板建筑、结构各参数与本图集选用范围要求是否保持一致，混凝土强度等级、建筑面层厚度、保温层厚度设计应在施工图中统一说明；然后核对预制阳台板的荷载取值不大于本图集设计取值，根据建筑平、立面图的阳台板尺寸确定预制阳台板编号，确定预埋件；设计人员再根据图集中预制阳台板模板图及预制构件选用表中已标明的吊点位置及吊重要求，与生产、施工单位协调吊件形式，以满足规范要求；如需补充预制阳台板预留设备孔洞的位置及大小，需结合设备图纸补充；此外，还需补充预制阳台板相关制作及施工要求。当建筑、结构参数与本图集不同时，设计人员可参照本图集预制阳台板类型另行设计。

选用示例 1

已知条件：某装配式剪力墙住宅开敞式阳台平面图如图 2-90a 所示，阳台对应房间开间轴线尺寸为 3300mm。阳台板相对剪力墙外表面挑出长度为 1400mm，阳台封边高度为 400mm，根据计算得阳台板面均布恒荷载为 $3.2kN/m^2$，封边处栏杆线荷载为 1.2kN/m，板面均布活荷载 $2.5kN/m^2$。

选用结果：阳台建筑、结构各参数与本图集选用范围要求一致，荷载不大于本图集荷载取值，设计选用编号为 YTB-D-1433-04 的叠合板式阳台或编号为 YTB-B-1433-04 的全预制板式阳台。

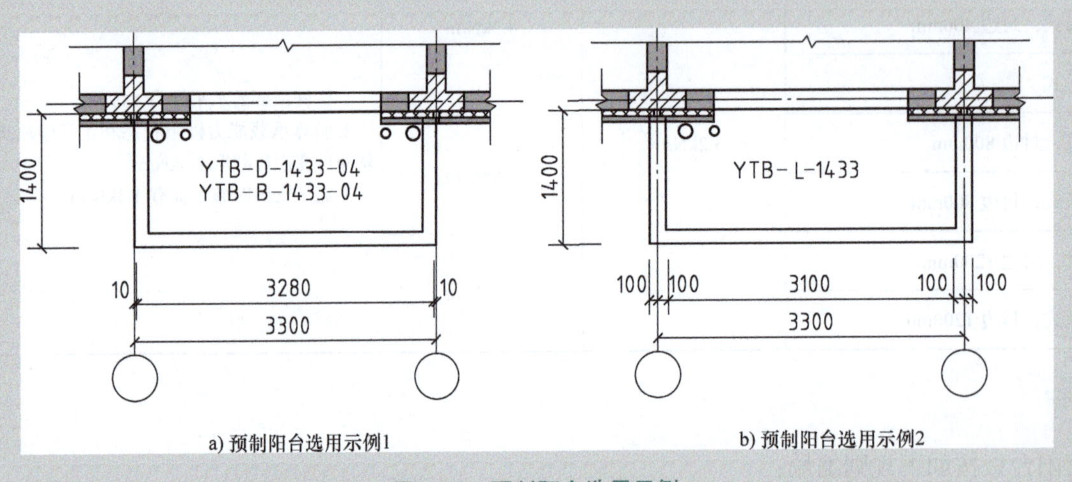

图 2-90 预制阳台选用示例

选用示例 2

已知条件：已知某装配式剪力墙住宅开敞式阳台平面图如图 2-90b 所示，阳台对应房间开间轴线尺寸为 3300mm，阳台板相对剪力墙外表面挑出长度为 1400mm，拟采用梁式阳台。根据计算得阳台板面均布恒荷载为 $3.2kN/m^2$，封边处栏杆线荷载为 1.2kN/m，板面均布活荷载 $2.5kN/m^2$。

选用结果：阳台建筑、结构各参数与本图集选用范围要求一致，荷载不大于本图集荷载取值，设计选用编号为 YTB-L-1433 的全预制梁式阳台。

四、构造详图

下面分别以 YTB-D-1433-04、YTB-B-1433-04、YTB-L-1433 为例来说明叠合板式阳台、全预制板式阳台和全预制梁式阳台，预制阳台板模板图及配筋图如图 2-91~ 图 2-99 所示。

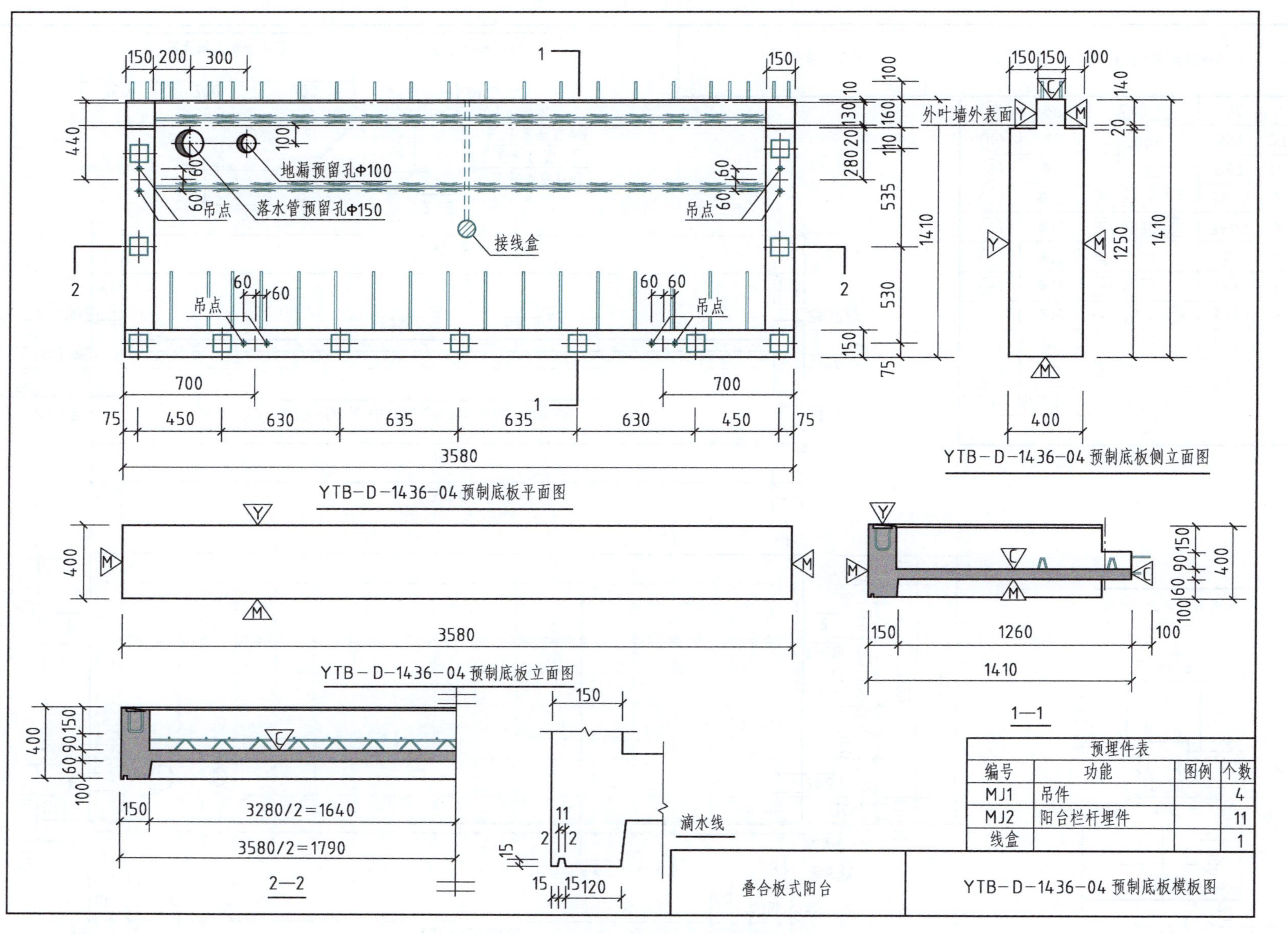

图 2-91　叠合板式阳台预制底板模板图

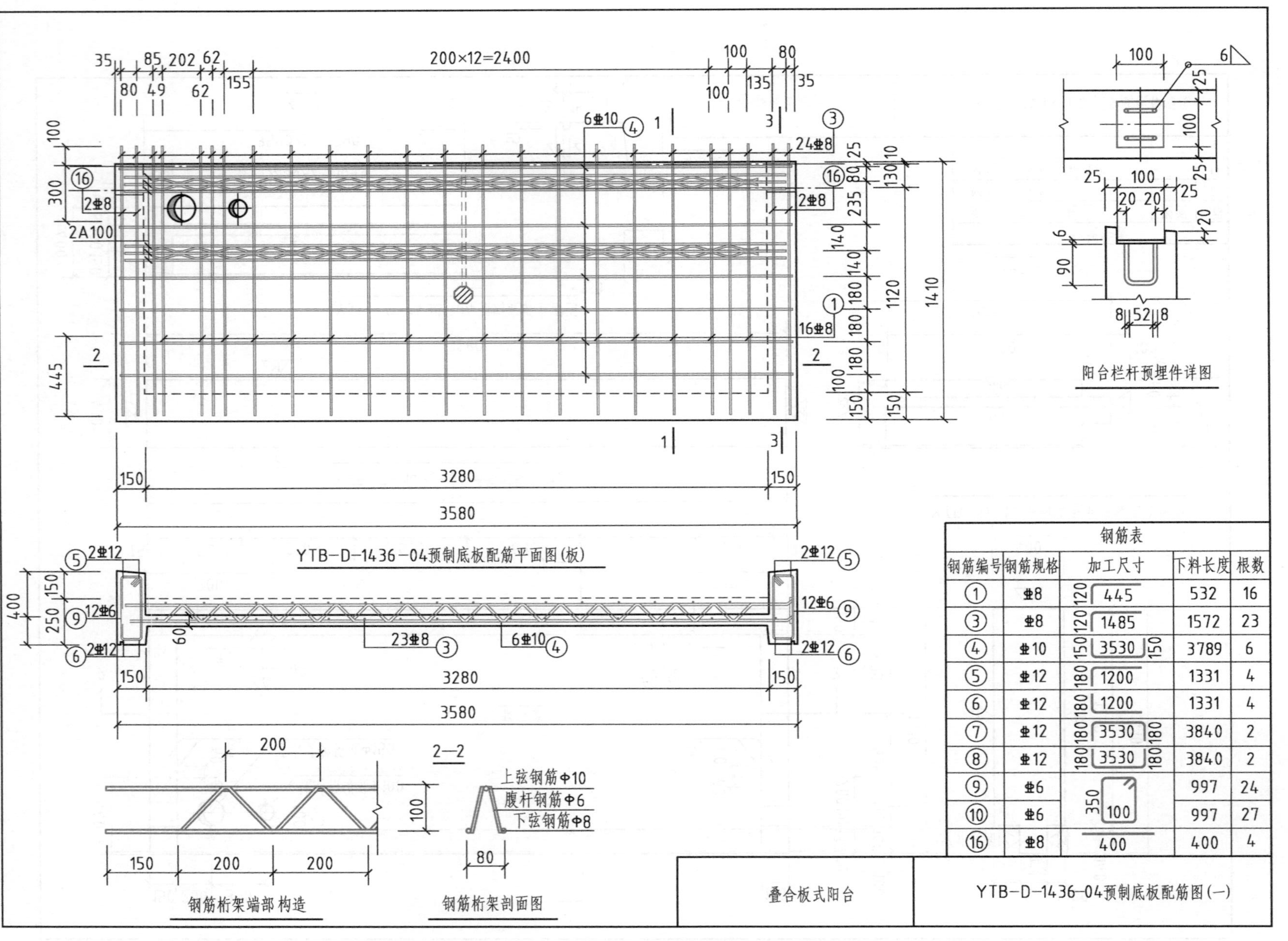

钢筋表

钢筋编号	钢筋规格	加工尺寸	下料长度	根数
①	⌀8	120 445	532	16
③	⌀8	120 1485	1572	23
④	⌀10	150 3530 150	3789	6
⑤	⌀12	180 1200	1331	4
⑥	⌀12	180 1200	1331	4
⑦	⌀12	180 180 3530 180	3840	2
⑧	⌀12	180 3530 180	3840	2
⑨	⌀6	350 100	997	24
⑩	⌀6		997	27
⑯	⌀8	400	400	4

图 2-92　叠合板式阳台预制底板配筋图（一）

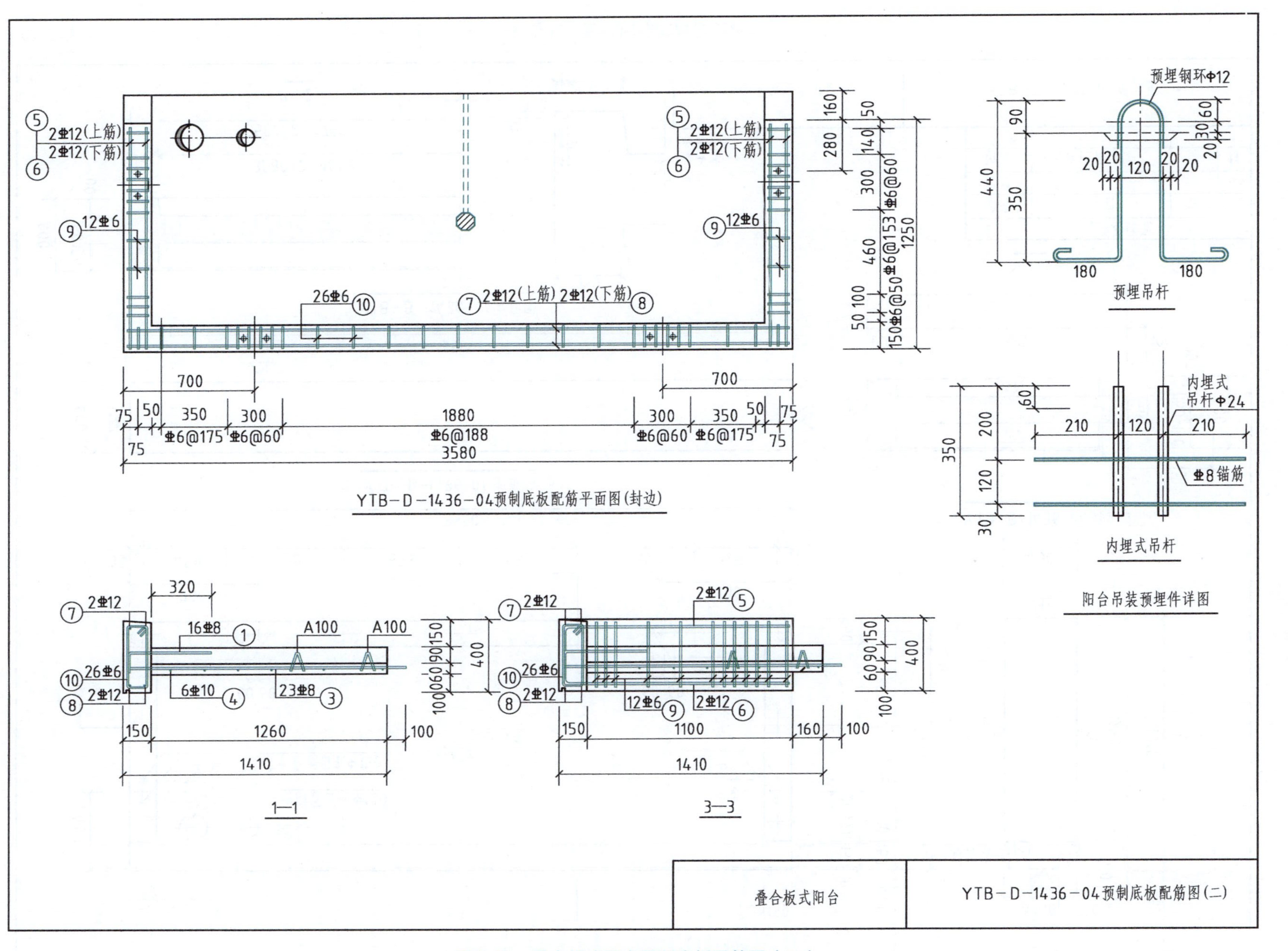

图 2-93 叠合板式阳台预制底板配筋图（二）

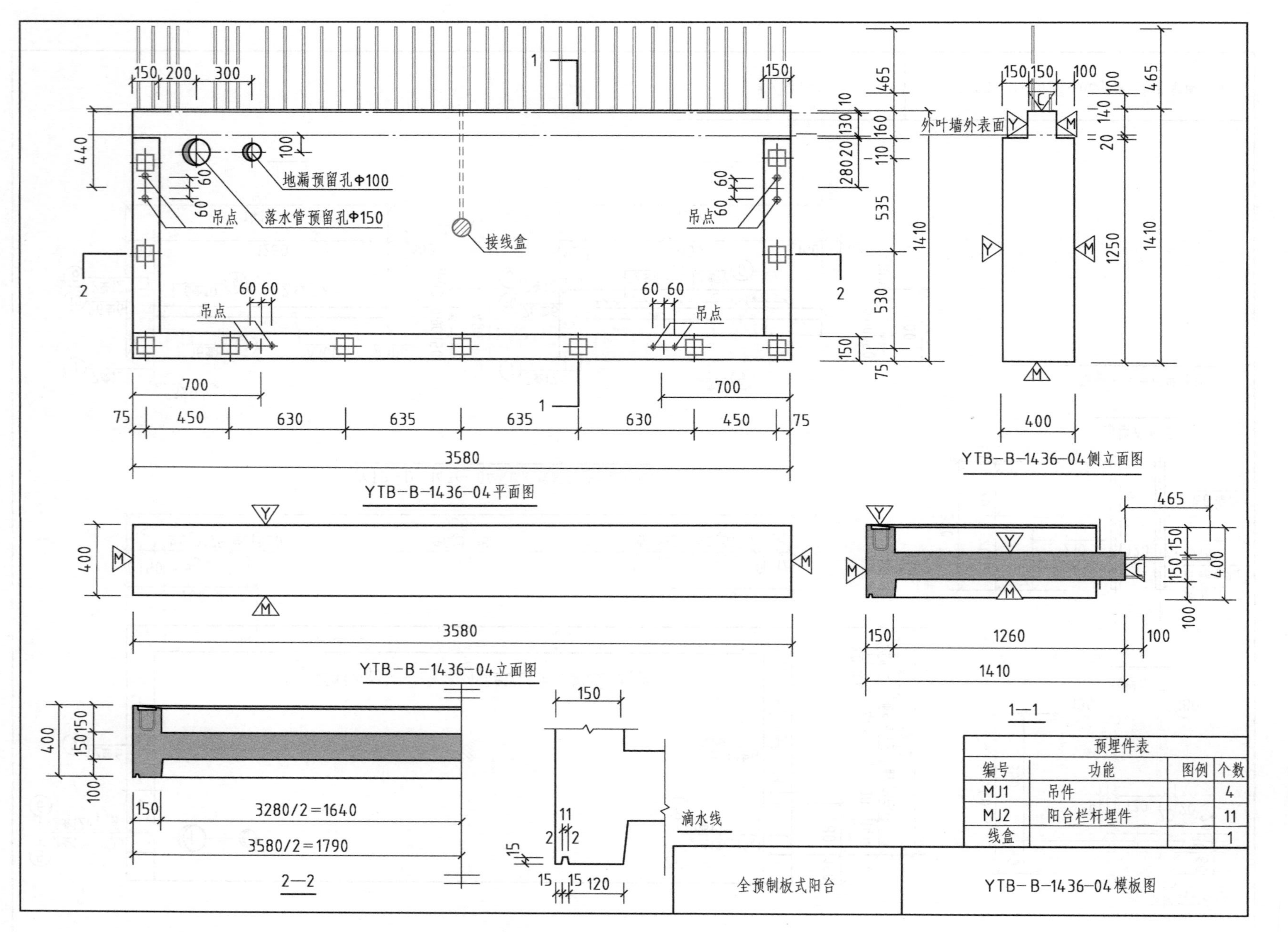

图 2-94 全预制板式阳台模板图

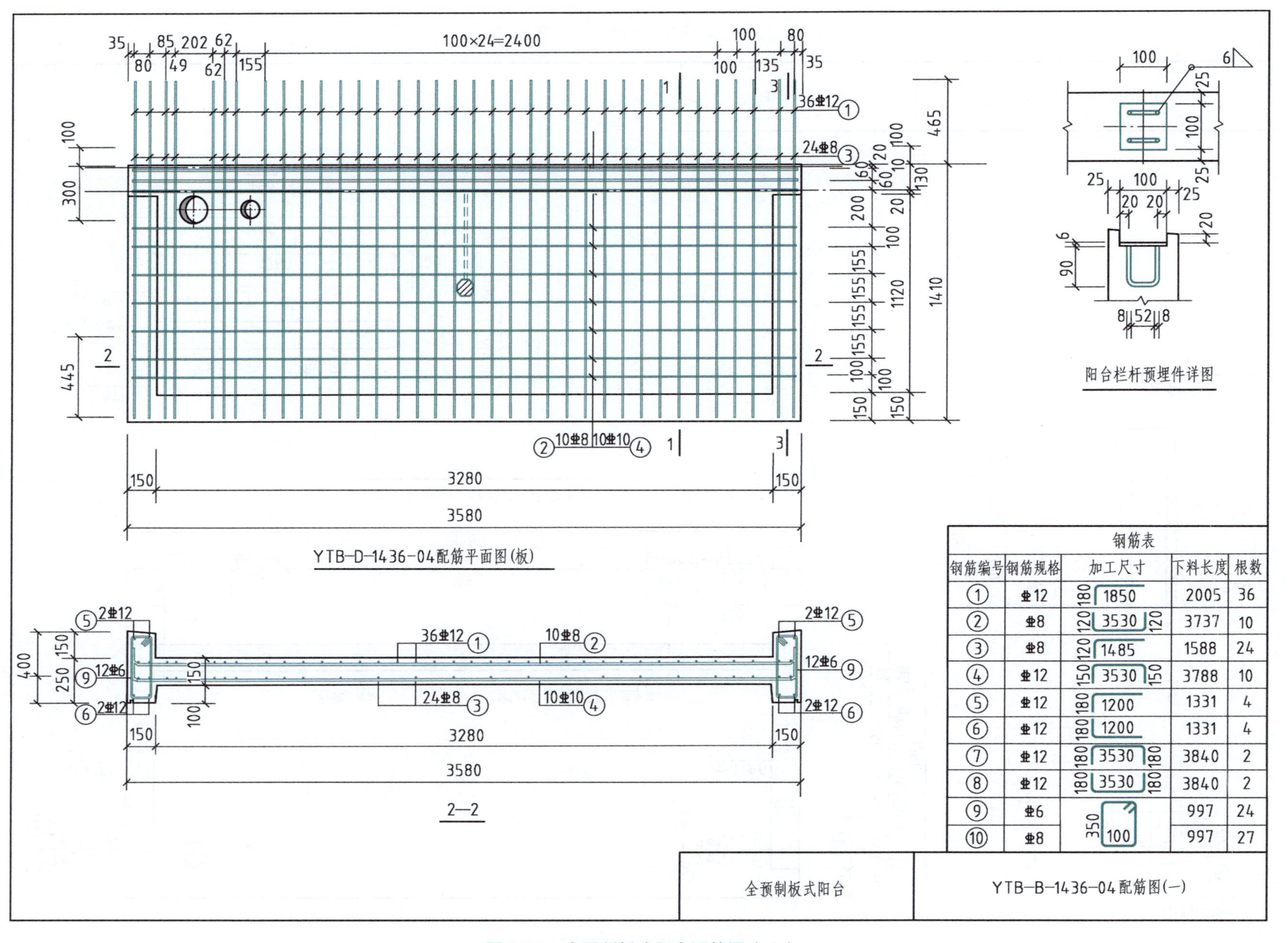

钢筋表

钢筋编号	钢筋规格	加工尺寸	下料长度	根数
①	Φ12	180 1850	2005	36
②	Φ8	120 3530 120	3737	10
③	Φ8	120 1485	1588	24
④	Φ12	150 3530 150	3788	10
⑤	Φ12	180 1200	1331	4
⑥	Φ12	180 1200	1331	4
⑦	Φ12	180 3530 180	3840	2
⑧	Φ12	180 3530 180	3840	2
⑨	Φ6	350 100	997	24
⑩	Φ8		997	27

图 2-95 全预制板式阳台配筋图（一）

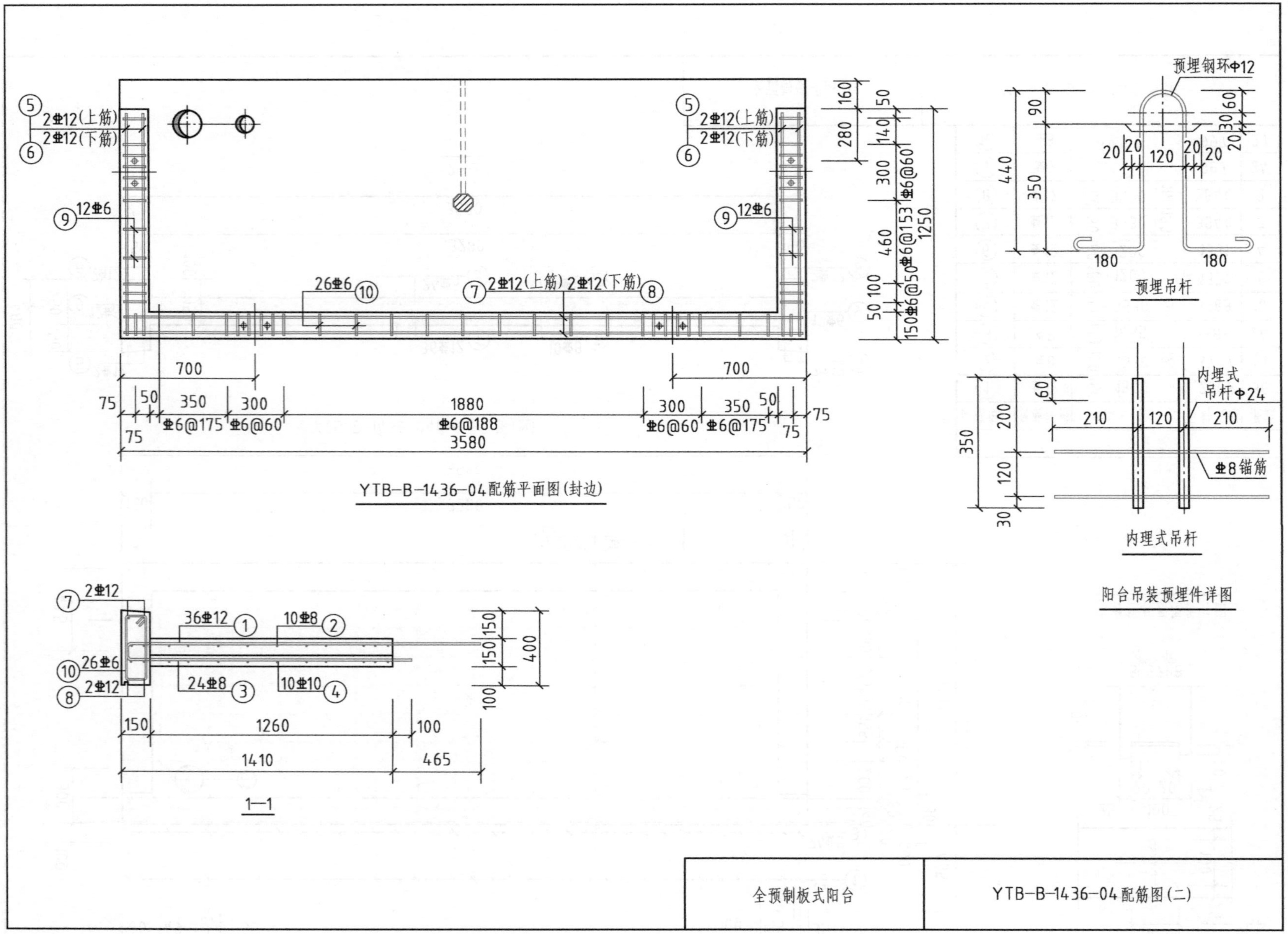

YTB-B-1436-04配筋平面图(封边)

1—1

预埋吊杆

内埋式吊杆

阳台吊装预埋件详图

全预制板式阳台

YTB-B-1436-04配筋图(二)

图 2-96　全预制板式阳台配筋图（二）

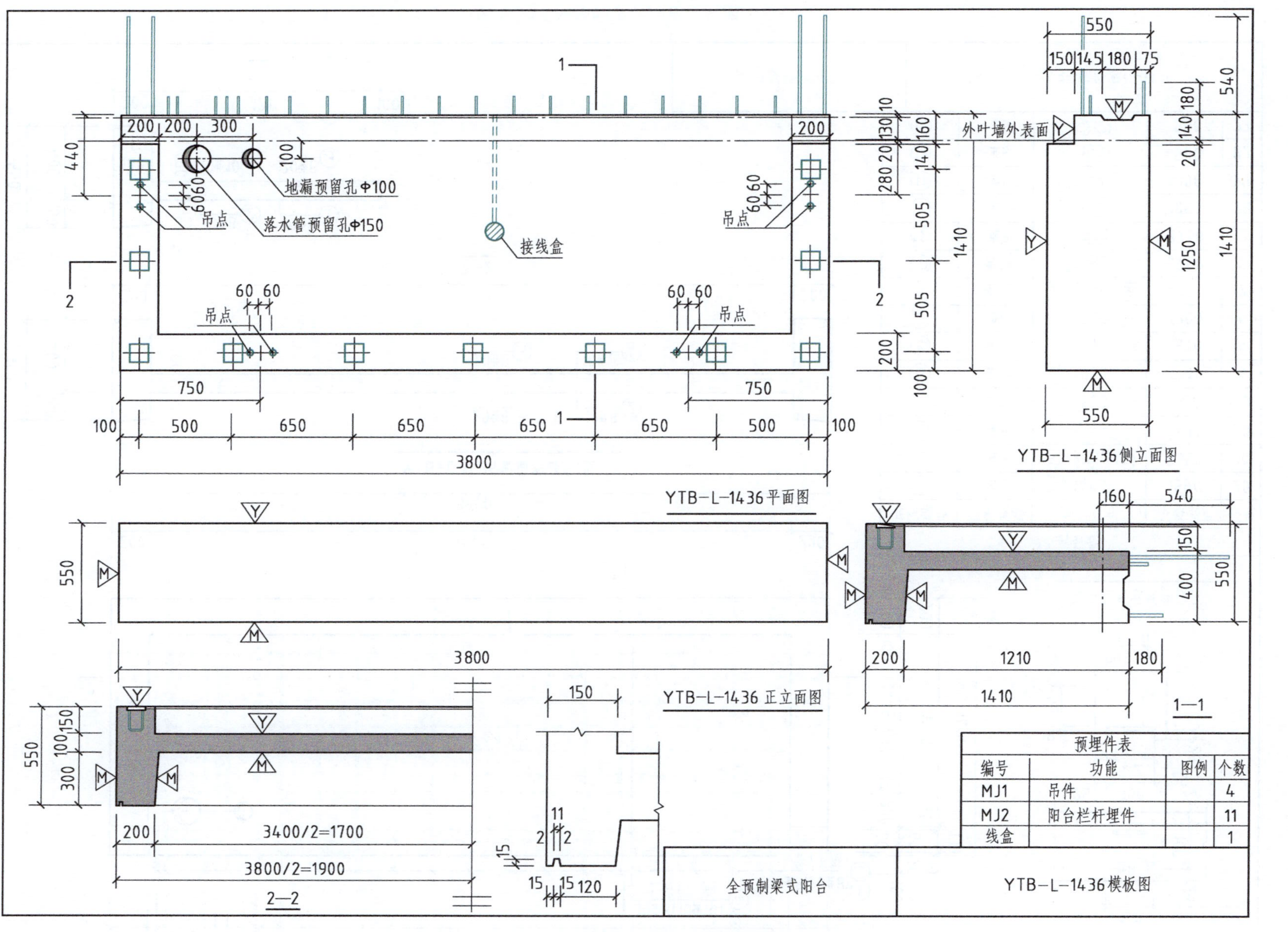

预埋件表			
编号	功能	图例	个数
MJ1	吊件		4
MJ2	阳台栏杆埋件		11
线盒			1

图 2-97　全预制梁式阳台模板图

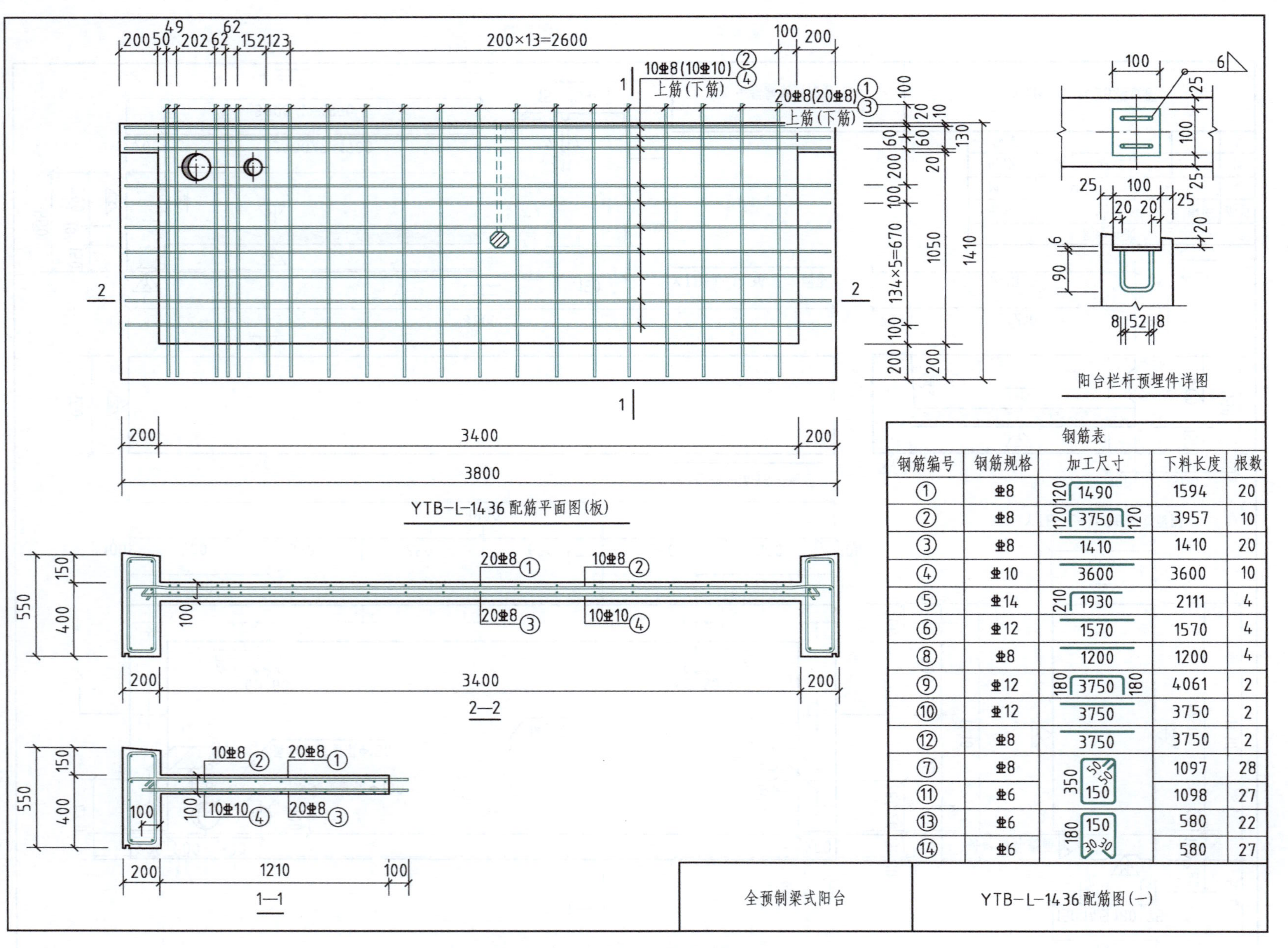

钢筋编号	钢筋规格	加工尺寸	下料长度	根数
①	Φ8	120 1490	1594	20
②	Φ8	120 3750 120	3957	10
③	Φ8	1410	1410	20
④	Φ10	3600	3600	10
⑤	Φ14	210 1930	2111	4
⑥	Φ12	1570	1570	4
⑧	Φ8	1200	1200	4
⑨	Φ12	180 3750 180	4061	2
⑩	Φ12	3750	3750	2
⑫	Φ8	3750	3750	2
⑦	Φ8	350 150 50 50	1097	28
⑪	Φ6		1098	27
⑬	Φ6	180 150 30 30	580	22
⑭	Φ6		580	27

图 2-98 全预制梁式阳台配筋图（一）

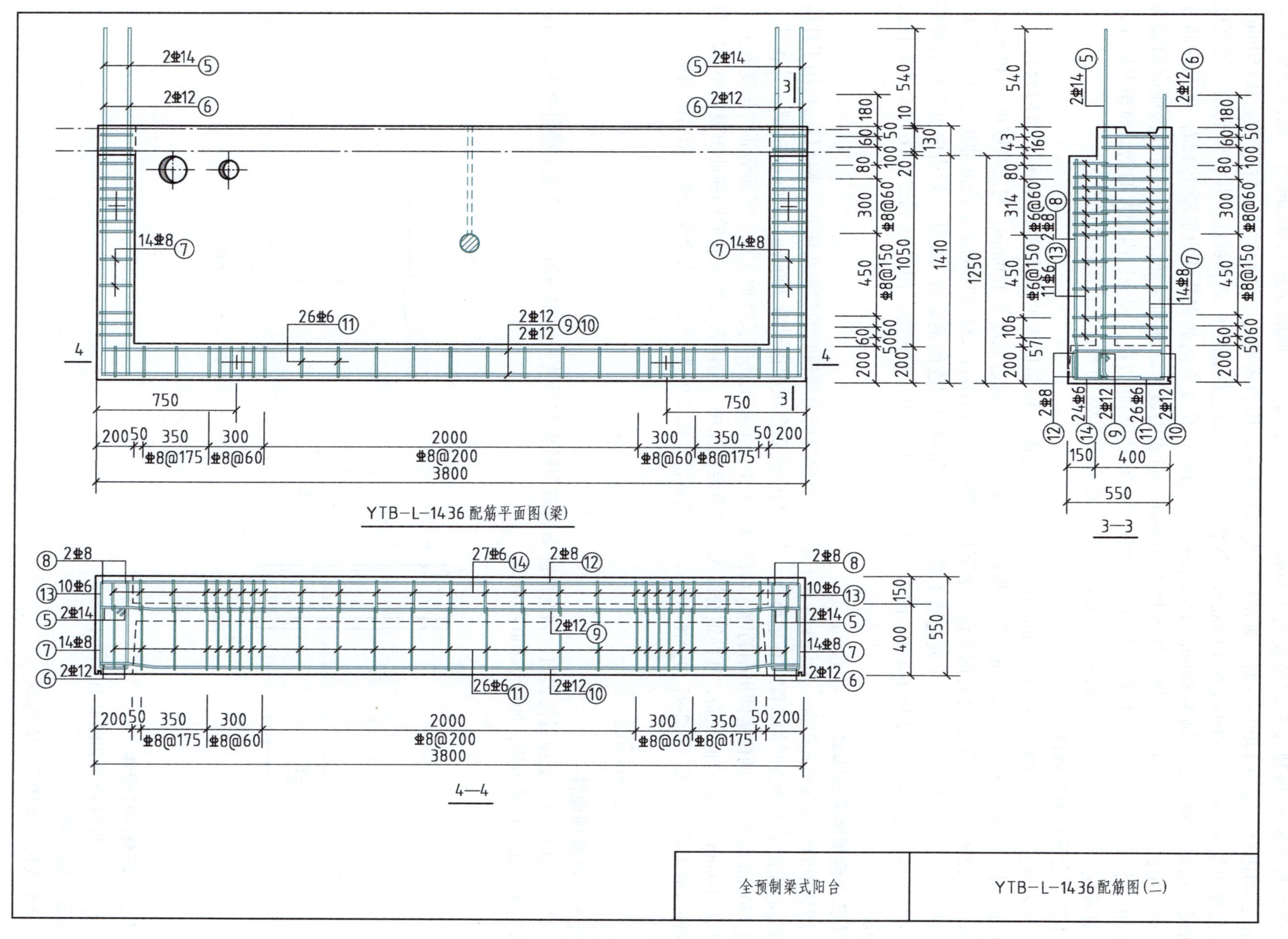

图 2-99　全预制梁式阳台配筋图（二）

（一）叠合板式阳台

叠合板式阳台预制底板的厚度均为 60mm，当阳台长度为 1000mm 或 1200mm 时，现浇层厚度取 70mm；当阳台长度为 1400mm 时，现浇层厚度取 90mm；阳台板周边应设置封边，封边宽度为 150mm，封边高度可取 400mm、800mm 和 1200mm。预制板内的钢筋包括钢筋桁架和钢筋网片，钢筋桁架的高度根据现浇层厚度确定，分别为 80mm 或 100mm 高，沿阳台长度方向的钢筋伸出混凝土 12d，且至少伸过墙（梁）中线，与封边相连的钢筋锚入封边 100mm。封边内设置纵筋和箍筋，吊点位置处箍筋应加密为⌀6@60。此外，尚需在阳台外侧连梁内锚入钢筋，与后浇层钢筋搭接，现浇层内配置的钢筋面积由设计人员计算确定。图 2-91 为叠合板式阳台模板图，图 2-92 和图 2-93 为叠合板式阳台配筋图。

（二）全预制板式阳台

当阳台长度为 1000mm 或 1200mm 时，全预制板式阳台预制底板的厚度为 130mm；当阳台长度为 1410mm 时，底板的厚度为 150mm；阳台板周边应设置封边，封边宽度为 150mm，封边高度可取 400mm、800mm 和 1200mm。预制板内的钢筋包括上下层钢筋网片，沿阳台长度方向的上层钢筋伸出混凝土 1.1l_a，下层钢筋伸出混凝土 12d，且至少伸过墙（梁）中线，与封边相连的钢筋锚入封边。封边内设置纵筋和箍筋，吊点位置处箍筋应加密为⌀6@60。图 2-94 为全预制板式阳台模板图，图 2-95 和图 2-96 为全预制板式阳台配筋图。

（三）全预制梁式阳台

图集中的全预制梁式阳台一般用于外墙不采用夹心保温剪力墙板时的装配式住宅。本项目已按用于外墙采用夹心保温剪力墙板时的装配式住宅修改。全预制梁式阳台在周边设置 200mm × 400mm 的梁，并在其上设置 150mm 高翻边。两侧梁伸出钢筋锚入后浇混凝土中，上部钢筋的长度取 1.1l_a，下部钢筋的长度取 15d。板厚取 100mm，双面双向配筋，外伸钢筋锚入后浇筑混凝土中，沿阳台长度方向的钢筋伸出混凝土 5d，且至少伸过墙（梁）中线。图 2-97 为全预制梁式阳台模板图，图 2-98 和图 2-99 为全预制梁式阳台配筋图。

五、预埋件与连接构造

（一）吊装预埋件

叠合板式阳台、全预制板式阳台和全预制梁式阳台脱模与吊装采用相同吊点，位置见构件详图，吊点可采用内埋式吊杆或吊钩，如图 2-100 所示。

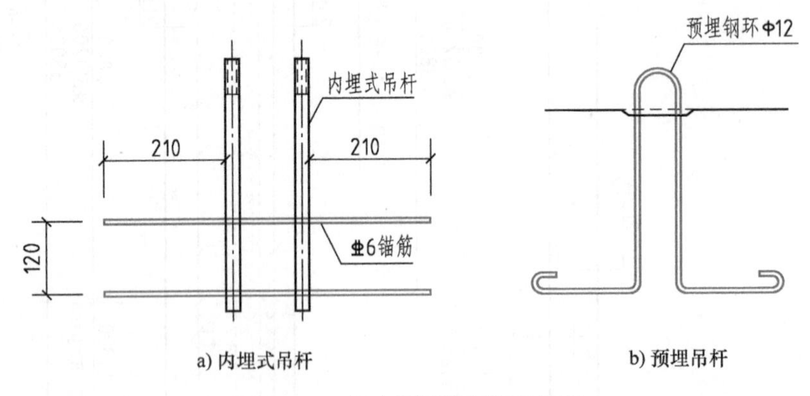

图 2-100　阳台板吊装预埋件详图

（二）阳台栏杆埋件

阳台栏杆埋件详图如图 2-101 所示。

（三）滴水线

滴水线构造如图 2-102 所示。

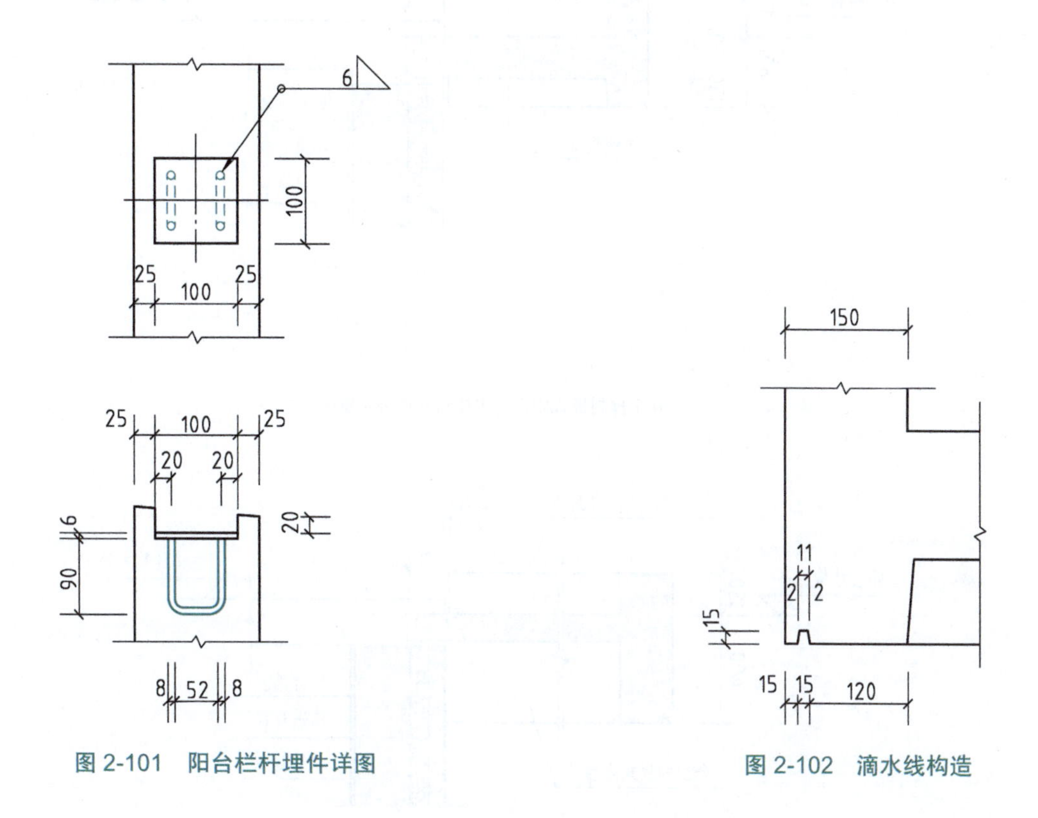

图 2-101　阳台栏杆埋件详图

图 2-102　滴水线构造

（四）连接构造

叠合板式阳台、全预制板式阳台和全预制梁式阳台与主体结构的连接构造如图 2-103 所示。

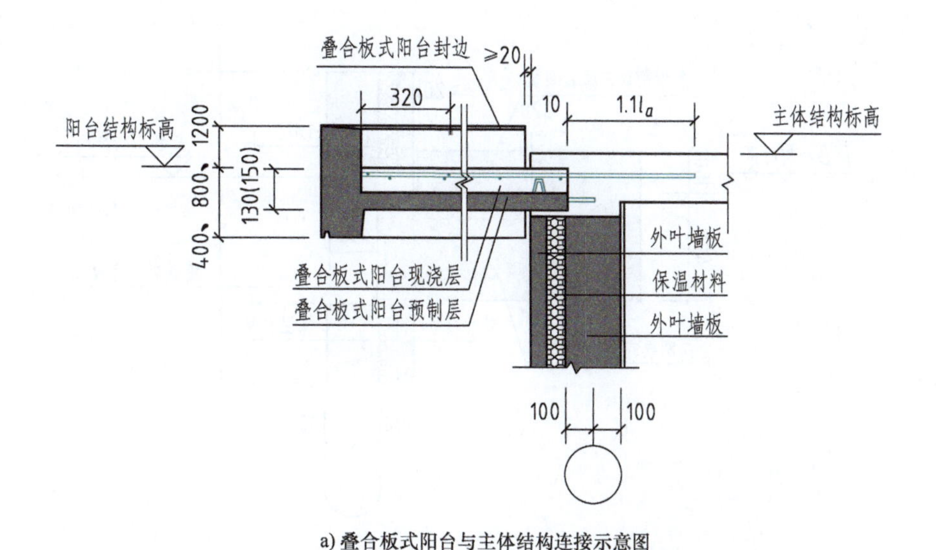

a) 叠合板式阳台与主体结构连接示意图

图 2-103　预制钢筋混凝土阳台板连接构造

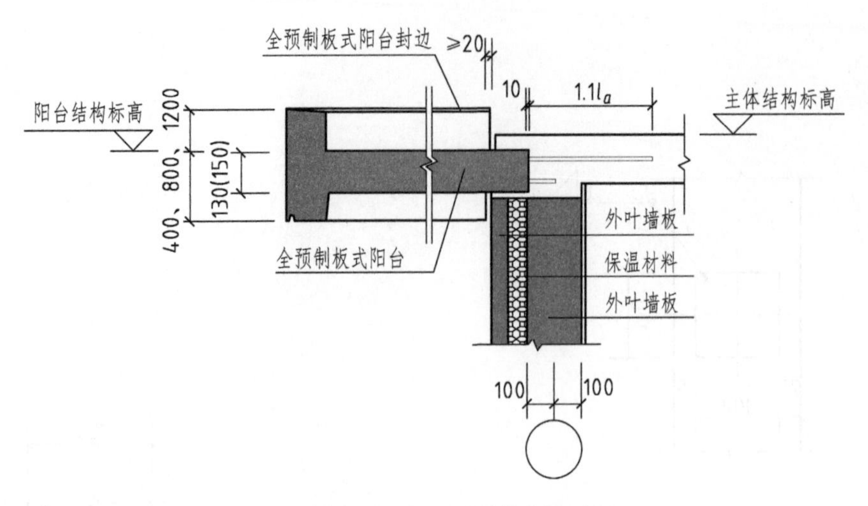

b) 全预制板式阳台与主体结构连接示意图

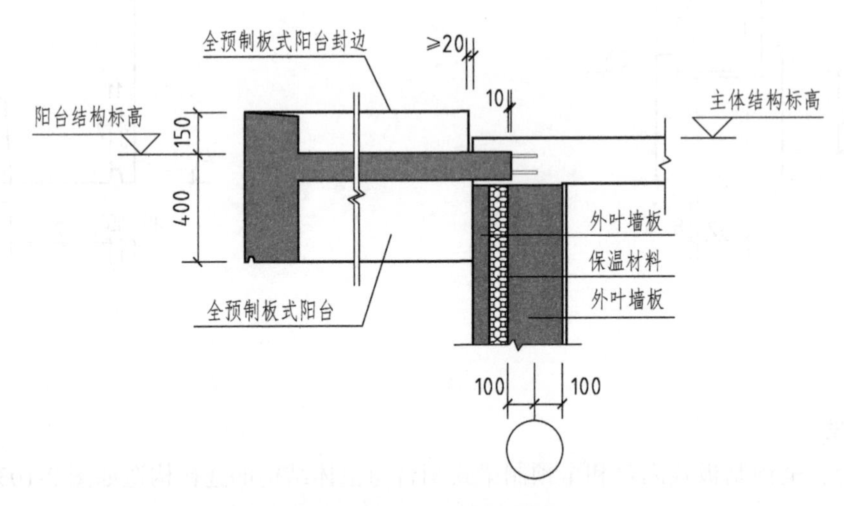

c) 全预制梁式阳台与主体结构连接示意图(板)

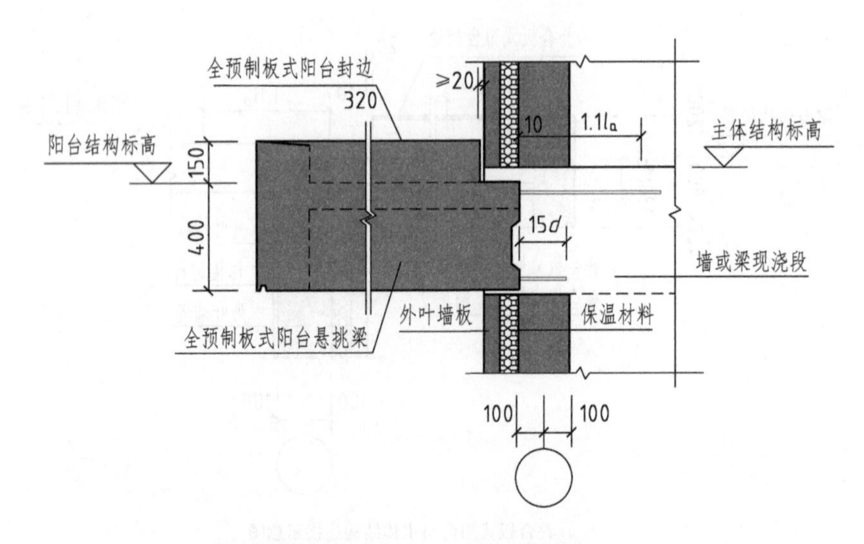

d) 全预制梁式阳台与主体结构连接示意图(梁)

图 2-103　预制钢筋混凝土阳台板连接构造（续）

项目八　预制钢筋混凝土空调板

学习目标

1. 理解预制钢筋混凝土空调板及其连接构造。
2. 熟悉国家建筑标准设计图集《预制钢筋混凝土阳台板、空调板及女儿墙》(15G368—1)中的预制钢筋混凝土空调板。
3. 了解预制钢筋混凝土空调板的规格、编号及选用方法。
4. 读懂预制钢筋混凝土空调板构件详图及连接构造详图。

知识解读

本项目主要介绍国家建筑标准设计图集《预制钢筋混凝土阳台板、空调板及女儿墙》(15G368—1)中预制钢筋混凝土空调板(简称预制空调板)部品构件的规格、编号、选用方法,以及构件详图构造。

一、规格

图集中的预制空调板为全预制混凝土结构,由于外围护结构形式不同,板面预埋件有两种做法:安装铁艺栏杆板面预埋钢板(图 2-104a)、安装百叶板面预埋螺栓孔(图 2-104b)。

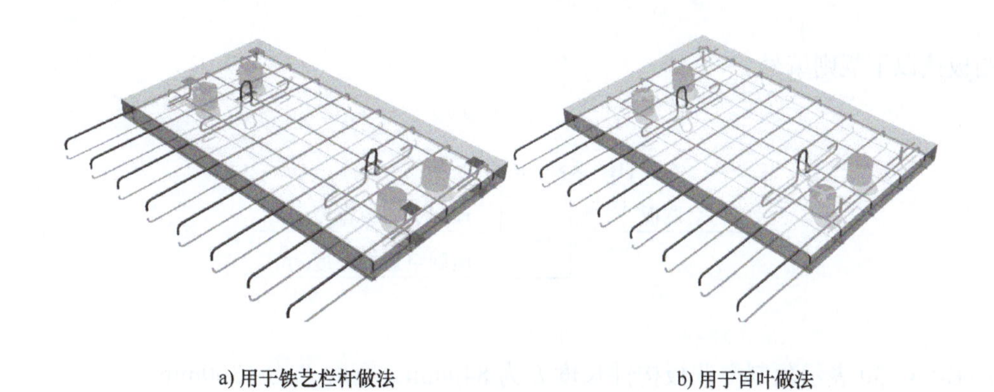

a) 用于铁艺栏杆做法　　b) 用于百叶做法

图 2-104　预制钢筋混凝土空调板的类型

预制空调板构件长度 L 取预制空调板挑出长度 L_1+10mm,挑出长度从剪力墙外表面起计算,预制空调板构件长度 L 有 630mm、730mm、740mm 和 840mm 四种规格;宽度 B 有 1100mm、1200mm、1300mm 三种规格;厚度 H 为 80mm。与预制空调板配套的夹心保温外墙板,其保温层厚度取 70mm,外叶墙厚度取 60mm。

预制空调板的永久荷载考虑自重、空调挂机和表面建筑做法,按 4.0kN/m^2 设计;铁艺栏杆或百叶的荷载按 1.0kN/m^2 设计;可变荷载按 2.5kN/m^2 设计;施工和检修荷载按 1.0kN/m^2 设计。

预制空调板钢筋保护层厚度按 20mm 设计。

预制空调板板顶结构标高应与楼板板顶结构标高一致,预留负弯矩筋伸入主体结构后浇层,并与主体结构梁板钢筋可靠绑扎,浇筑成整体,负弯矩筋伸入主体结构水平段长度应不小于 1.1l_a,如图 2-105 所示。

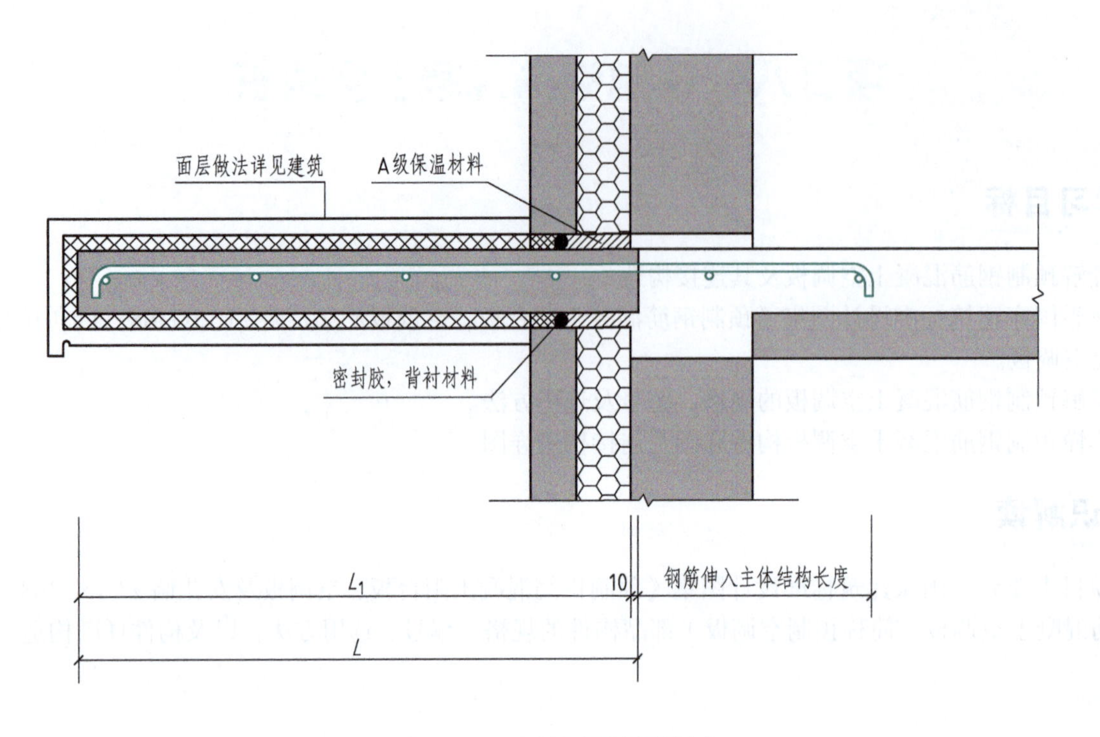

图 2-105 预制空调板连接接点

二、编号

预制空调板按以下规则编号：

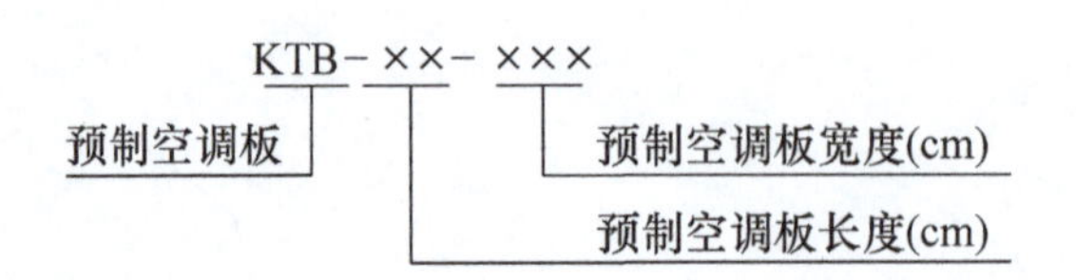

例如，KTB-84-130 表示预制空调板构件长度 L 为 840mm，宽度 B 为 1300mm。

三、选用方法

选用预制空调板，首先要确定各参数与图集选用范围要求是否保持一致，核对预制空调板的荷载是否符合本图集规定；然后根据所在地区、外围护结构形式、构件尺寸确定预制空调板编号，选择预埋件和吊件；最后根据设备专业设计确定预留孔的尺寸、位置和数量。

选用示例

已知条件：北方某地区民用住宅楼采用预制空调板，该预制空调板外围护结构形式采用百叶做法，混凝土强度等级为 C30，钢筋的混凝土保护层厚度为 20mm，永久均布荷载按 4.0kN/m^2 设计，百叶的荷载按照 1.0kN/m^2 设计，可变均布荷载按照 2.5kN/m^2 设计，施工和检修荷载按照 1.0kN/m^2 设计，预制空调板长度为 840mm，宽度为 1300mm。

选用结果：该地区民用住宅楼所选用预制空调板编号为 KTB-84-130，如图 2-106 所示。

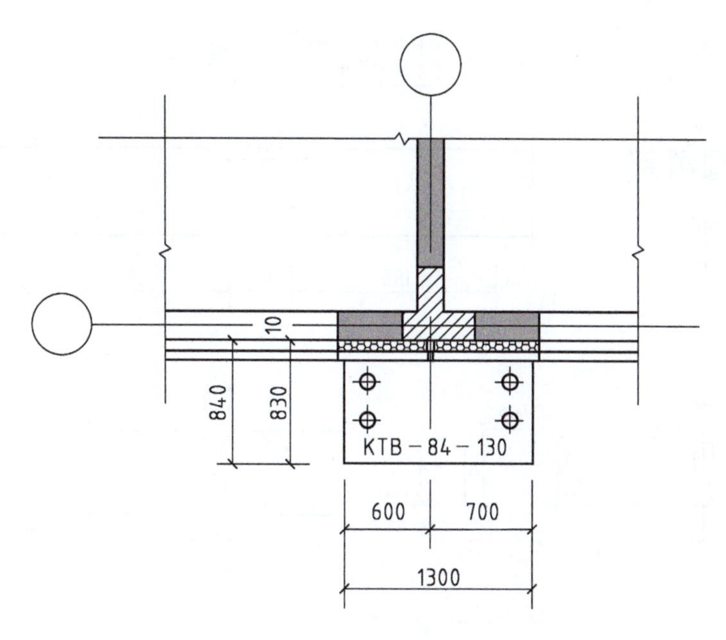

图 2-106　预制空调板选用示例

四、构造

图 2-107 为预制空调板的模板图与配筋图，由图可见，预制空调板构造简单，钢筋配置同现浇混凝土悬臂板，仅在板面配置钢筋网片，受力钢筋伸出板根部不小于 1.1l_a 并伸入主体结构后浇层，与后浇混凝土连接的部位需设置粗糙面，由于板面设置了Φ100 预留孔，因此钢筋排放需避开预留孔。

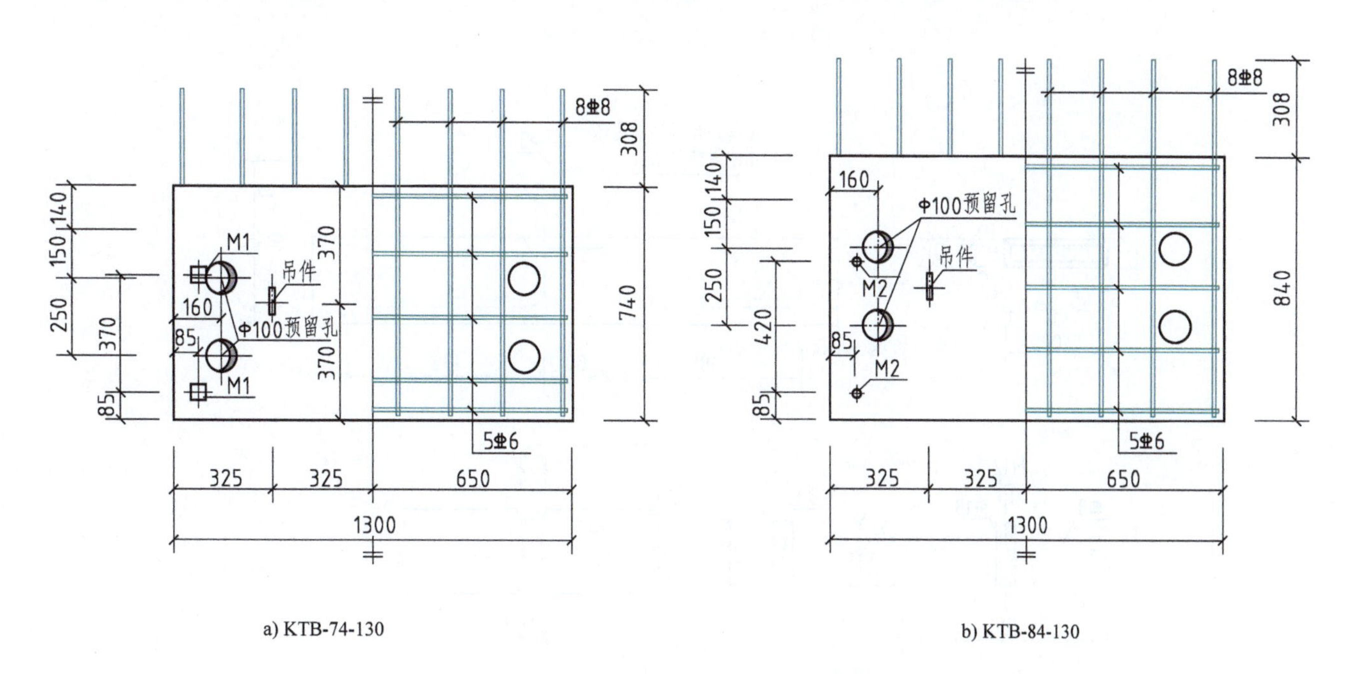

图 2-107　预制空调板模板图与配筋示意图

预制空调板板面预埋一对吊装吊环，大样如图 2-108 所示。

安装铁艺栏杆用的预埋钢板或安装百叶用的预埋螺母分别如图 2-109 和图 2-110 所示。

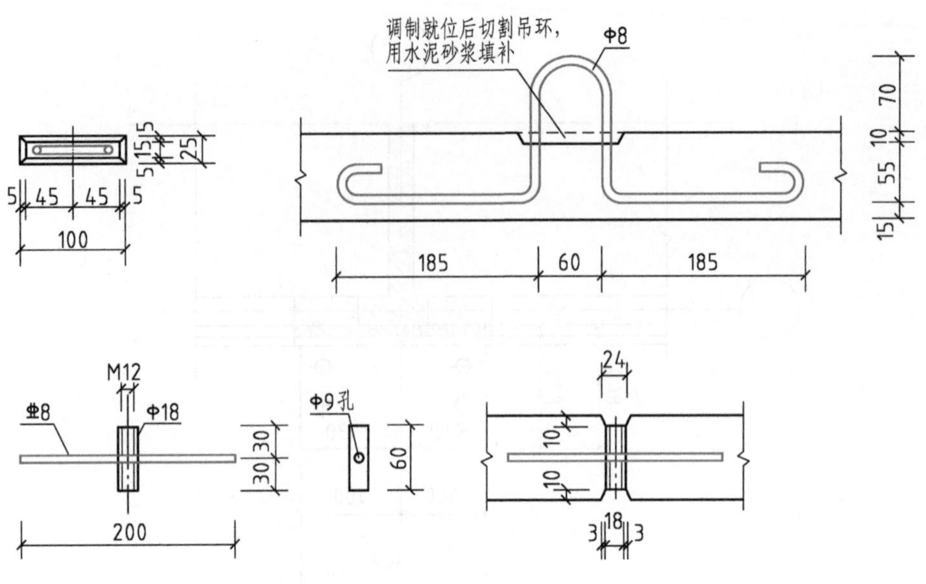

图 2-108　预制空调板吊环大样图

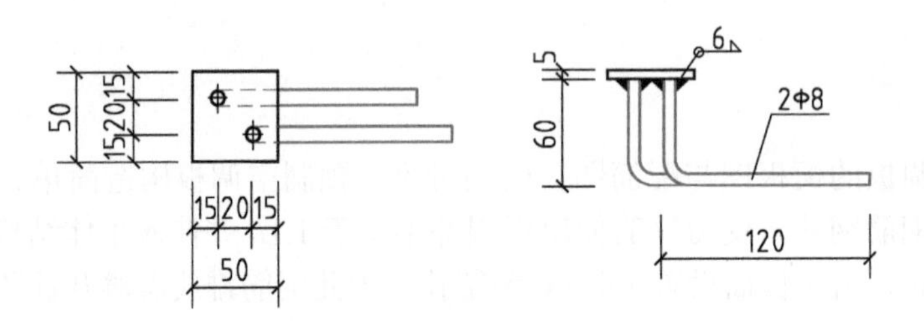

图 2-109　预埋件 M1 示意图

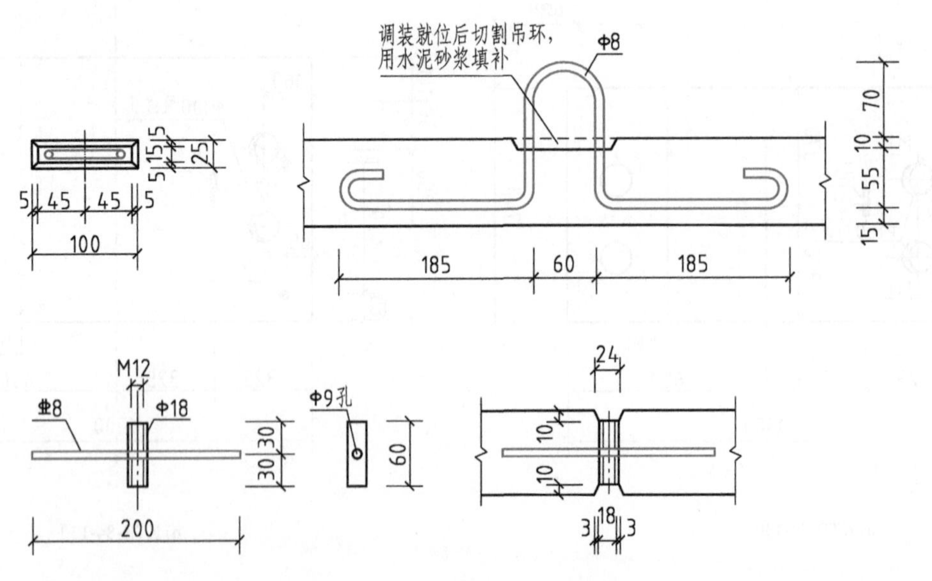

图 2-110　预埋件 M2 示意图

五、构件详图

预制空调板构件详图如图 2-111 和图 2-112 所示。图 2-111 为预制空调板（铁艺栏杆）模板图、配筋图。图 2-112 为预制空调板（百叶）模板图、配筋图。

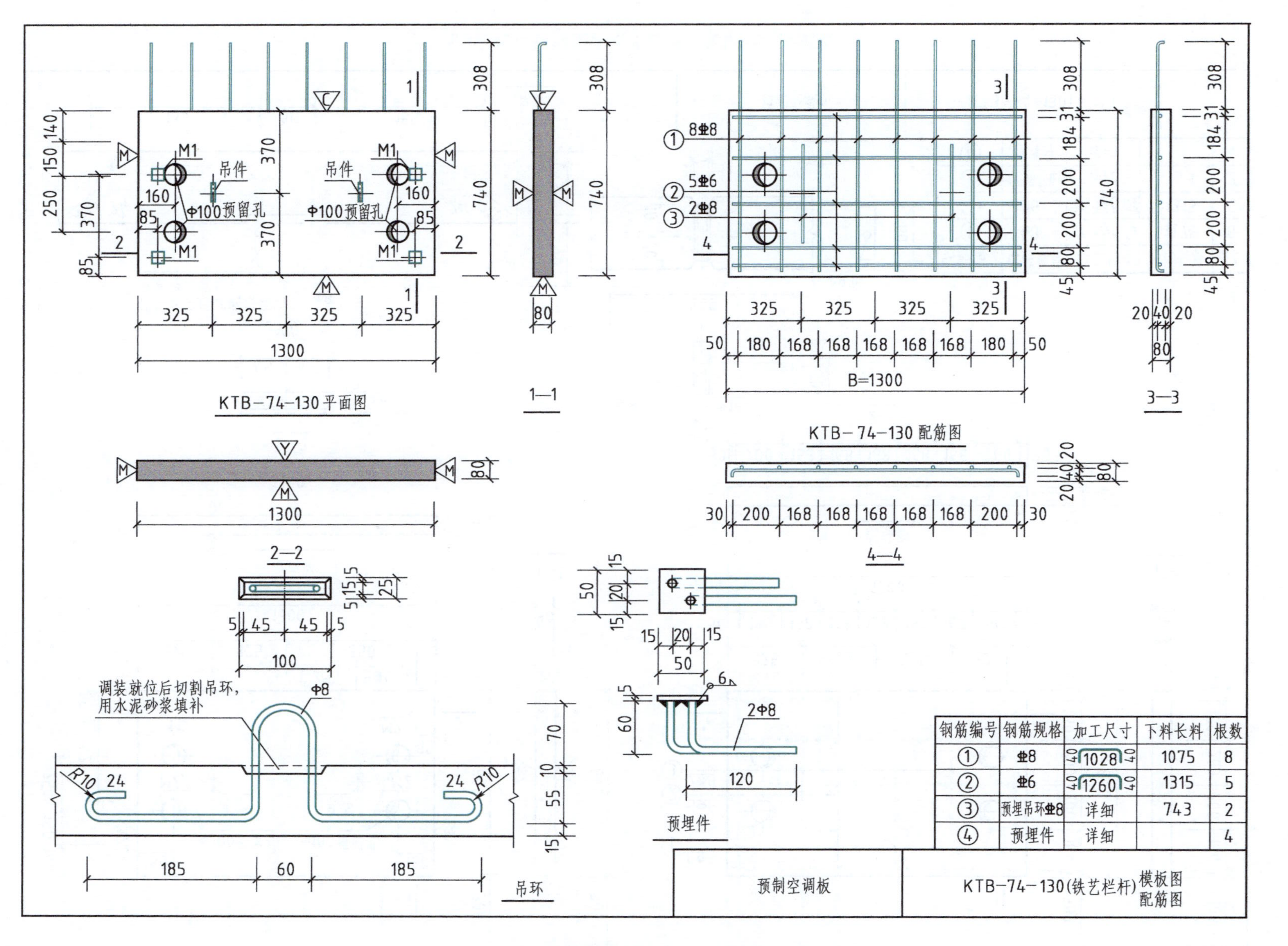

钢筋编号	钢筋规格	加工尺寸	下料长料	根数
①	Φ8	1028	1075	8
②	Φ6	1260	1315	5
③	预埋吊环Φ8	详细	743	2
④	预埋件	详细		4

图 2-111　预制空调板（铁艺栏杆）模板图、配筋图

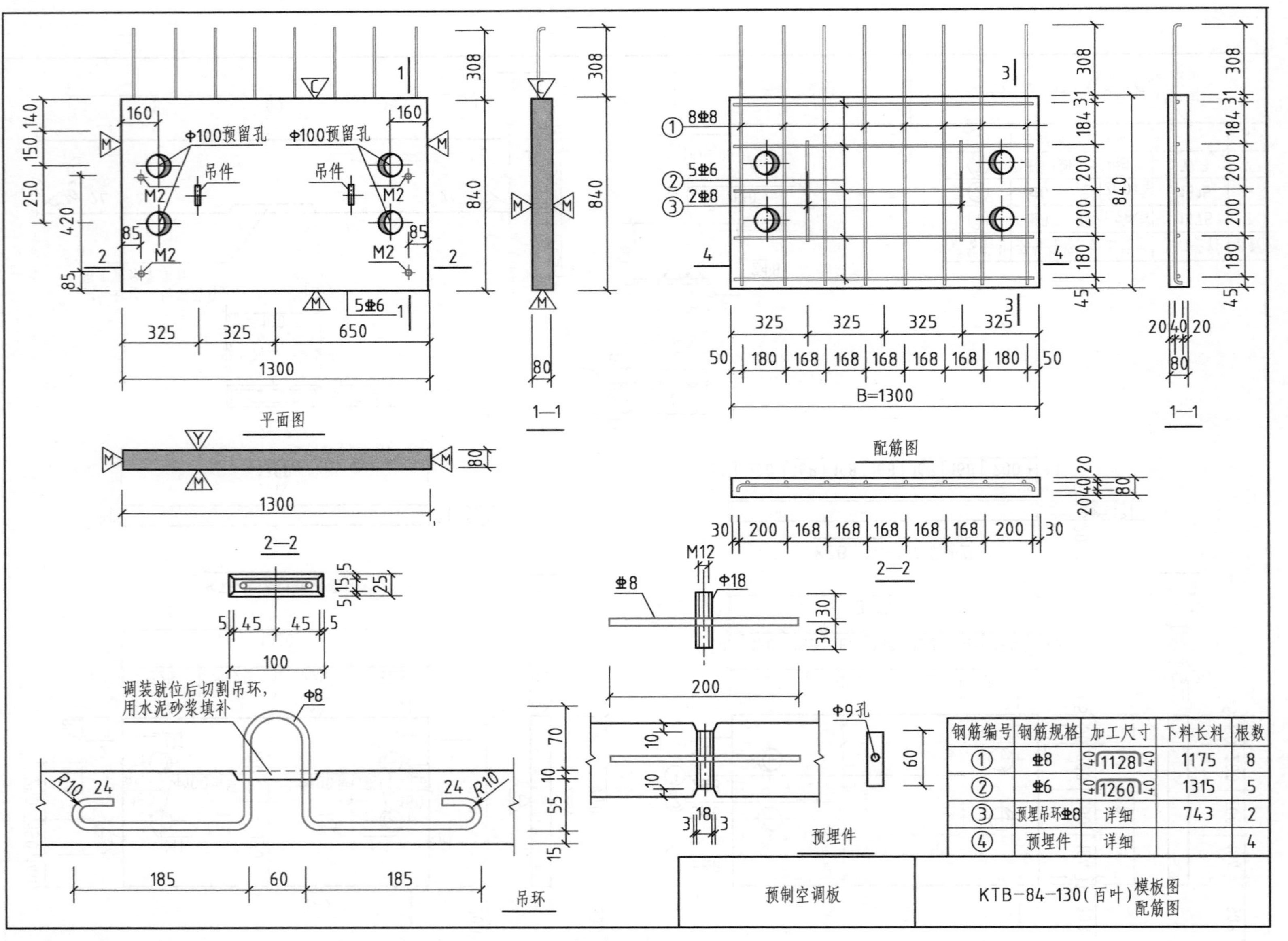

图 2-112 预制空调板（百叶）模板图、配筋图

项目九　预制钢筋混凝土女儿墙

学习目标

1. 理解预制钢筋混凝土女儿墙及其连接构造。
2. 熟悉国家建筑标准设计图集《预制钢筋混凝土阳台板、空调板及女儿墙》（15G368—1）中的预制钢筋混凝土女儿墙。
3. 了解预制钢筋混凝土女儿墙的规格、编号及选用方法。
4. 读懂预制钢筋混凝土女儿墙构件详图及连接构造详图。

知识解读

本项目主要介绍国家建筑标准设计图集《预制钢筋混凝土阳台板、空调板及女儿墙》（15G368—1）中预制钢筋混凝土女儿墙（简称预制女儿墙）部品构件的规格、编号、选用方法及构造。

一、规格

图 2-113 为预制女儿墙示意图，部品构件包括预制女儿墙身及其配套的压顶。墙身通过下端的螺纹盲孔与顶层墙体伸出的钢筋浆锚连接，墙身之间通过后浇段连接，压顶与墙身之间通过螺栓连接并用砂浆填充。

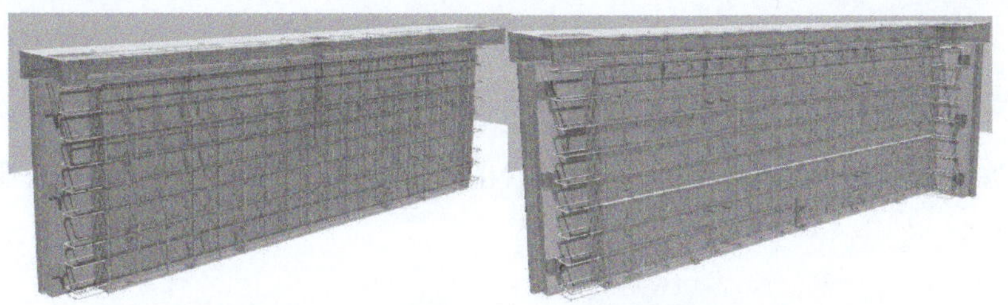

a) 夹心保温式女儿墙(直板)　　b) 夹心保温式女儿墙(转角板)

图 2-113　预制钢筋混凝土女儿墙示意图

预制女儿墙包括直板和转角板两种类型，图集编制了开间为 3000mm、3300mm、3600mm、3900mm、4200mm、4500mm、4800mm 七种尺寸的直板和开间为 2400mm、2700mm、3000mm、3300mm、3600mm、3900mm、4200mm 七种尺寸的转角板。

预制女儿墙按构造分为夹心保温女儿墙和非保温式女儿墙两种，图集均编制了设计高度为 1.4m 和 0.6m 两种规格。预制女儿墙设计高度为从屋顶结构标高算起，到女儿墙压顶的顶面为止的尺寸，即设计高度 = 女儿墙墙身高度 + 女儿墙压顶高度 + 接缝高度。

二、编号

预制女儿墙按以下规则编号：

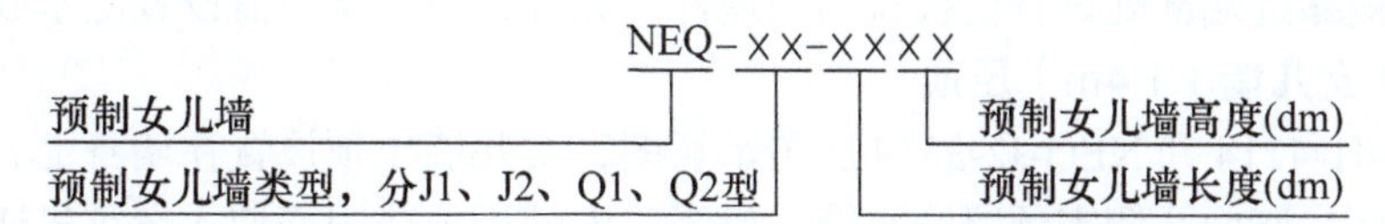

预制女儿墙类型中，J1 型代表夹心保温式女儿墙（直板）；J2 型代表夹心保温式女儿墙（转角板）；Q1

型代表非保温式女儿墙（直板）；Q2 型代表非保温式女儿墙（转角板）。预制女儿墙高度从屋顶结构层标高算起，600mm 高表示为 06，1400mm 高表示为 14。

【例 2-6】NEQ-J2-3314 是指夹心保温式女儿墙（转角板），单块女儿墙放置的轴线尺寸为 3300mm（女儿墙长度为：直段 3520mm，转角段 590mm），高度为 1400mm。

【例 2-7】NEQ-Q1-3006 是指非保温式女儿墙（直板），单块女儿墙长度为 2980mm，高度为 600mm。

三、选用方法

选用预制女儿墙，首先要确定各参数与图集选用范围是否保持一致，核对预制女儿墙的荷载条件，明确女儿墙的两侧支座为结构顶层剪力墙后浇段向上延伸段；然后根据建筑顶层预制外墙板的布置、建筑轴线尺寸和后浇段尺寸，确定预制女儿墙编号，选定预埋件，明确吊件类型及尺寸；如需补充预制女儿墙预留设备孔洞及管线，需结合设备图纸补充；此外，内外叶板拉结件需补充设计。

选用示例

已知条件：某住宅楼女儿墙采用夹心保温式女儿墙，安全等级为二级，从屋顶结构层标高算起高度为 1400mm，风荷载标准值为 3.5kN/m^2，女儿墙长如图 2-114 所示，配筋为构造配筋。

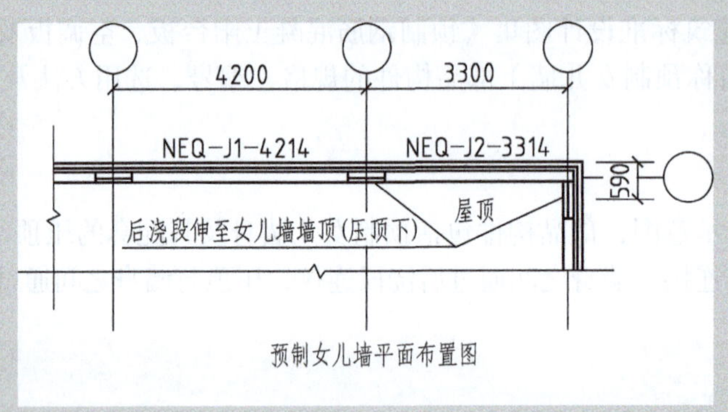

图 2-114　预制女儿墙平面布置图

选用结果：根据图 2-114 所示的尺寸，本图集的 NEQ-Jl-4214 和 NEQ-J2-3314 符合要求，可直接选用。

四、构造详图

本项目仅介绍 1.4m 高夹心保温女儿墙构造，其他形式的女儿墙详见图集。

（一）夹心保温式女儿墙（1.4m）墙身

图 2-115 和图 2-116 分别为 NEQ-J1-4214 和 NEQ-J2-3314 墙身示意图。夹心保温式女儿墙与预制钢筋混凝土剪力墙外墙板相类似，包括内叶墙板、保温层和外叶墙板三个部分。

外叶墙板与保温层伸出内叶墙板，用作后浇段的外模板；外叶墙板为 60mm 厚单层双向配筋钢筋混凝土板，需设置连接件与内叶墙板可靠连接；为保证女儿墙与外墙的平整，保温层厚度一般应与顶层预制剪力墙外墙板一致，图集中的部品保温层厚度为 70mm。

内叶墙板板厚为 160mm，配置双层双向钢筋网片，水平钢筋伸出混凝土与后浇段可靠连接。墙板下端设置螺纹盲孔与伸出顶层的⌀16 钢筋浆锚搭接；当墙身长度≥ 4m 时，墙身上端需伸出⌀20 端部带螺纹钢筋与压顶连接。

一般在内叶墙板顶面外设置吊装用埋件，内侧需设置脱模斜撑用埋件，两侧靠近端部处设置板板连接用埋件，外叶墙板两侧靠近端部处设置模板拉结用埋件。此外，内叶墙板需设置泛水收头预留槽。

（二）夹心保温式女儿墙（1.4m）压顶

图 2-117 为 NEQ-J1-4214 和 NEQ-J2-3314 压顶示意图，女儿墙压顶设置在墙身上方，断面为直角梯形，顶面为斜面，坡向屋面，底面两侧需预留滴水线。后浇段内的压顶锚固筋伸入螺纹贯通孔与压顶螺栓连接，砂浆填充，当墙身长度≥ 4m 时，墙身中部伸出的⌀20 端部带螺纹钢筋也需要与压顶连接。

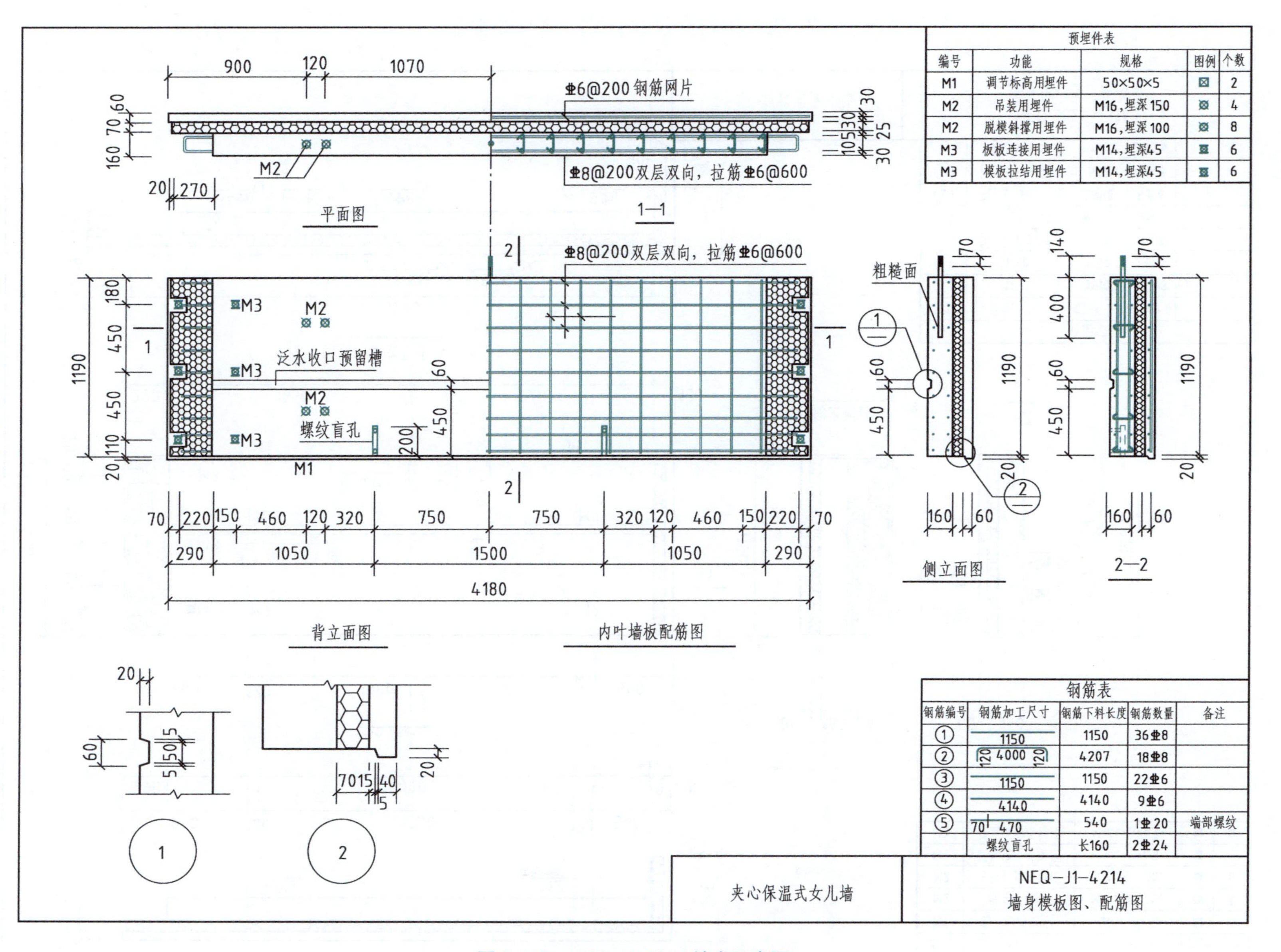

图 2-115　NEQ-J1-4214 墙身示意图

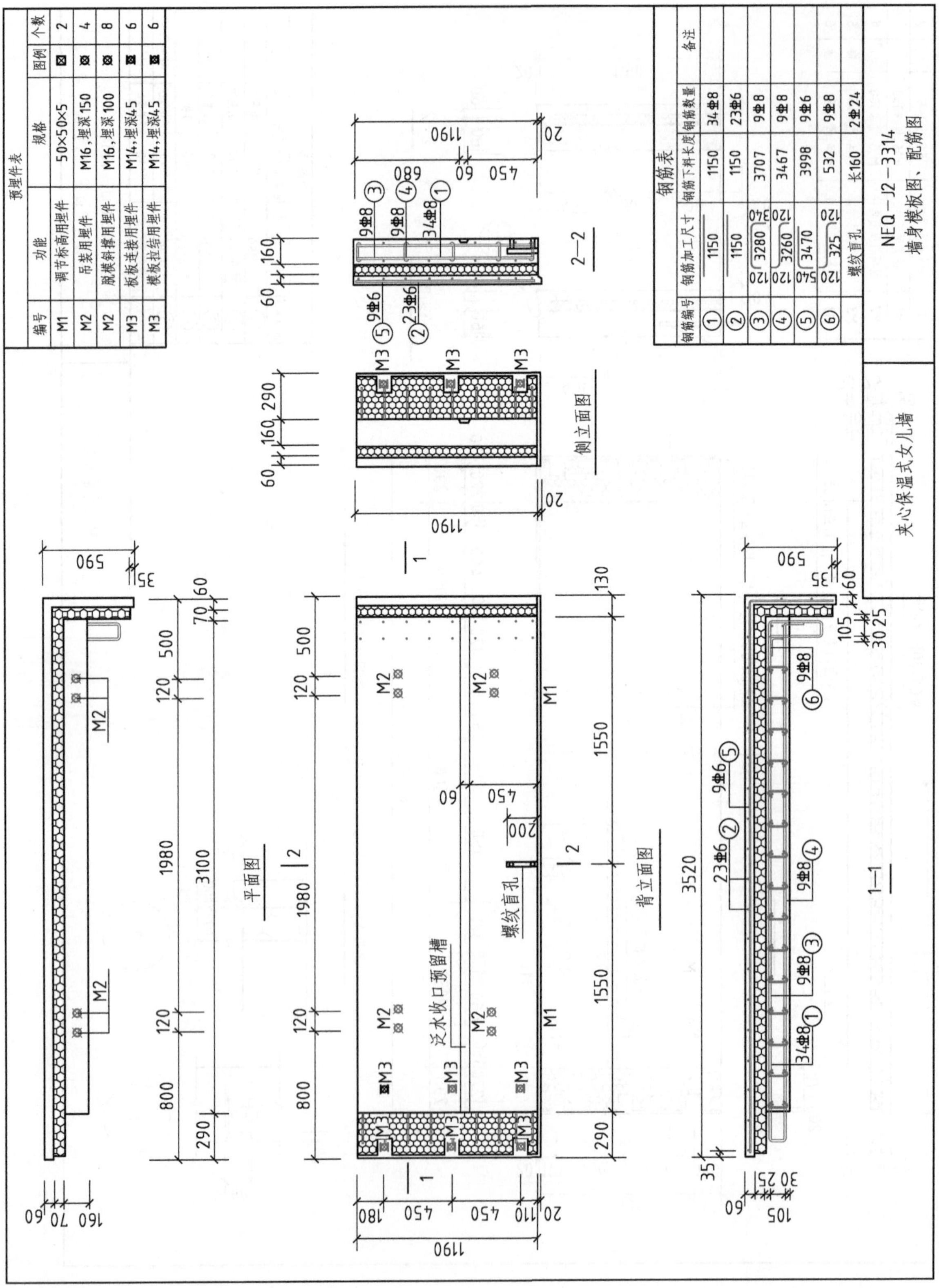

预埋件表

编号	功能	规格	图例	个数
M1	调节标高用埋件	50×50×5	⊠	2
M2	吊装用埋件	M16，埋深150	⊠	4
M2	脱模斜撑用埋件	M16，埋深100	⊠	8
M3	板板连接用埋件	M14，埋深45	▣	6
M3	模板拉结用埋件	M14，埋深45	▣	6

钢筋表

钢筋编号	钢筋加工尺寸	钢筋下料长度	钢筋数量	备注
①	1150	1150	34⌀8	
②	1150	1150	23⌀6	
③	120 3280 120 340	3707	9⌀8	
④	120 3260 120	3467	9⌀8	
⑤	540 3470	3998	9⌀6	
⑥	120 325 120	532	9⌀8	
	螺纹盲孔	长160	2⌀24	

夹心保温式女儿墙	NEQ－J2－3314 墙身模板图、配筋图

图 2-116　NEQ-J2-3314 墙身示意图

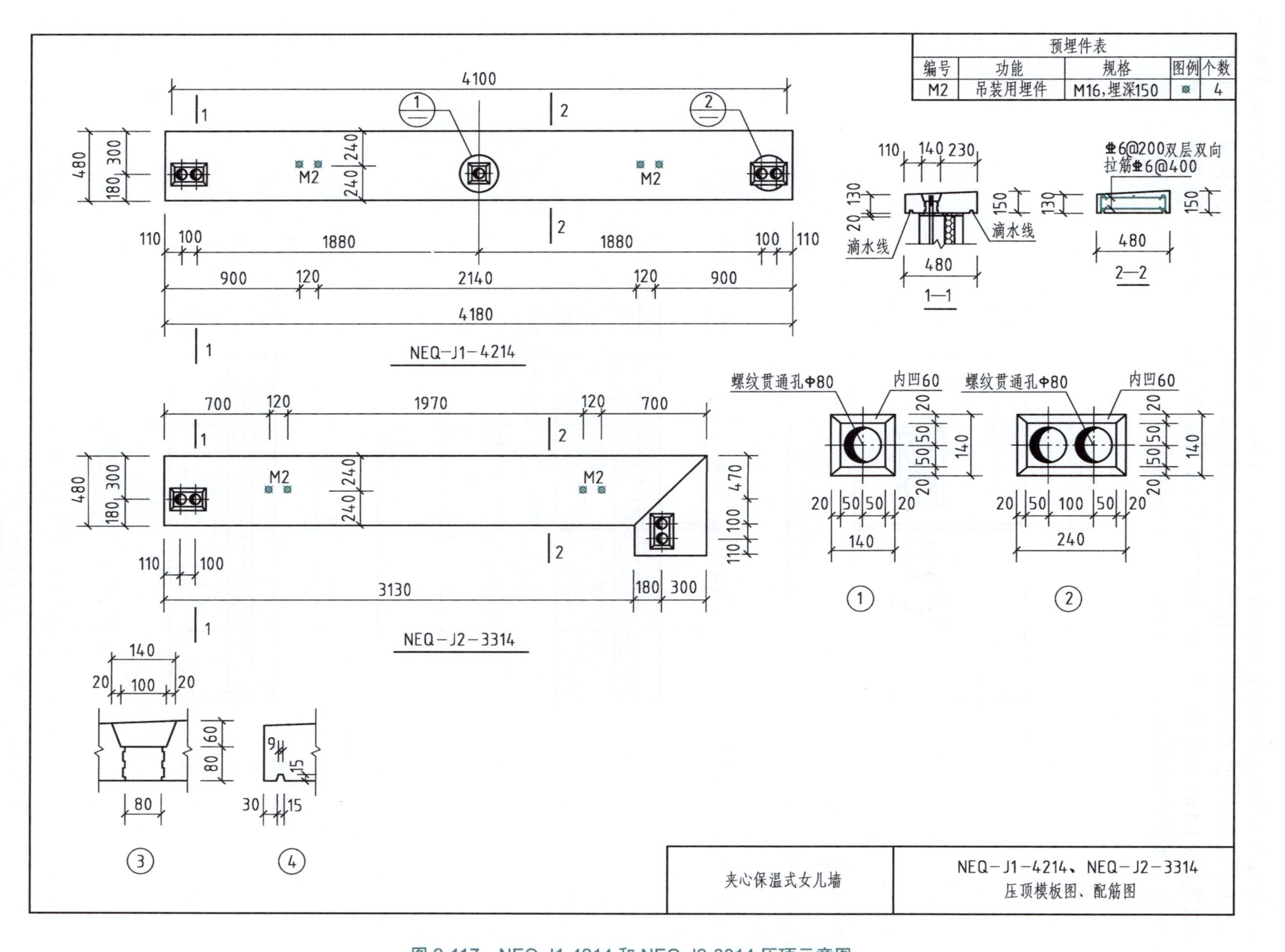

图 2-117　NEQ-J1-4214 和 NEQ-J2-3314 压顶示意图

五、连接构造

夹心保温式女儿墙连接构造主要包括墙身与屋面的连接、竖向后浇段的连接、压顶与女儿墙墙身的连接。图 2-118 为夹心保温式女儿墙直板连接（1.4m）墙身平面节点图，图 2-119 为夹心保温式女儿墙直板与转角板连接（1.4m）墙身平面节点图，图 2-120 为夹心保温式女儿墙（1.4m）连接示意图，包括墙身与屋面的连接、竖向后浇段的连接、压顶与女儿墙身的连接。

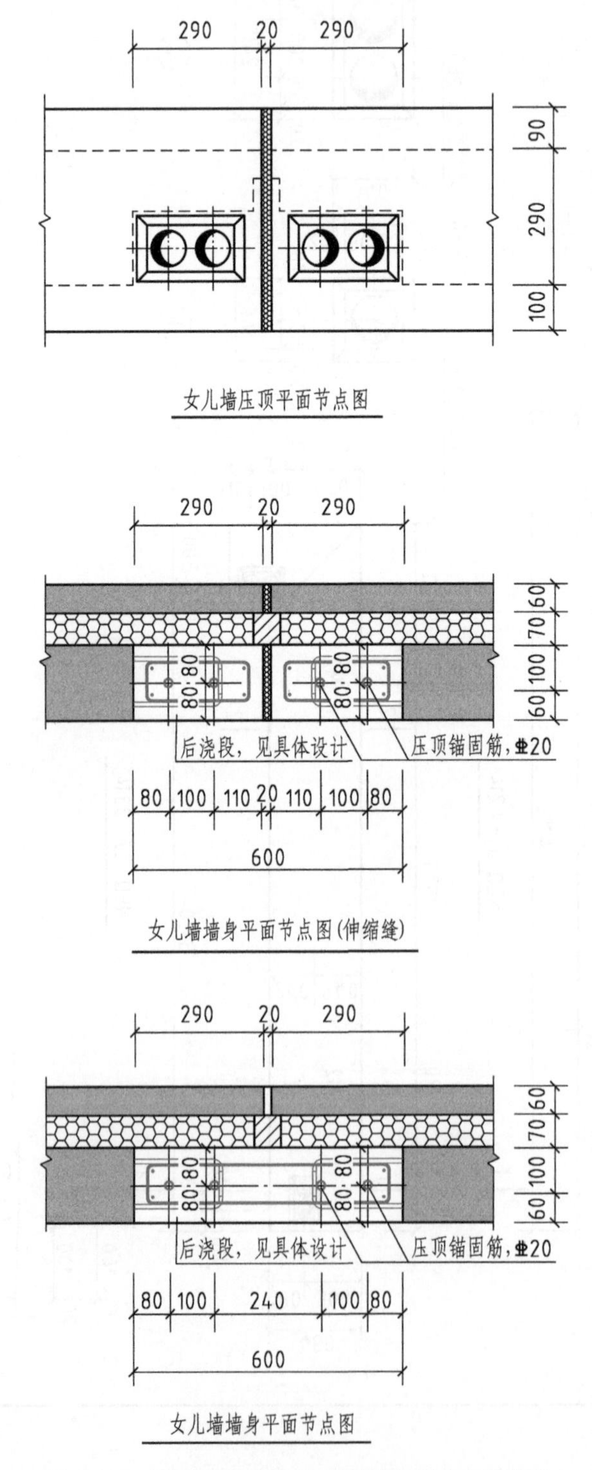

图 2-118　预制女儿墙墙身平面节点图（直板连接）

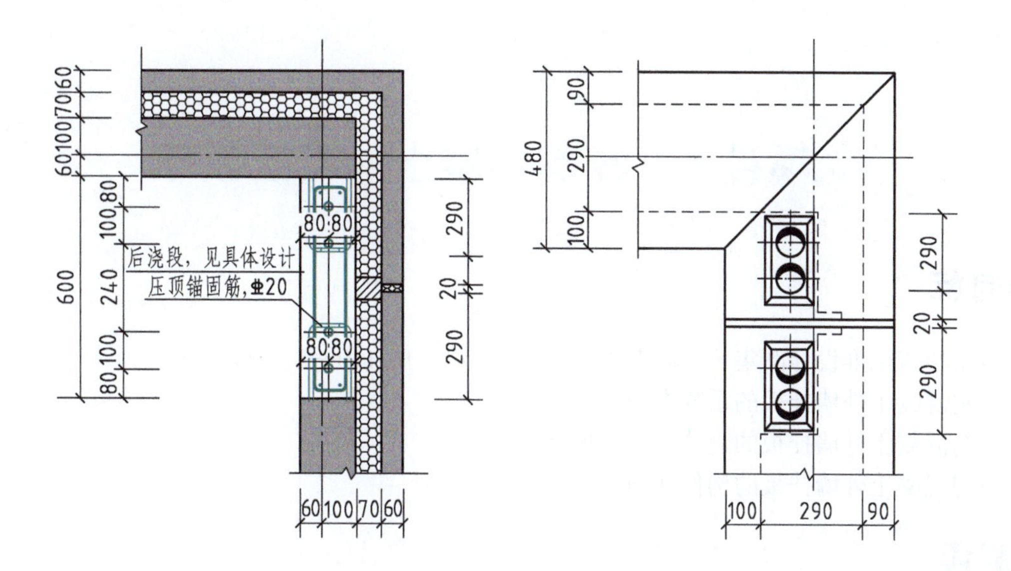

图 2-119　预制女儿墙墙身平面节点图（直板与转角板连接）

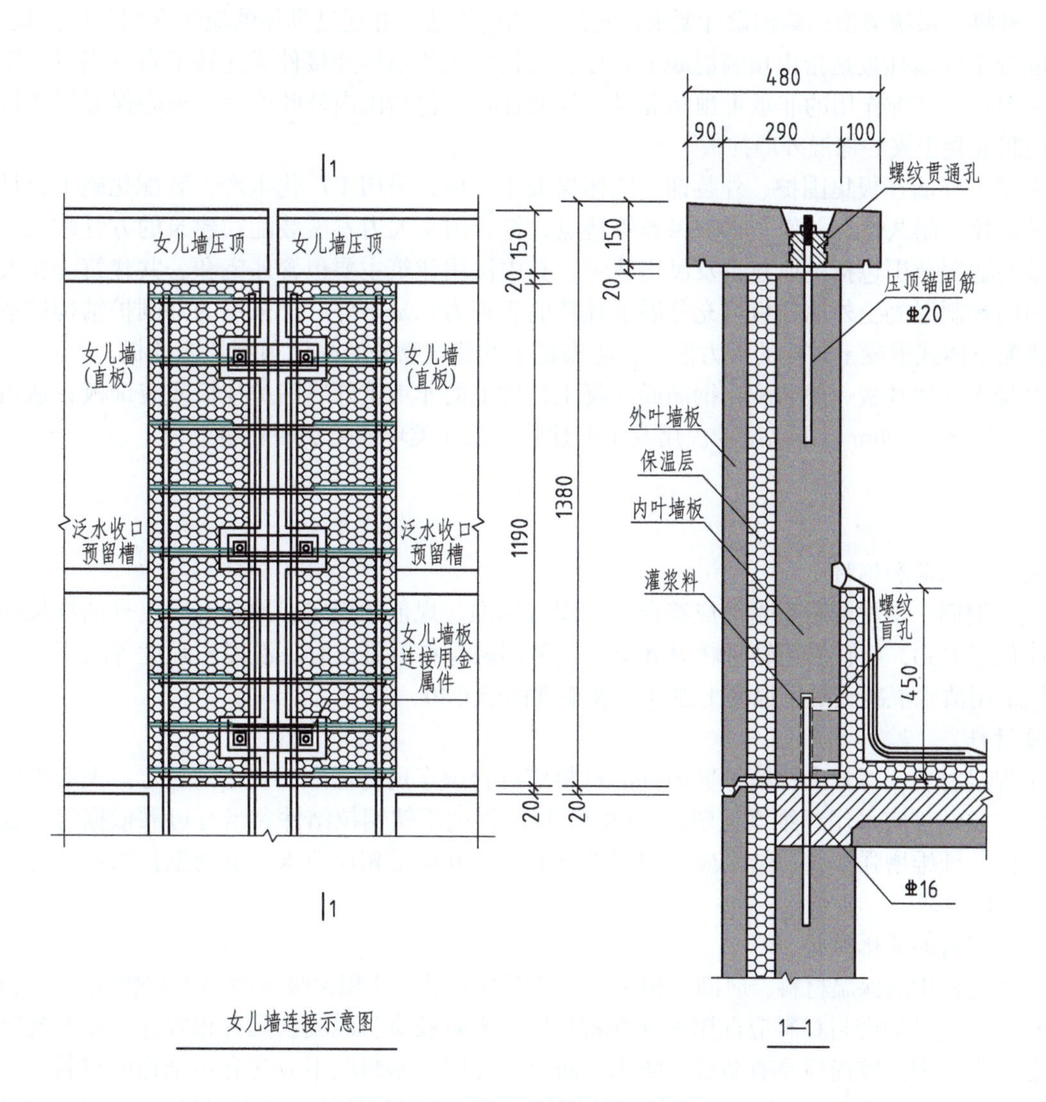

图 2-120　预制女儿墙连接示意图

项目十 预制混凝土外墙挂板

学习目标

1. 熟悉国家建筑标准设计图集《预制混凝土外墙挂板》（16J110—2、16G333）。
2. 熟悉预制混凝土外墙挂板的系统类型。
3. 熟悉预制混凝土外墙挂板的建筑、结构构造。
4. 读懂预制混凝土外墙挂板的构件详图。

知识解读

本项目主要介绍国家建筑标准设计图集《预制混凝土外墙挂板》（16J110—2、16G333）中预制混凝土外墙挂板的材料、系统类型，结构设计要求，建筑、结构构造，并通过具体的应用介绍外墙挂板施工图。

预制混凝土外墙挂板是指由预制混凝土墙板、墙板与主体结构连接件或连接节点等组成，安装在主体结构上，起围护、装饰作用的非承重预制混凝土外墙挂板，包括由内外叶墙板、夹心保温层和拉结件组成的非承重预制混凝土夹心保温外墙挂板。

预制混凝土外墙挂板集围护、外装饰、墙体保温于一体，采用工厂化生产、装配化施工，具有安装速度快、质量可控、耐久性好、便于维护保养等特点，符合国家大力发展装配式建筑的方针政策。预制混凝土外墙挂板的适用范围包括工业建筑及民用建筑，其中民用建筑主要包含住宅和公共建筑。在大型公共建筑外墙使用的预制混凝土外墙挂板可充分展示独特的表现力，是国外广泛采用的外围护结构体系，近年来随着我国装配整体式混凝土结构的大力推广，越来越多的建筑物外墙采用预制外墙挂板。

预制混凝土外墙挂板一般装配在钢筋或混凝土结构上的非承重外墙围护挂板或装饰板；适用于抗震设防烈度≤ 8 度地区，100m 以下高度的民用及工业建筑，二 a 类环境类别的外墙工程。

一、材料

1. 混凝土、钢筋和钢材

混凝土、钢筋、钢材的材料性能应符合国家现行标准、规范的规定。预制混凝土外墙挂板的混凝土强度等级不应低于 C30，且宜采用轻骨料混凝土。当采用轻骨料混凝土时，混凝土强度等级不应低于 LC30。当外墙挂板采用清水混凝土时，混凝土强度等级不宜低于 C40。

2. 连接材料

连接用焊接材料，螺栓和锚栓等紧固件的材料应符合国家现行标准、规范的规定。夹心外墙挂板中内外叶墙板间的拉结件宜采用纤维增强塑料（FRP）拉结件或不锈钢拉结件。当有可靠依据时，也可采用其他材料拉结件。纤维增强塑料拉结件应采用耐碱型 FRP，并满足相应要求。不锈钢拉结件的材料力学性能指标应满足相应要求。

3. 保温、密封和其他材料

夹心外墙挂板中的保温材料，应满足相应的导热系数要求、体积比吸水率要求和燃烧性能要求。

外墙挂板接缝处的密封材料应选用耐候性密封胶，密封胶应与混凝土具有相容性，以及规定的抗剪切和伸缩变形能力；密封胶尚应具有防霉、防水、防火等性能；密封胶不应含有污染饰面材料、金属窗框的不利添加物。夹心外墙挂板接缝处和预制外墙挂板与楼板连接接缝处填充用保温材料应满足燃烧性能要求。

外墙挂板接缝处的止水胶条性能指标应满足相应要求。

饰面砖、石材等装饰材料应有产品合格证和出厂检验报告。当采用石材时，石材厚度不宜小于25mm，单块尺寸不宜大于1200mm×1200mm或等效面积。

二、系统类型

预制混凝土外墙挂板系统应根据不同的建筑类型及结构形式选择适宜的系统类型。预制混凝土外墙挂板按照建筑外墙功能定位可分为围护挂板系统和装饰板系统，其中围护挂板系统又可按建筑立面特征划分为横条板体系、整间板体系、竖条板体系等。板型划分及设计参数要求一般应满足表2-15的规定。

表2-15　板型划分及设计参数要求

外墙立面划分		立面特征简图	挂板尺寸要求	适用范围
围护挂板系统	横条板体系	FL FL（两幅简图）	板宽 $B \leqslant 9.0$m 板高 $H \leqslant 2.5$m 板厚 δ=140~300mm	①混凝土框架结构 ②钢框架结构
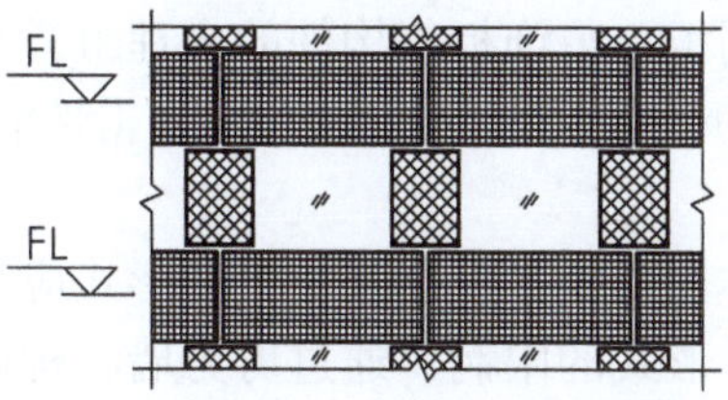	整间板体系	FL FL	板宽 $B \leqslant 6.0$m 板高 $H \leqslant 5.4$m 板厚 δ=140~240mm	
	竖条板体系	FL FL（两幅简图）	板宽 $B \leqslant 2.5$m 板高 $H \leqslant 6.0$m 板厚 δ=140~300mm	

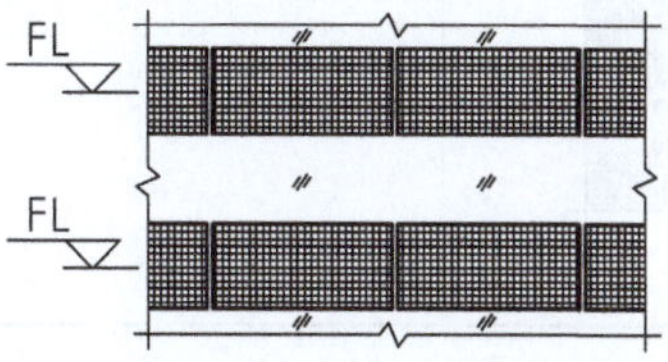

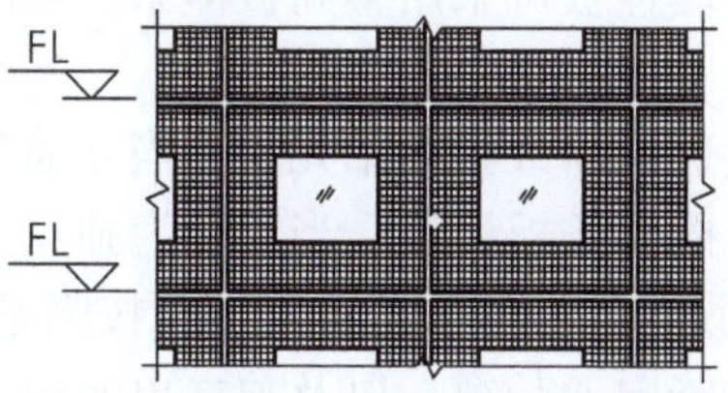

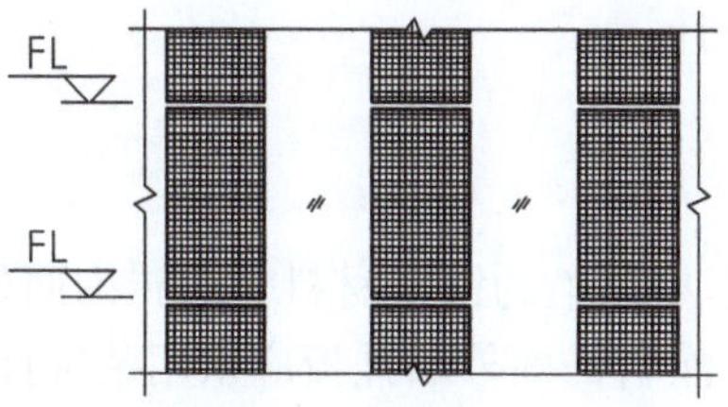

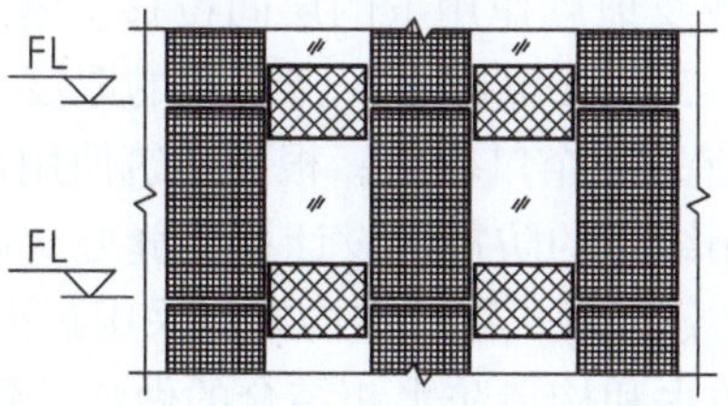

（续）

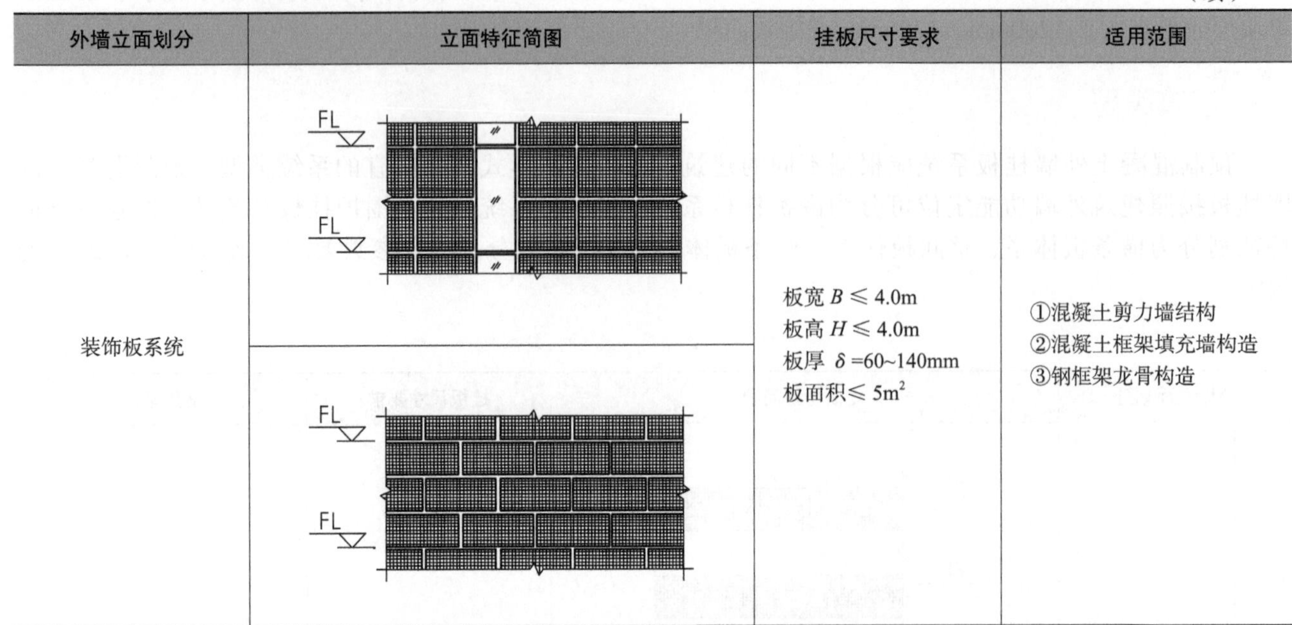

外墙立面划分	立面特征简图	挂板尺寸要求	适用范围
装饰板系统	FL FL FL FL	板宽 $B \leqslant 4.0$m 板高 $H \leqslant 4.0$m 板厚 δ =60~140mm 板面积≤ $5m^2$	①混凝土剪力墙结构 ②混凝土框架填充墙构造 ③钢框架龙骨构造

预制混凝土外墙挂板应遵循模数协调和标准化的原则，少规格多组合，充分考虑建筑立面设计、制作工艺、运输及施工安装的可行性。采用预制混凝土外墙挂板的建筑立面设计应简洁有序，避免复杂繁琐的线脚和装饰构件，应考虑外墙挂板与阳台板、空调板、装饰板等构件的合理组合。预制混凝土外墙挂板应根据所在地区的气候条件、使用功能等综合确定抗风性能、抗震性能、耐撞击性能、防火性能、水密性能、气密性能、隔声性能、热工性能和耐久性能要求。

预制混凝土外墙挂板的整间板体系、横条板体系及竖条板体系的分格形式应与建筑主体结构形式（立面开窗形式）相对应。装饰板系统可不受主体结构形式的限制，通过剪力墙、构造圈梁、二次结构等实现分板的可行性。

当建筑立面采用独立单元窗时，预制混凝土外墙挂板可采用整间板体系。整间板按照层高尺寸作为板高、开间尺寸为板宽进行设计。

预制混凝土外墙挂板横条板体系适用于横向连通长窗或独立单元窗。当立面为横向连通长窗时，以一个柱距或开间作为横条板板宽，窗户上下口的实墙按横条板设计；当立面为独立单元窗时，以一个柱距或开间作为横条板板宽，窗户上下口的实墙按横条板设计，窗两侧的墙垛单独按竖条板设计。

预制混凝土外墙挂板竖条板体系适用于横向或竖向通长窗，以及独立单元窗。当立面为横向或竖向通长窗时，以层高作为竖条板板高，窗户左右的实墙按竖条板设计；当立面为独立单元窗时，窗户左右的实墙按竖条板设计，单元窗上下口的实墙按横条板设计。

三、建筑构造

预制混凝土外墙挂板饰面应采用耐久性好、不易污染的饰面材料，面砖饰面外墙挂板和石材饰面外墙挂板应采用反打成型工艺制作，并确保黏结牢靠，涂料饰面外墙挂板应采用装饰性强、耐久性好的涂料。

预制混凝土外墙挂板的板缝、板与主体结构层间缝、门窗接缝等接缝位置宜与建筑立面分格相对应；板缝宽度应根据立面分格、极限温度变形、风荷载及地震作用下的层间位移、密封材料最大拉伸 - 压缩变形量及施工安装误差等因素综合确定，且宜在 10~30mm 范围内，密封胶的厚度应按缝宽的 1/2 且不小于 8mm 设计；竖缝宜采用平口或槽口构造，水平缝宜采用企口构造；根据建筑使用环境和使用年限要求，接缝处合理选用构造防水、材料防水及缝导管排水相结合的防排水设计；接缝处应设置防止形成热桥的构造措施。接缝宜避免跨越防火分区；当接缝跨越防火分区时，接缝室内侧应采用耐火材料封堵。

预制混凝土外墙挂板应采用不少于一道材料防水和构造防水相结合的做法。建筑高度在 50m 以下的建筑，外挂板板缝可采用一道材料防水和构造防水结合的做法；建筑高度在50m以上的建筑，外挂板板缝应采用两道材料防水和构造防水结合的做法。装饰板采用开缝设计时，挂板内侧应设置完整的防水层，并在可能渗入雨水或形成冷凝水的部位设置导、排水装置或构造。当板缝空腔需设置导水管排水时，板缝内侧应增设气密条密封构造。

此外，预制混凝土外墙挂板还应满足热工和防火设计要求。

四、结构设计要求

在正常使用状态下，预制混凝土外墙挂板应具有良好的工作性能。外墙挂板本身必须具有足够的承载能力和变形能力，避免在风荷载作用下破坏或脱落。支承外墙挂板的主体结构构件，应满足节点连接件的锚固要求，具有足够的承载力和刚度。

外墙挂板在多遇地震作用下应能正常使用；在设防烈度地震作用下经修理后应仍可使用；在预估的罕遇地震作用下不应整体脱落。使用功能或其他方面有特殊要求的建筑，可设置更具体或更高的抗震设防目标。

外墙挂板不应跨越主体结构的变形缝。主体结构变形缝两侧，外墙挂板的构造缝应能适应主体结构的变形要求，构造缝宜采用柔性连接设计或滑动型连接设计，并宜采取易于修复的构造措施。

外墙挂板和连接节点设计时应考虑外墙挂板的自重、施工荷载、风荷载、地震作用、温度作用，以及主体结构变形的影响。对持久设计状况，应对外墙挂板和连接节点进行承载力验算，并对外墙挂板进行变形验算和裂缝验算。对地震设计状况，应对外墙挂板和连接节点进行承载力验算。

五、结构构造

外墙挂板的选型和布置应根据建筑立面造型、主体结构层间变形要求、楼层高度、节点连接形式、温度变化、接缝构造、运输限制条件和现场起吊能力等因素综合确定。

外墙挂板的厚度不宜小于100mm，宜采用双层双向配筋，竖向和水平钢筋的配筋率均不应小于0.15%，且钢筋直径不宜小于5mm，间距不宜大于200mm。

混凝土外墙挂板最外层钢筋的混凝土保护层厚度除有专门要求外，应符合下列规定：对石材或面砖饰面，不应小于15mm；对清水混凝土或装饰外墙硬座涂装保护，不应小于20mm；对露骨料装饰面，应从最凹处混凝土表面计起，且不应小于20mm。

夹心保温外墙挂板的外叶墙板的厚度不宜小于60mm，内叶墙板的厚度不宜小于90mm，且应满足与主体结构连接件的锚固要求；保温材料的厚度不宜小于30mm，且不宜大于100mm；内叶墙板宜采用双层双向配筋，竖向和水平钢筋的配筋率均不应小于0.15%，且钢筋直径不宜小于5mm，间距不宜大于200mm。外叶墙板内应配置单层双向钢筋网片，钢筋直径不宜小于4mm，钢筋间距不宜大于150mm。

夹心外墙挂板中，内外叶墙体之间的拉结件应符合下列规定：金属及非金属材料拉结件均应满足承载力、变形和耐久性要求，并应通过试验验证；拉结件应满足夹心混凝土外墙挂板的节能设计要求；拉结件应满足防腐、防火设计要求；连接件在墙板内的锚固应满足受力要求，且锚固长度不宜小于30mm，其端部距墙板表面距离不宜小于25mm；夹心外墙挂板的内、外叶墙板之间应设置防塌落措施。

当混凝土外墙挂板有门窗洞口时，应沿洞口周边、角部配置加强钢筋；洞边加强钢筋不应少于2根，直径不应小于12mm；洞口角部加强斜筋不应少于2根，直径不应小于12mm。

六、连接节点构造

外墙挂板与主体结构连接节点处的预埋件应在预制构件和主体结构混凝土施工时埋入，不得采用后锚固的方法。预埋件应采取可靠的防腐、防锈和防火措施。

外墙挂板与主体结构的连接节点宜选用柔性连接的点支承节点，也可采用一边固定的线支承节点；预埋件承载力设计值应大于连接件承载力设计值；连接节点的预埋件、吊装用预埋件，以及用于临时支撑的预埋件均宜分别设置，不宜兼用。

（一）点支承方式

目前，在部分国家和地区，外墙挂板与主体结构的连接节点主要采用柔性连接的点支承方式。

点支承的外墙挂板可区分为平移式外墙挂板（图 2-121a）和旋转式外墙挂板（图 2-121b）两种形式。它们与主体结构的连接节点，又可以分为承重节点和非承重节点两类。

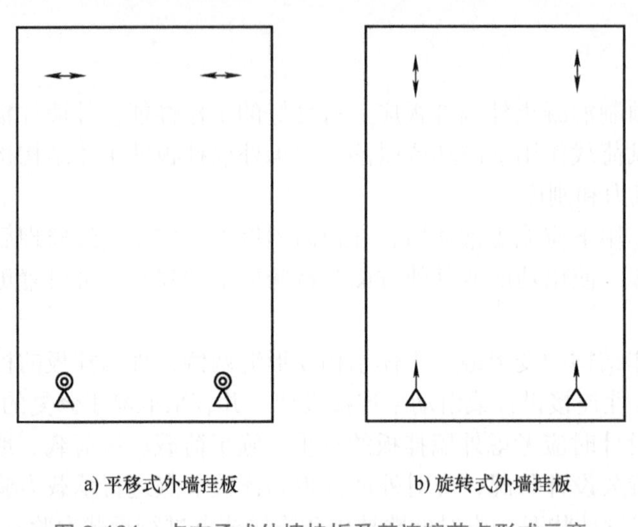

图 2-121　点支承式外墙挂板及其连接节点形式示意

可水平滑动　承重铰支节点　可竖向滑动　承重可向上滑动

一般情况下，外墙挂板与主体结构的连接宜设置 4 个支承点：当下部两个为承重节点时，上部两个宜为非承重节点；相反，当上部两个为承重节点时，下部两个宜为非承重节点。应注意，平移式外墙挂板与旋转式外墙挂板的承重节点和非承重节点的受力状态和构造要求是不同的，因此设计要求也是不同的。

根据工程实践经验，点支承的连接节点一般在连接件和预埋件之间设置带有长圆孔的滑移垫片，形成平面内可滑移的支座。当外墙挂板相对于主体结构可能产生转动时，长圆孔宜按垂直方向设置；当外墙挂板相对于主体结构可能产生平动时，长圆孔宜按水平方向设置。

（二）线支承方式

一边固定的线支承方式在我国部分地区有所应用，但这方面的科研成果偏少，规范优先推荐柔性连接的点支承做法。

外墙挂板与主体结构采用线支承连接节点示意如图 2-122 所示，外墙挂板顶部与梁连接，且固定连接区段应避开梁端 1.5 倍梁高长度范围；外墙挂板与梁的结合面应采用粗糙面并设置键槽；接缝处应设置连接钢筋，连接钢筋数量应经过计算确定，且钢筋直径不宜小于 10mm，间距不宜大于 200mm；连接钢筋在外墙挂板和楼面梁后浇混凝土中锚固；外墙挂板的底端应设置不少于 2 个仅对墙板有平面外约束的连接节点；外墙挂板的两侧不应与主体结构连接。

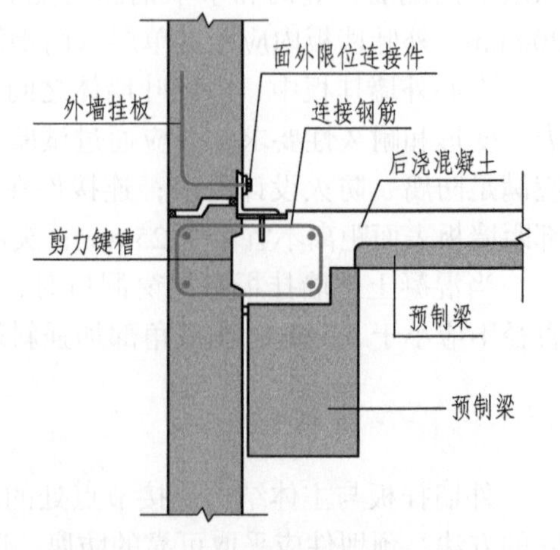

图 2-122　外墙挂板线支承连接示意

七、详图

预制横条板详图如图 2-123~ 图 2-126 所示，包括模板图、配筋图、连接图和大样图。预制装饰板详图如图 2-127~ 图 2-130 所示，包括模板图、配筋图、连接图和大样图。

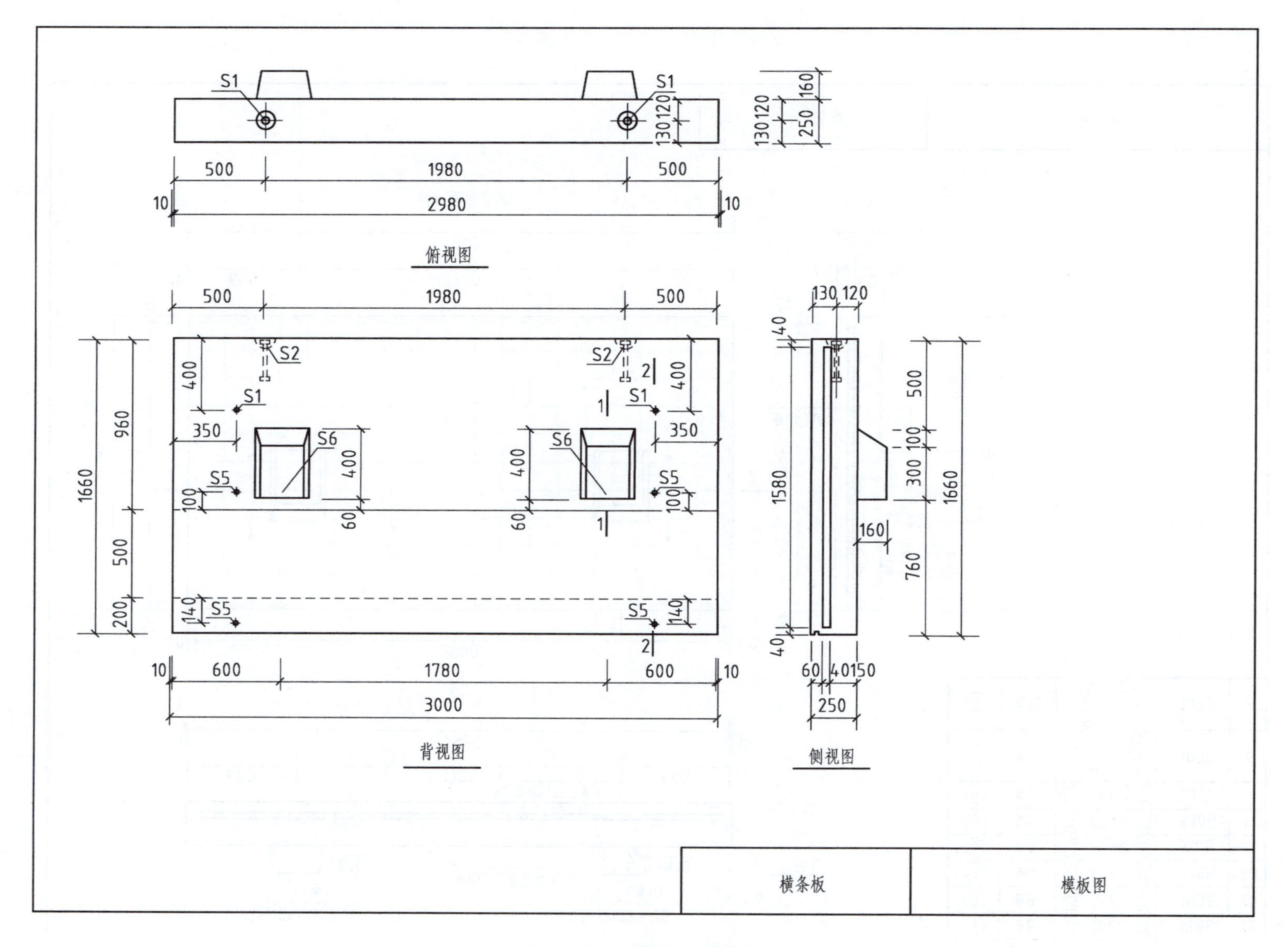

图 2-123　预制横条板模板图

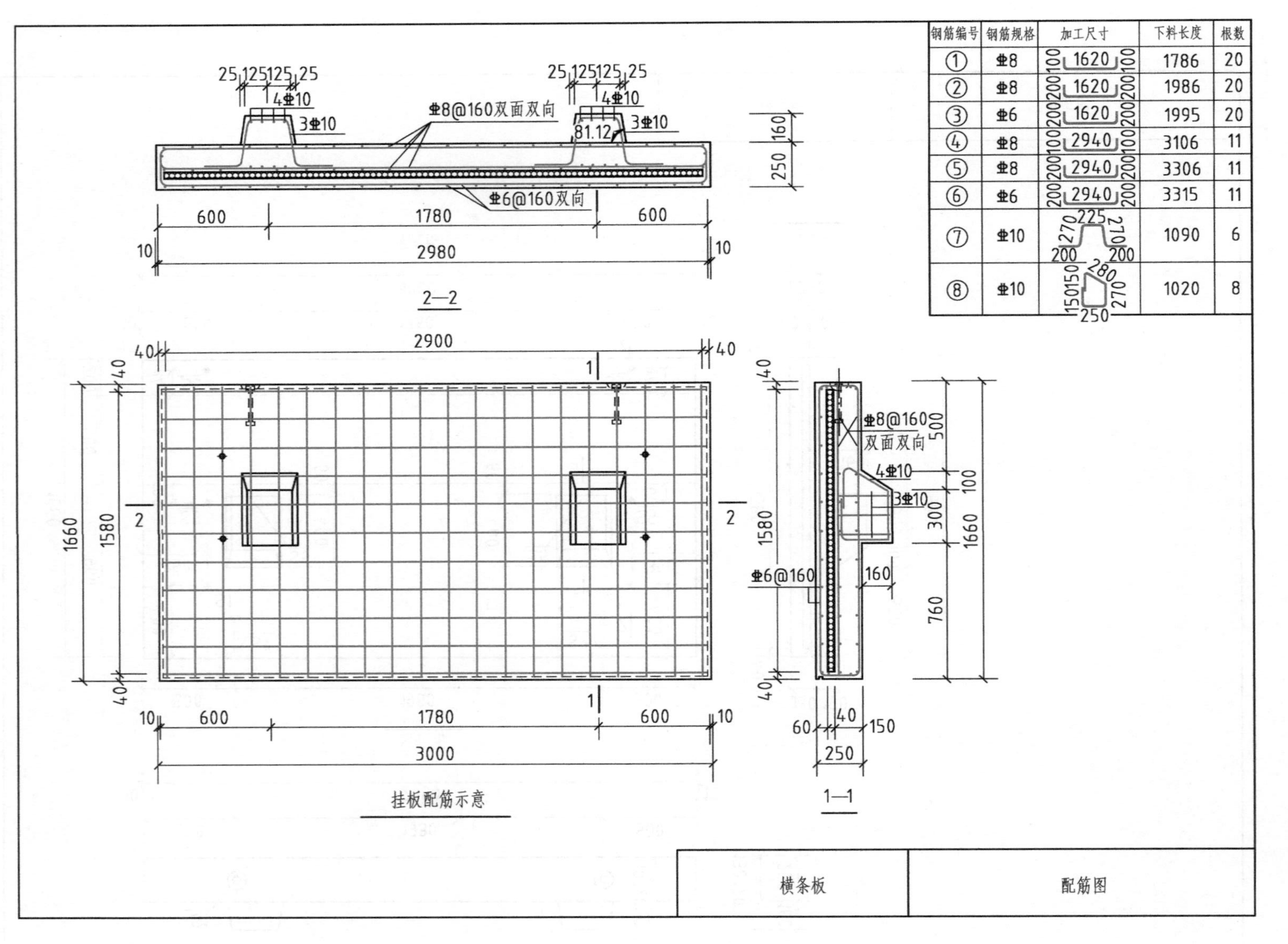

钢筋编号	钢筋规格	加工尺寸	下料长度	根数
①	⌀8	100 1620 100	1786	20
②	⌀8	200 1620 200	1986	20
③	⌀6	200 1620 200	1995	20
④	⌀8	100 2940 100	3106	11
⑤	⌀8	200 2940 200	3306	11
⑥	⌀6	200 2940 200	3315	11
⑦	⌀10	270 225 270 200 200	1090	6
⑧	⌀10	150 150 280 270 250	1020	8

图 2-124 预制横条板配筋图

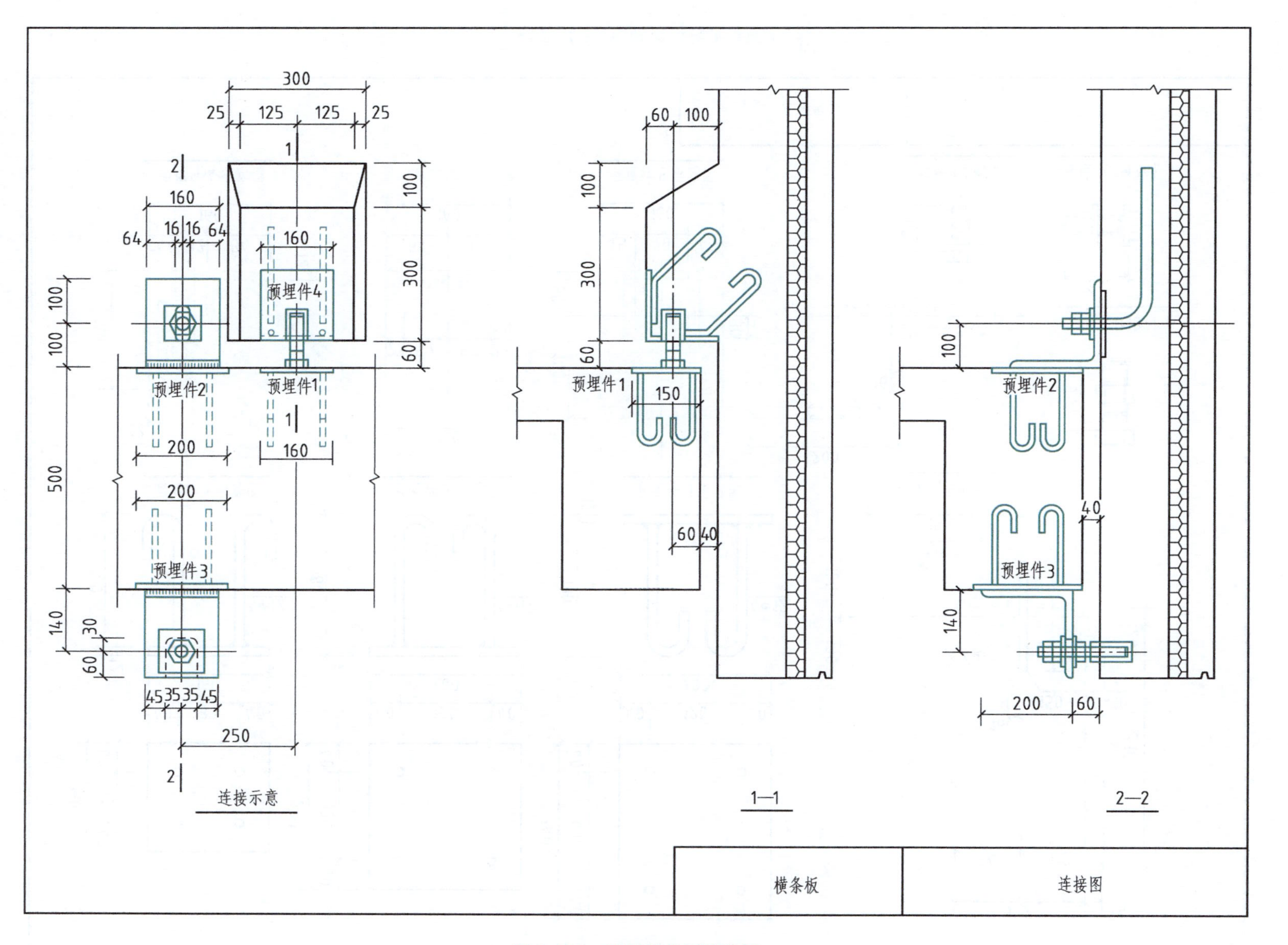

图 2-125　预制横条板连接图

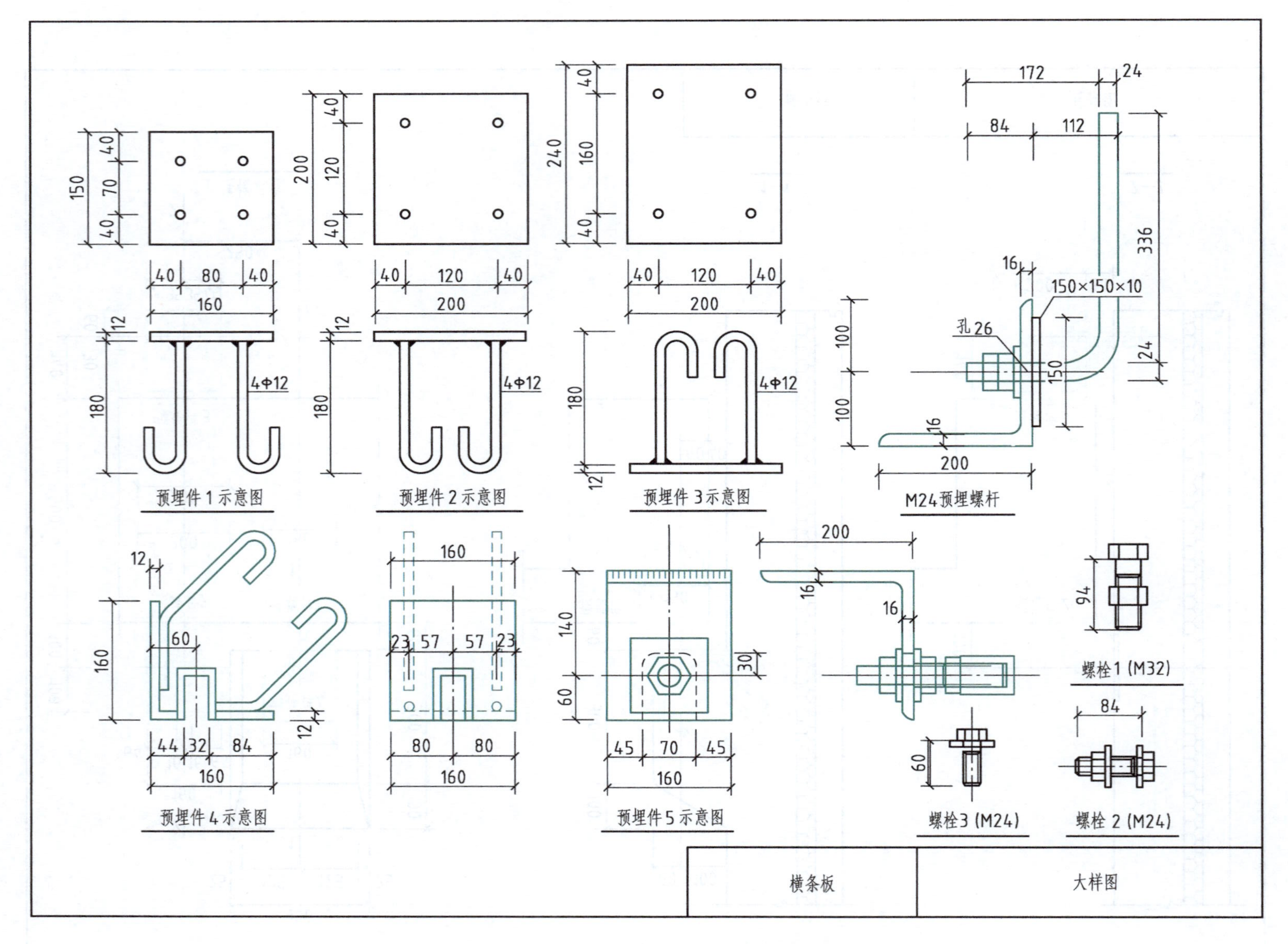

图 2-126 预制横条板大样图

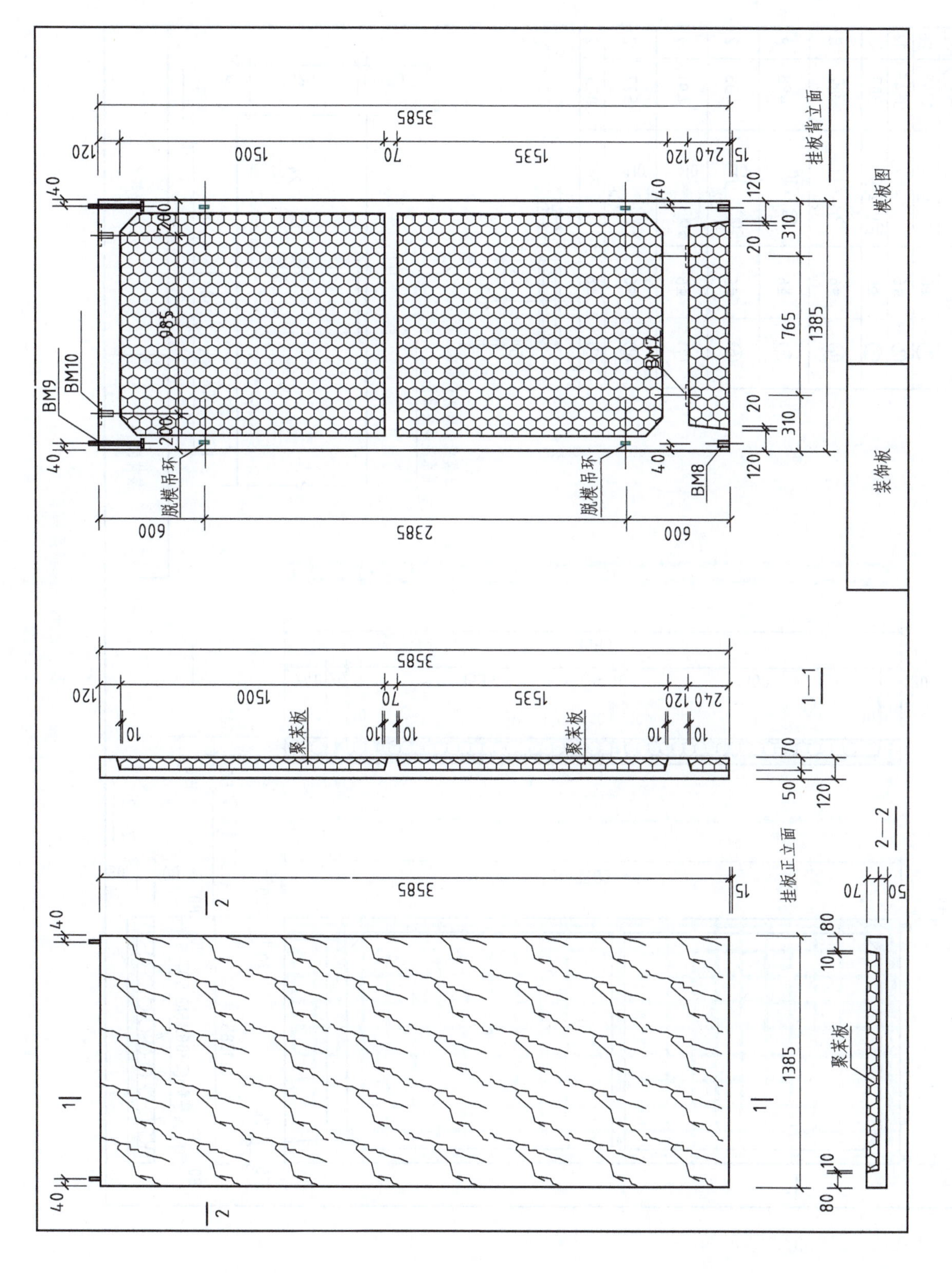

图 2-127　预制装饰板模板图

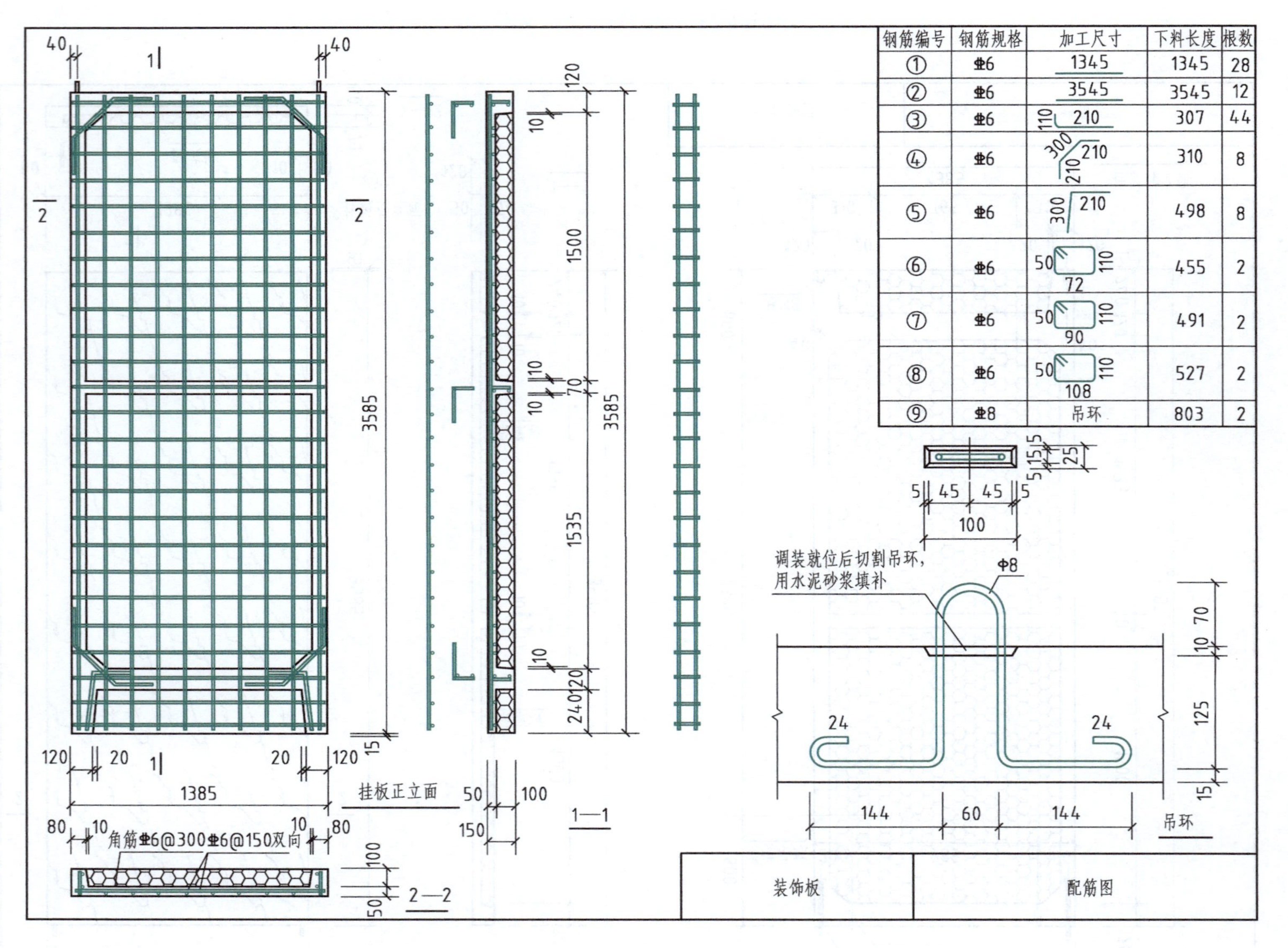

钢筋编号	钢筋规格	加工尺寸	下料长度	根数
①	Φ6	1345	1345	28
②	Φ6	3545	3545	12
③	Φ6	110, 210	307	44
④	Φ6	300, 210, 210	310	8
⑤	Φ6	300, 210	498	8
⑥	Φ6	50, 110, 72	455	2
⑦	Φ6	50, 110, 90	491	2
⑧	Φ6	50, 110, 108	527	2
⑨	Φ8	吊环	803	2

图 2-128 预制装饰板配筋图

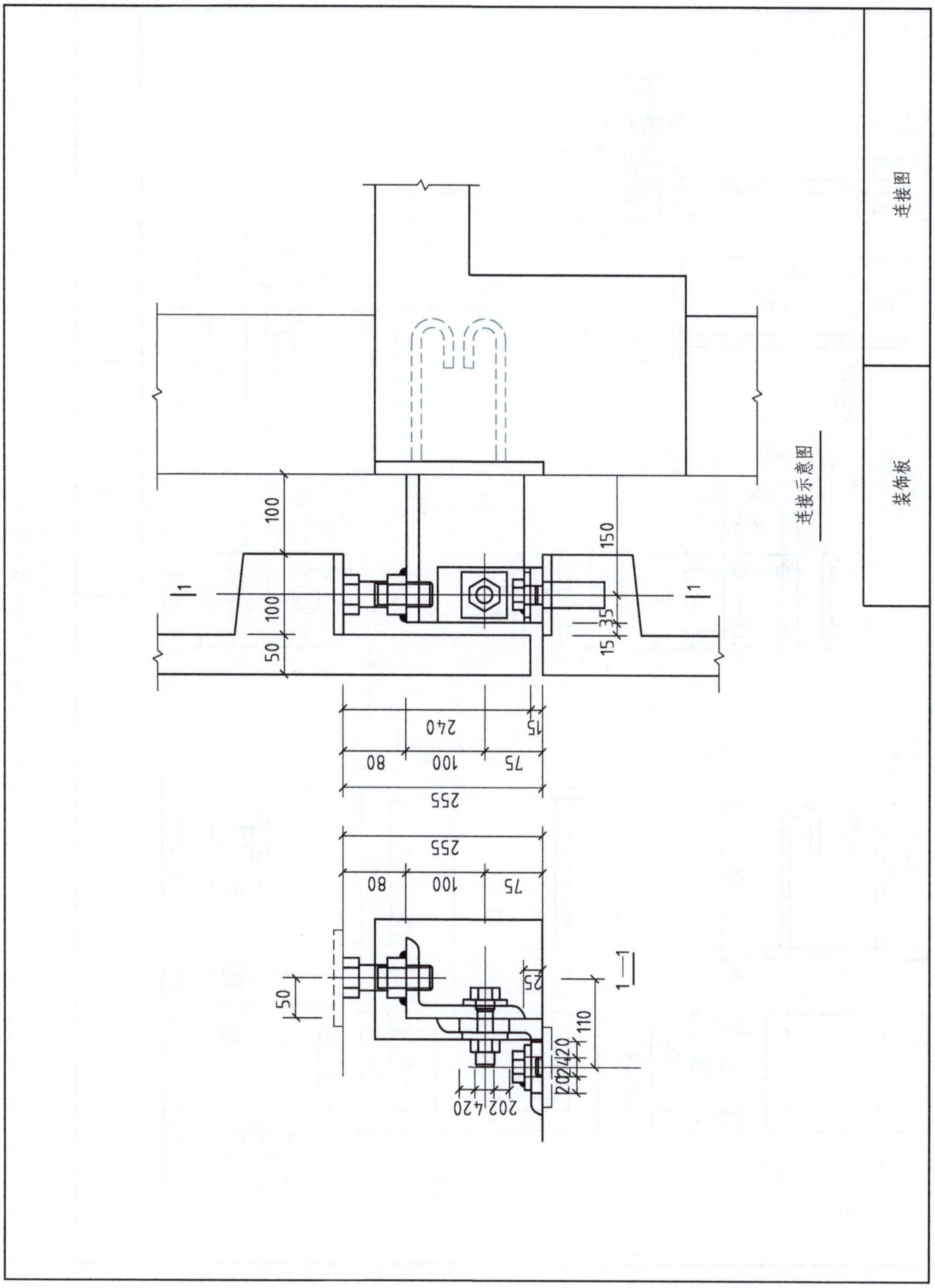

图 2-129　预制装饰板连接图

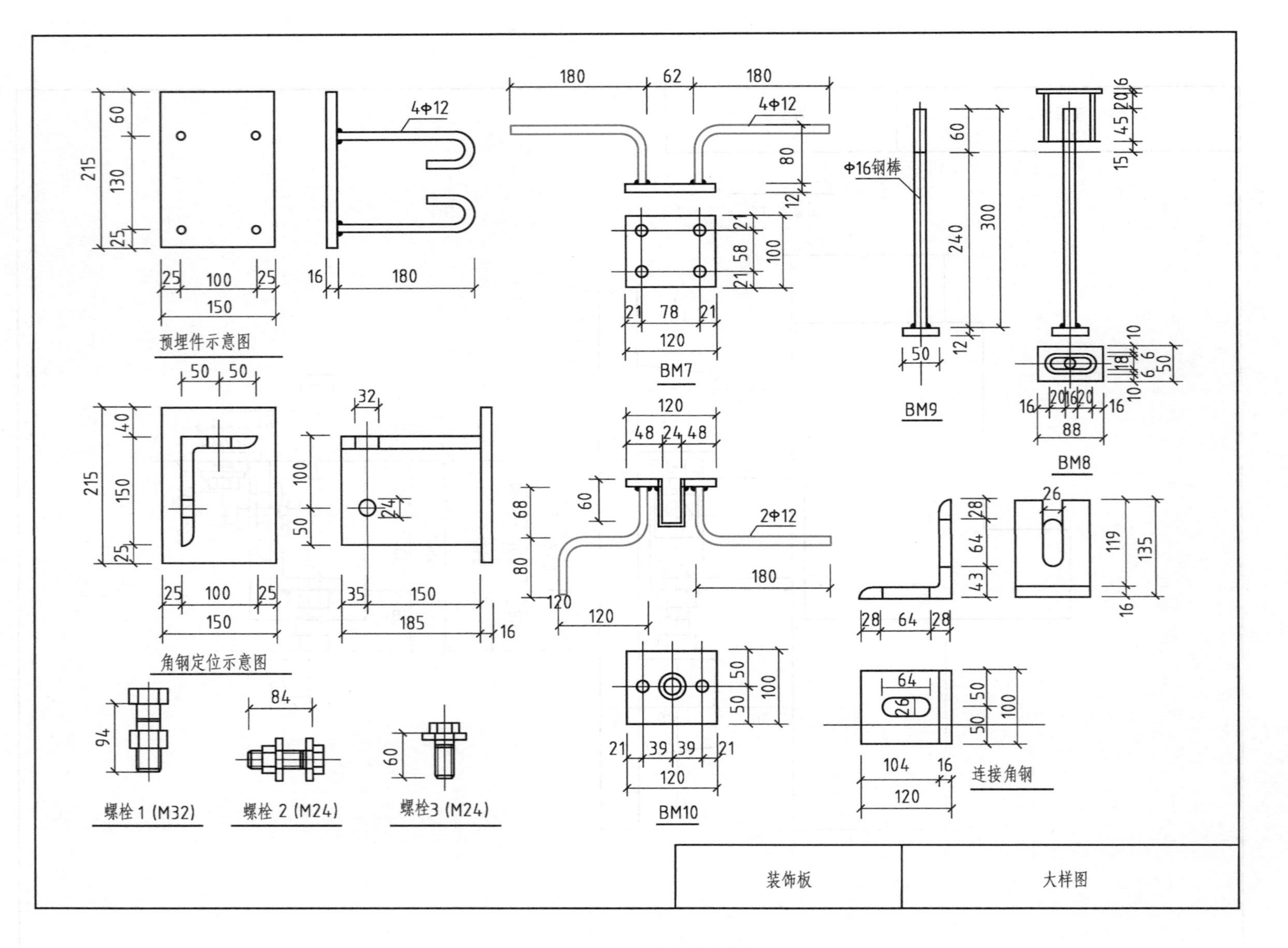

图 2-130　预制装饰板大样图

单元小结

装配式混凝土构件的构造要求与现浇混凝土结构基本相同，但也应注意到不同之处。如采用工厂化生产的构件，当有充分依据时，可适当减少混凝土保护层厚度；当采用锚固板、机械连接接头、灌浆套筒连接接头时，往往是锚固板、机械连接接头、灌浆套筒连接接头处的保护层起控制作用；钢筋间距同样需满足锚固板、机械连接接头、灌浆套筒连接接头处的间距要求。预制构件工厂化生产，常采用焊接箍筋。钢筋的锚固和连接要求与现浇混凝土结构相同。预制混凝土构件绘图时，所采用的图例与现浇混凝土结构稍有区别，要熟悉绘图方法。

本单元介绍了预制柱、叠合梁、预制剪力墙、桁架钢筋混凝土叠合板、预制楼梯、预制阳台板、预制空调板、预制女儿墙、预制外墙挂板等预制构件的规格、编号、选用方法、构造详图，以及连接节点构造要求，应结合相关图集，熟悉各种构件的制作详图与连接构造详图。

复习思考题

1. 预制混凝土梁、柱的保护层厚度如何确定？预制混凝土墙、板的混凝土保护层厚度如何确定？
2. 锚固板、机械连接接头、灌浆套筒连接接头处的保护层厚度是多少？
3. 板、梁、柱的钢筋净距要求是多少？
4. 简述预制混凝土构件中钢筋锚固与连接的要求。
5. 简述预制混凝土构件中箍筋和拉筋的制作要求。
6. 预制柱的纵筋布置有哪两种形式？
7. 预制柱的预埋件主要有哪些？
8. 试说明预制柱的键槽与粗糙面设置。
9. 试说明预制柱的钢筋连接。
10. 预制梁的截面有哪些形式？
11. 试说明预制梁的顶面和端面构造。
12. 试说明预制梁的钢筋连接构造。
13. 预制剪力墙外墙板包括哪些构造层次？内叶墙板与外叶墙板如何连接？
14. 简述预制剪力墙外墙板的内叶墙板和预制剪力墙内墙板的钢筋构造。
15. 简述预制剪力墙开洞的构造要求。
16. 简述预制剪力墙墙梁上开洞的钢筋构造要求。
17. 简述预制剪力墙与后浇混凝土结合面要求。
18. 说明预制剪力墙外墙板的内叶墙板和外叶墙板的编号规则。
19. 说明预制剪力墙外墙板的选用方法。
20. 说明预制剪力墙内墙板的编号规则。
21. 说明预制剪力墙内墙板的选用方法。
22. 说明预制剪力墙的钢筋连接构造要求。
23. 桁架钢筋混凝土叠合板有几种形式？
24. 说明桁架钢筋混凝土叠合板的编号规则。
25. 说明桁架钢筋混凝土叠合板的布置方法。
26. 简述桁架钢筋混凝土叠合板的连接构造。
27. 预制楼梯有几种形式？
28. 说明预制楼梯的编号规则。
29. 说明预制楼梯的选用方法。

30. 绘图表达预制楼梯的连接构造。
31. 预制阳台板有几种形式?
32. 说明预制阳台板的编号规则。
33. 说明预制阳台板的选用方法。
34. 绘图表达预制阳台板的连接构造。
35. 预制空调板有几种形式?
36. 说明预制空调板的编号规则。
37. 说明预制空调板的选用方法。
38. 绘图表达预制空调板的连接构造。
39. 预制女儿墙有几种主要构件?
40. 说明预制女儿墙的几种主要构件的编号规则。
41. 简要说明预制女儿墙的选用方法。
42. 绘图表达女儿墙的连接构造。
43. 预制混凝土外墙挂板有哪些系统类型?
44. 简要说明混凝土外墙挂板的两种连接构造方法。

单元三

识读建筑施工图

学习思路

装配式混凝土结构体系主要有装配整体式框架结构和装配整体式剪力墙结构，装配整体式框架结构多应用于学校、医院、办公等多层公共建筑，装配整体式剪力墙结构多应用于多高层住宅建筑。此外，装配整体式框架－现浇剪力墙结构、装配整体式框架－现浇核心筒结构往往应用于高层建筑。本单元重点介绍装配式剪力墙住宅建筑施工图识读，并对装配式框架建筑施工图做简要介绍，其他结构形式的建筑施工图表达可参考这两种结构形式。

能力目标与知识要点

能力目标	知识要点
了解装配式混凝土建筑设计方法与设计流程	（1）总平面设计 （2）平面设计 （3）立面设计 （4）预制构件设计 （5）构造节点设计 （6）集成设计 （7）SI 住宅体系
熟悉装配式混凝土建筑设计专项说明	（1）装配式建筑设计概况 （2）总平面设计 （3）建筑设计 （4）预制构件设计 （5）一体化装修设计 （6）节能设计要点
识读装配式混凝土剪力墙结构住宅建筑施工图	（1）总平面图 （2）建筑平面图 （3）立面图与立面详图 （4）剖面图 （5）套型平面详图与套型设备点位综合详图 （6）楼电梯详图 （7）阳台、空调板大样图 （8）厨房、卫生间大样图 （9）墙身大样图 （10）构件尺寸控制图 （11）BIM 模型图
识读装配式混凝土框架结构建筑施工图	（1）楼层平面图 （2）屋顶平面图 （3）立面图 （4）剖面图 （5）其他图纸

知识预习

装配式混凝土结构住宅建设流程

装配式混凝土结构可分为装配式剪力墙结构、装配式框架结构等体系。考虑到建筑经济性、空间的适应性、土地的利用率等因素，目前国内应用最多的是装配式混凝土剪力墙结构住宅。

装配式混凝土剪力墙结构住宅建筑设计应考虑实现标准化设计、工厂化生产、装配化施工、一体化装修和信息化管理，全面提升住宅品质，降低住宅建造和维护的成本。与采用现浇混凝土剪力墙结构住宅的建设流程相比，装配式混凝土剪力墙结构住宅的建设流程更全面、更精细、更综合，增加了技术策划、工厂生产、一体化装修等过程，两者的差异如图 3-1 和图 3-2 所示。

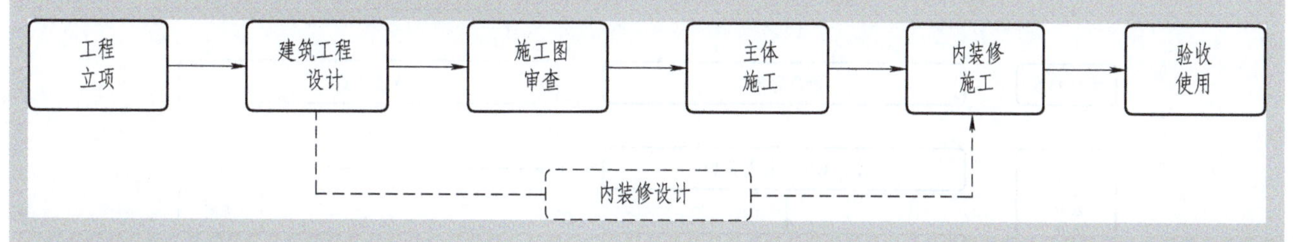

图 3-1　现浇式建筑建设流程参考图

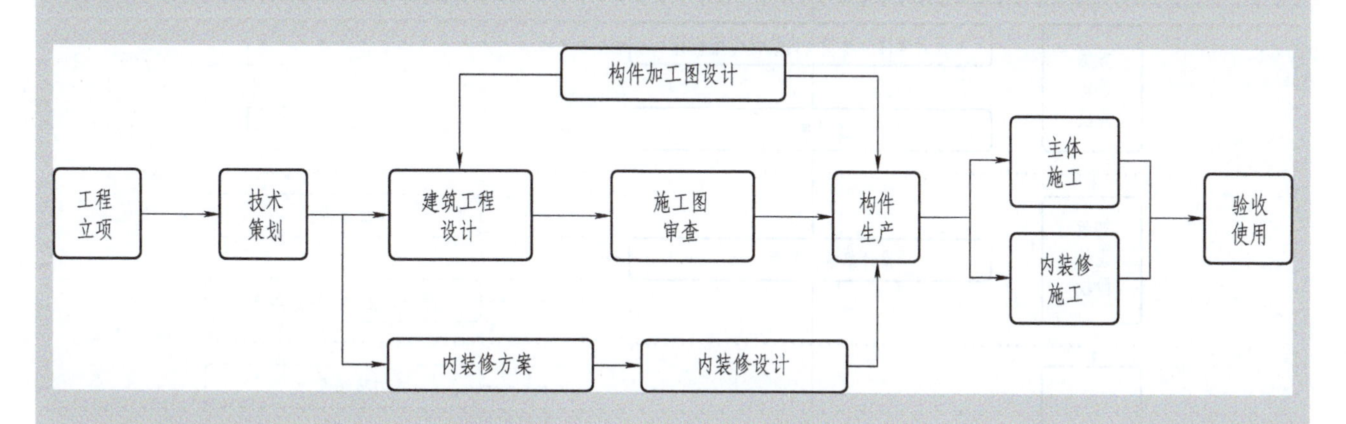

图 3-2　装配式建筑建设流程参考图

影响装配式混凝土剪力墙结构住宅实施的因素有技术水平、生产工艺、生产能力、运输条件、管理水平、建设周期等。在项目前期技术策划中应根据产业化目标、工艺水平和施工能力以及经济性等要求确定适宜的预制率。预制率在装配式建筑中是比较重要的控制性指标。装配式混凝土剪力墙结构住宅的建筑设计，应在满足住宅使用功能的前提下，实现住宅套型的标准化设计，以提高构件与部品的重复使用率，降低造价。

在装配式混凝土剪力墙结构住宅的建设流程中，需要建设、设计、生产、施工和管理等单位精心配合，协同工作。在方案设计阶段之前应增加前期技术策划环节，为配合预制构件的生产加工，增加预制构件加工图纸设计内容。装配式混凝土剪力墙结构住宅设计流程可参考图 3-3。

在装配式混凝土剪力墙结构住宅设计中，前期技术策划对项目的实施起到十分重要的作用，设计单位应在充分了解项目定位、建设规模、产业化目标、成本限额、外部条件等影响因素后，制定合理的建筑设计方案，提高预制构件的标准化程度，并与建设单位共同确定技术实施方案，为后续的设计工作提供依据。

在方案设计阶段应根据技术策划要点做好平面设计和立面设计。平面设计在保证满足使用功能的基础上，实现住宅套型设计的标准化与系列化，遵循“少规格、多组合”的设计原则，立面设计宜考虑构件生产加工的可能性，根据装配式建造方式的特点实现立面的个性化和多样化。

初步设计阶段应根据各专业的技术要求进行协同设计。优化预制构件种类，充分考虑设备专业管线预留预埋，可进行专项的经济性评估，分析影响成本的因素，制定合理的技术措施。

施工图设计阶段应按照各专业在初步设计阶段制定的协同设计条件开展工作。各专业根据预制构件、内装部品、设备设施等生产企业提供的设计参数，在施工图中充分考虑各专业预留预埋要求。建筑专业还应考虑连接节点处的防水、防火、隔声等设计。

建筑专业可根据工程需要为构件加工图设计提供预制构件尺寸控制图，构件加工图可由设计单位与预制构件生产企业等配合完成。建筑设计可采用BIM技术，协同完成各专业设计内容，提高设计精确度。

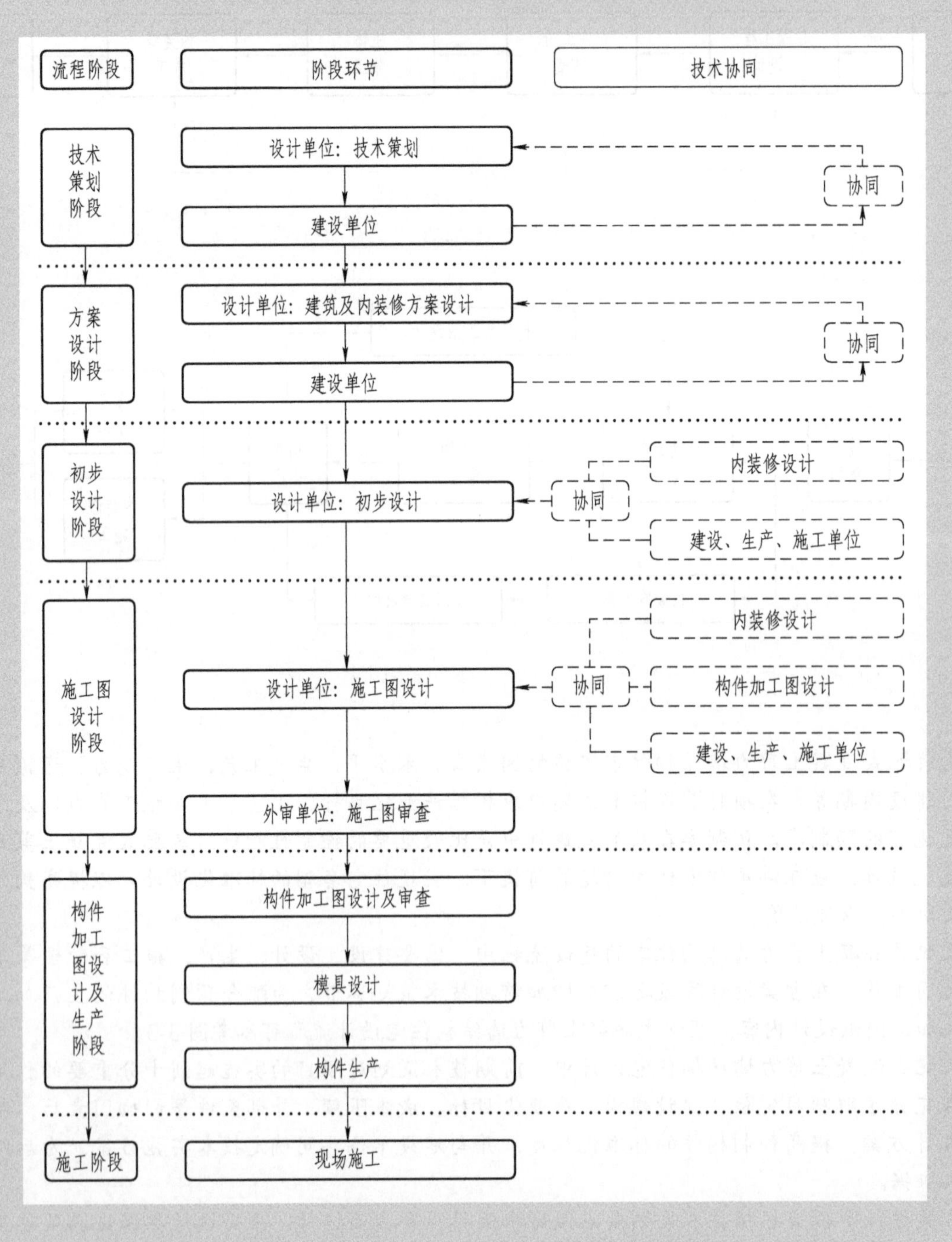

图 3-3 装配式混凝土剪力墙结构住宅设计流程参考图

项目一　建筑设计技术要点

学习目标

1. 了解建筑设计技术要点。
2. 了解 SI 住宅体系。

知识解读

一、总平面设计

装配式混凝土建筑的规划设计在满足采光、通风、间距、退线等规划要求情况下，以最大限度适合于工业化生产与施工为原则，以标准化、模块化为特征，采用模块及模块组合的设计方法，遵循“少规格、多组合”的原则进行。

由于预制构件需要在施工过程中运至塔吊所覆盖的区域内进行吊装，因此在总平面设计中应充分考虑运输通道的设置，合理布置预制构件临时堆场的位置与面积，选择适宜的塔吊位置和吨位，塔吊位置的最终确定应根据现场施工方案进行调整，以达到精确控制构件运输环节，提高场地使用效率，确保施工组织便捷及安全的目的。以安全、经济、合理为原则考虑施工组织流程，保证各施工工序的有效衔接，提高效率。

二、平面设计

装配式混凝土建筑平面设计应遵循模数协调原则，优化套型模块的尺寸和种类，实现预制构件和内装部品的标准化、系列化和通用化，完善产业化配套应用技术，提升工程质量，降低建造成本。公共建筑应采用楼电梯、公共卫生间、公共管井、基本单元等模块进行组合设计；住宅建筑应采用楼电梯、公共管井、集成式厨房、集成式卫生间等模块进行组合设计。

建筑平面设计应采用大开间、大进深、空间灵活可变的布置方式；平面布置应规则，承重构件布置宜上下对齐贯通，外墙洞口宜整齐有序；设备管线宜集中设置，并应进行管线综合设计。

对于住宅建筑，在方案设计阶段应对住宅空间按照不同的使用功能进行合理划分，结合设计规范、项目定位及产业化目标等要求，确定套型模块及其组合形式。宜采用套型模块的多样化组合形式，详见图 3-4。宜选用大空间的平面布局方式，合理布置承重墙及管井位置，实现住宅空间的灵活性、可变性。套内各功能空间分区明确、布局合理。

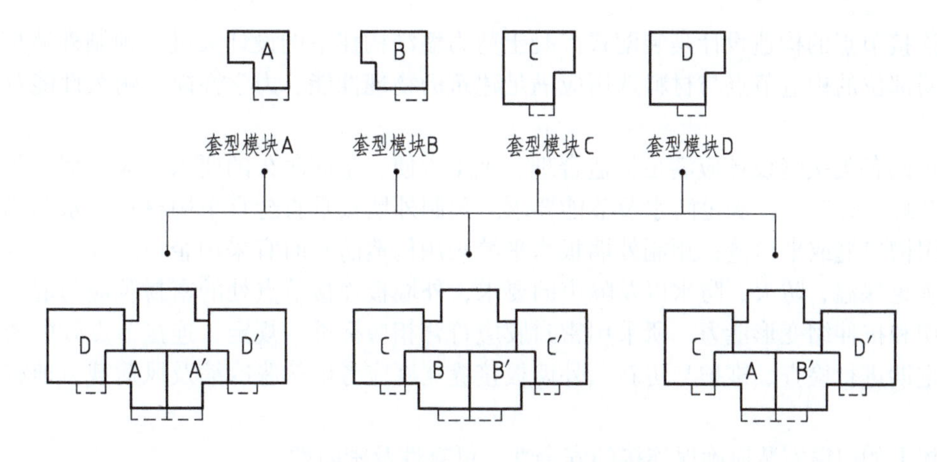

图 3-4　套型模块多样化组合示意图

三、立面设计

装配式混凝土建筑的立面设计应利用标准化、模块化、系列化的套型组合特点，外墙板可采用不同饰面材料展现不同肌理与色彩的变化，通过不同外墙构件的灵活组合，实现富有工业化建筑特征的立面效果。

装配式混凝土建筑的外墙构件主要包括外墙挂板、剪力墙外墙板、门窗、阳台、空调板和外墙装饰构件等。充分发挥装配式混凝土建筑外墙构件的装饰作用，进行立面多样化设计。立面装饰材料应符合设计要求，外墙挂板和剪力墙外墙板宜采用工厂预涂刷涂料、装饰材料反打、肌理混凝土等一体化装饰的生产工艺。当采用反打一次成型的外墙板时，其装饰材料的规格尺寸、材质类别、连接构造等应进行检验，以确保质量。外墙门窗在满足通风采光的基础上，通过调节门窗尺寸、位置、虚实比例以及窗框分隔形式等设计手法形成一定的灵活性；通过改变阳台、空调板的位置和形状，可使立面具有较大的可变性；通过附加装饰构件的方法可实现多样化立面设计效果，满足建筑立面风格差异化的要求。

装配式混凝土建筑应根据建筑功能、主体结构、设备管线及装修等要求，确定合理的层高及净高尺寸。

四、预制构件设计

预制构件设计应充分考虑生产的便利性、可行性以及成品保护的安全，且当构件尺寸较大时，应增加构件脱模及吊装用的预埋吊点的数量。

预制构件的设计应遵循标准化、模数化原则。应尽量减少构件类型，提高构件标准化程度，降低工程造价，对于开洞多、异形、降板等复杂部位可进行具体设计。注意预制构件重量及尺寸，综合考虑项目所在地区构件加工生产能力及运输、吊装等条件。

预制外墙板应根据不同地区的保温隔热要求选择适宜的构造，同时考虑空调留洞及散热器安装预埋件等安装要求。非承重内墙宜选用自重轻，易于安装、拆卸且隔声性能良好的隔墙板等。可根据使用功能灵活分隔室内空间，非承重内墙板与主体结构的连接应安全可靠，满足抗震及使用要求。用于厨房及卫生间等潮湿空间的墙体面层应具有防水、易清洁的性能。内隔墙板与设备管线、卫生洁具、空调设备及其他构配件的安装应牢固。装配式混凝土建筑的楼盖宜采用叠合楼板，结构转换层、平面复杂或开间较大的楼层、作为上部结构嵌固部位的地下楼层宜采用现浇楼盖。楼板与楼板、楼板与墙体的接缝应保证结构安全性。叠合楼板应考虑设备管线、吊顶、灯具安装点位的预留、预埋，以满足设备专业的要求。空调室外机搁板宜与预制阳台组合设置。阳台应确定栏杆留洞、预埋线盒、立管留洞、地漏等的准确位置。预制楼梯应确定扶手栏杆的留洞及预埋，楼梯踏面的防滑构造应在工厂预制时一次成型，且采取成品保护措施。

五、构造节点设计

预制构件连接节点的构造设计是装配式混凝土剪力墙结构住宅的设计关键。预制外墙板的接缝、门窗洞口等防水薄弱部位的构造节点与材料选用应满足建筑的物理性能、力学性能、耐久性能及装饰性能的要求。

预制外墙板的各类接缝设计应满足构造合理、施工方便、坚固耐久的要求，应根据工程实际情况和所在气候区等，合理设计节点，满足防水及节能要求。预制外墙板垂直缝宜采用材料防水和构造防水相结合的做法，可采用槽口缝或平口缝；预制外墙板水平缝采用构造防水时宜采用企口缝或高低缝。预制外墙板的连接节点应满足保温、防火、防水以及隔声的要求，外墙板连接节点处的密封胶应与混凝土具有相容性及规定的抗剪切和抗伸缩变形能力，所采用密封胶应符合相应标准的规定，连接节点处的密封材料在建筑使用过程中应定期进行检查、维护与更新。外墙板接缝宽度应考虑热胀冷缩及风荷载、地震作用等外界环境的影响。

预制外墙板上的门窗安装应确保连接的安全性、可靠性及密闭性。

装配式混凝土剪力墙结构住宅的外围护结构热工计算应符合国家建筑节能设计标准的相关要求，当采用预制夹心外墙板时，其保温层宜连续，保温层厚度应满足项目所在地区建筑围护结构节能设计要求。预制夹心外墙板中的保温材料及接缝填充用保温材料的燃烧性能、导热系数及体积比吸水率应符合相关规定。

六、集成设计

装配式混凝土建筑的结构系统、外围护系统、设备与管线系统和内装系统均应进行集成设计，提高集成度、施工精度和效率。各系统设计应统筹考虑材料性能、加工工艺、运输限制、吊装能力等要求。

（一）结构系统

装配式混凝土剪力墙结构住宅的建筑体型、平面布置及构造应符合抗震设计的原则和要求。单元平面宜简洁规整、经济合理，可通过采用套型模块灵活组合的方法，适应不同场地的建筑布局要求，塑造多样化的建筑形象。

为满足工业化建造的要求，预制构件设计应遵循受力合理、连接可靠、施工方便、少规格、多组合的原则，选择适宜的预制构件尺寸和重量，方便加工、运输，提高工程质量，控制建设成本。

承重墙等竖向构件宜上下连续，门窗洞宜上下对齐，成列布置，不宜采用转角窗，门窗洞口的平面位置和尺寸应满足结构受力及预制构件设计要求。

装配式结构施工过程中应采取安全措施，并应符合相关规定。

（二）外围护系统

宜采用单元化、一体化的装配式外墙系统，如具有装饰、保温、防水、采光等功能的集成式单元墙体，并采用提高建筑性能的构造连接措施。为有利于门窗的标准化加工生产，又有利于墙板的尺寸统一和减少规格，门窗洞口的尺寸应规整。

（三）设备与管线系统

应考虑公共空间的竖向管井位置及尺寸，便于检修。竖向管线的设置宜相对集中，水平管线的排布应减少交叉。穿预制构件的管线应预留或预埋套管，穿预制楼板的管道应预留洞，穿预制梁的管道应预留或预埋套管。管井及吊顶内的设备管线安装应牢固可靠，应设置方便更换、维修的检修门或检修孔等。

住宅套内宜采用同层排水设计，同层排水的房间应有可靠的防水构造措施。

采用整体厨房、整体卫生间时，应与厂家配合土建预留净尺寸及设备管道接口的位置及要求。

太阳能热水系统集热器、储水罐等的安装应考虑与建筑的一体化设计，结构主体做好预留预埋。

供暖系统的主立管及分户控制阀门等部件应设置在公共空间竖向管井内，户内供暖管线宜设置为独立环路。确定卧室、起居室空调设施的安装位置并满足预留预埋条件。

采用低温热水地面辐射供暖系统时，分水器、集水器宜配合建筑地面垫层的做法，设置在便于维修管理的部位。采用散热器供暖系统时，合理布置散热器、采暖管线的位置。当住宅采用集中新风系统时，应确定设备及风道的位置。住宅厨房及卫生间应确定排气道的位置及尺寸。确定分户配电箱位置，分户墙两侧暗装电气设备不应连通设置。预制构件设计应考虑内装要求，确定插座、灯具位置以及网络、电话、有线电视接口等位置。

隔墙内预留有电气设备时，应采取有效措施满足隔声及防火的要求。竖向电气管线宜统一设置在预制板内，墙板内竖向电气管线布置应保证安全距离。

设备管线穿过楼板的部位，应采取防水、防火、隔声等措施。设备管线宜与预制构件上的预埋件可靠连接。

（四）内装系统

装配式混凝土建筑的装配式内装设计应遵循建筑、装修、部品一体化的设计原则，内装设计应与建筑设计、设备与管线设计同步进行，并应满足相关国家标准要求，达到适用、安全、经济、节能、环保等各项指标的要求。

装配式内装应采用工厂化生产的内装部品，实现集成化的成套供应，宜采用装配式楼地面、墙面、吊顶等部品系统。装配式内装设计宜通过结构主体与内装部品的优化参数、公差配合和接口技术等措施，提高构件、部品互换性和通用性。装配式内装材料的品种、规格、质量应符合设计要求和现行国家标准规定，选用绿色、环保材料。装配式内装设计应综合考虑不同材料、设备、设施的不同使用年限，内装部品应具有可变性和适应性，便于施工安装、维护更新。

住宅建筑宜采用集成式厨房、集成式卫生间及整体收纳等部品系统。

装配式内装的材料、设备在与预制构件连接时，宜采用 SI 住宅体系的支撑体与填充体分离技术进行设计；当条件不具备时，宜采用预留预埋的安装方式，不应剔凿预制构件及其现浇部位，以免影响主体结构的安全性。

知识拓展

SI 住宅体系

SI 住宅体系是指住宅的支撑体 (Skeleton) 和填充体（Infill）完全分离的体系，其中支撑体由住宅的结构主体、公用管井和公共部分等组成，填充体由内装部品、套内设备管线等组成，详见图 3-5。

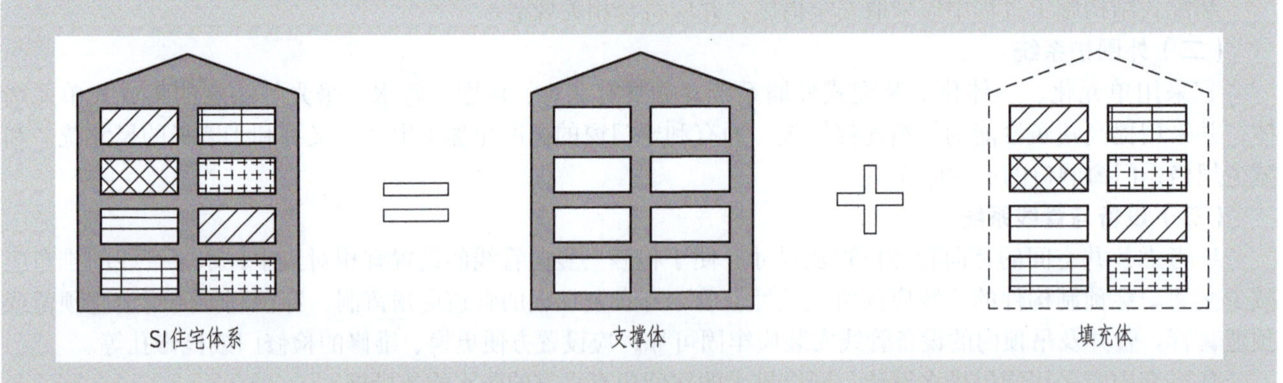

图 3-5　SI 住宅体系示意图

具有耐久性的支撑体是 SI 住宅体系的安全保证，具有灵活性的填充体是提升 SI 住宅体系适应性的有效手段。SI 住宅体系在提高结构主体和内装部品性能、设备管线维护更新、套内空间灵活可变三个方面具有显著特征。

住宅体系以实现套内主要功能空间的灵活可变为目标，在支撑体与填充体分离的基础上，通过合理的结构选型，减少套内承重墙体，使用工业化生产的易于拆改的内隔墙划分套内功能空间。

采用支撑体和填充体的新型工业化发展模式，构建支撑体和填充体分离的新型工业化住宅建筑通用体系，详见图 3-6。

住宅按照工业化建造体系可划分为系统性的通用部品体系。住宅从传统的建造方式到工业化建造方式是住宅产业现代化的根本转变。通过大量的住宅工业化建造可提高住宅整体质量和保证可持续发展。研发新型住宅工业化通用体系与集成技术成为住宅建设与发展的关键。

SI 住宅体系适用于各种结构体系，对于装配式混凝土剪力墙结构住宅，可形成完整的套内大空间布局，增强灵活性与适应性，并将装配式结构主体与设备管线、内装部品等有效分离。在装配式混凝土剪力墙结构住宅中应用 SI 住宅体系，有助于提高住宅整体的预制装配程度，保证工程整体的工业化实施质量。在装配式混凝土剪力墙结构住宅中应用 SI 住宅体系，应遵循模数协调的原则，实现主体预制构件和内装部品的标准化和集成化设计。

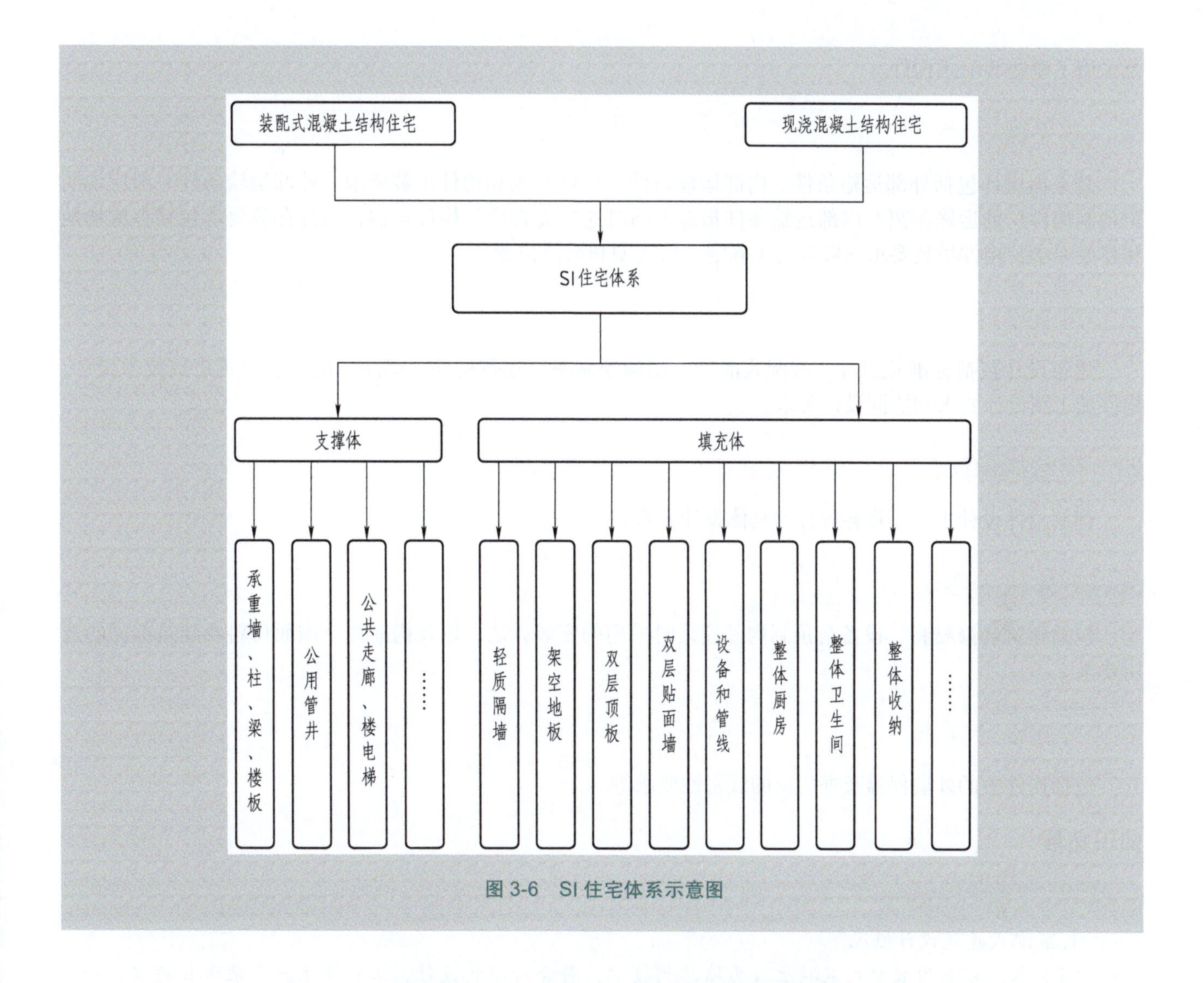

图 3-6　SI 住宅体系示意图

项目二　施工图设计说明

学习目标

1. 理解装配式混凝土建筑设计说明。
2. 识读装配式混凝土建筑设计说明。

知识解读

装配式混凝土建筑施工图设计说明除设计依据、项目概况、各部分构造做法、建筑设备要求、无障碍设计、防火设计、建筑节能设计外，还应包含装配式建筑设计专项说明。

专项说明包括装配式建设设计概况、总平面设计说明、建筑设计要求、预制构件设计要求、一体化装修设计和节能设计要求。

一、装配式建筑设计概况

装配式建筑设计概况包括必要的说明、工程采用现浇混凝土结构和装配式混凝土结构的楼层的位置以及采用了哪些装配式构件。

二、总平面设计

总平面设计包括外部运输条件、内部运输条件、构件存放和构件吊装要求。外部运输条件一般应说明距预制构件厂的运输距离，内部运输条件指施工临时通道能否满足构件运输，构件存放要求包括存放场地和存放要求，构件吊装要求一般应初步确定塔吊选型和塔吊位置。

三、建筑设计

建筑设计包括标准化设计、装配式混凝土结构预制率、建筑构件、部品装配率、建筑集成技术设计，构件加工图设计要求和协同设计要求。

四、预制构件设计

预制构件设计主要是指各构件的具体设计要求。

五、一体化装修设计

包括建筑装修材料、设备与预制构件连接时采用的安装方法，以及构配件、饰面材料及建筑部品的选用要求。

六、节能设计要点

包括构件中的外墙保温及外门窗的气密性要求等。

知识拓展

装配式混凝土剪力墙住宅建筑设计专项说明示例

1. 装配式建筑设计概况

（1）本工程采用装配式混凝土剪力墙结构技术，符合标准化设计、工厂化生产、装配化施工、一体化装修和信息化管理的工业化建筑基本特征。

（2）本工程地下二层至地上四层为现浇混凝土剪力墙结构，地上五层及以上为装配式混凝土剪力墙结构。预制构件具体配置见表 3-1。

表 3-1　装配式混凝土剪力墙住宅技术配置表

项目名称	预制夹心外墙	预制内墙	叠合楼板	预制女儿墙	预制楼梯	预制阳台	预制空调板	预制外墙挂板	装配式混凝土饰面	模数协调	整体外墙装配	无外架施工	装配式内装	太阳能热水	绿色景观场地	绿色星级标准
2# 楼	●	●	●	●	●	●	●	—	●	●	●	●	●	—	●	2 星

注：●实施；—不采用

2. 总平面设计

（1）外部运输条件：预制构件的运输距离宜控制在150km以内，本项目建设地点距预制构件厂运输距离为35km，外部道路交通条件便捷，构件运输中应综合考虑限高、限宽、限重的影响。

（2）内部运输条件：场地内部消防环路宽度为6m，既可作为施工临时通道使用，也能满足构件运输车辆的要求，施工单位在施工现场及道路硬化工程中，应保证构件运输通道满足运输车辆的荷载要求。如通道上有地下建构筑物，应校核其顶板荷载。推荐采用200mm厚的预制混凝土施工垫块，实现循环使用，减少材料浪费及建筑垃圾。

（3）构件存放：总平面设计中2#楼南侧楼间距除考虑日照及防火要求外，同时应预留合理场地，满足预制构件的现场临时存放需求。构件现场临时存放应封闭管理，并设置安全可靠的临时存放设施，避免构件翻覆、掉落造成安全事故。

（4）构件吊装：总平面图中塔吊位置的选择以安全、经济、合理为原则，本工程结合2#楼周边场地情况，以及构件重量和塔吊悬臂半径的条件，建议塔吊位置和预制构件堆放场地均设置在2#楼南侧，塔吊位置的最终确定应根据现场施工方案进行调整。构件吊装过程中应制定施工保护措施，避免构件翻覆、掉落造成安全事故。

3. 建筑设计

（1）标准化设计

1）本工程建筑设计采用统一模数协调尺寸，符合现行国家标准《建筑模数协调标准》（GB/T 50002—2013）的要求；套型采用模块化设计，套型开间、进深采用3*n*M和2*n*M模数进行平面尺寸控制。

2）住宅单体设计采用两种标准套型，重复利用率高。

3）套型平面规整，承重墙上下贯通，无结构转换，形体上没有过大的凹凸变化，符合建筑功能和结构抗震安全要求。

4）构件连接节点采用标准化设计，符合安全、经济、方便施工的要求。

5）预制构件的种类、数量及每种构件占同类构件的比例如下：

① 重复使用最多的三种预制夹心外墙板个数占同类构件总个数比例为61%。

② 重复使用最多的三种预制内墙构件个数占同类构件总个数比例为60%。

③ 预制叠合楼板构件总个数占同类预制构件总个数比例为63%。

④ 预制楼梯段为一种，占同类预制构件总个数比例为100%。

⑤ 预制阳台类型有两种，各占同类预制构件总个数比例为50%。

6）建筑部品采用标准化设计。

① 在单体建筑中使用最多的三个规格外窗C0614、C1818、MLC2123的总个数占外窗总数量的比例为67%。

② 采用两种整体厨房，各占同类产品总数量比例为50%。

（2）本工程装配式混凝土结构预制率为52.06%，计算表详见表3-2。

表3-2　装配式混凝土结构预制率计算表

统计部位	构件类型	构件编号	构件数量	构件混凝土体积/m^3	各类型构件体积合计/m^3	标准层混凝土体积/m^3	标准层预制率	地上层数	混凝土总体积/m^3	预制率
预制部分	预制夹心外墙板	WQ-1	6	9.48	49.1	104.41	69.81%	17	1870.73	52.06%
		WQ-2	2	5.11						
		WQ-3	2	4.07						

（续）

统计部位	构件类型	构件编号	构件数量	构件混凝土体积 /m³	各类型构件体积合计 /m³	标准层混凝土体积 /m³	标准层预制率	地上层数	混凝土总体积 /m³	预制率
预制部分	预制夹心外墙板	WQ-4	2	6.34	49.1	104.41	69.81%	17	1870.73	52.06%
		WQ-5	4	3.65						
		WQ-6	2	2.82						
		WQ-7	2	4.52						
		WQ-8	4	8.61						
		WQ-9	1	4.5						
	预制内墙	NQ-1	4	4.52	31.37					
		NQ-2	2	2.52						
		NQ-3	4	6.26						
		NQ-4	4	6.26						
		NQ-5	4	8.78						
		NQ-6	2	3.03						
	叠合楼板预制板	YB		21.45	21.45					
	预制楼梯	YTB-1	2	2.49	2.49					
	预制女儿墙			20.50	20.50			1	20.5	
现浇部分	现浇外墙			17.05	67.29	67.29		4	1734.97	
	现浇内墙			25.81						
	现浇楼板			5.73						
	叠合楼板叠合层			18.7						
	现浇女儿墙			6.44	6.44			1	6.44	
合计						171.7		21	3632.64	

注：预制率指地上主体结构和围护结构中预制构件的混凝土用量占对应构件混凝土总用量的体积比。

（3）建筑构件、部品装配率

1）内隔墙采用90mm厚轻质混凝土隔墙板，分户墙采用200mm厚双层轻质混凝土隔墙板，装配率100%。

2）套内均采用成品排气道，装配率为100%。

3）厨房采用整体厨房，装配率均为100%。

4）采用成品栏杆扶手，成品空调护栏，装配率均为100%。

（4）建筑集成技术设计

1）本工程采用预制夹心外墙板，由60mm厚预制混凝土外叶墙板、70mm厚阻燃型挤塑聚苯保温板和200mm厚预制混凝土内叶墙板组成，其中外叶墙板采用面砖反打实现保温装饰一体化。

2）机电设备管线系统采用集中布置，管线及点位预留、预埋到位。

① 叠合楼板预留预埋灯头盒、设备套管、地漏等。

② 预制墙板预留预埋开关、线盒、线管等。

③ 叠合阳台预留预埋栏杆安装埋件、立管留洞、地漏等。

④ 预制楼梯预留预埋扶手栏杆安装埋件等。

（5）本项目由甲方另行委托构件加工图设计，施工图设计单位与构件加工图设计单位已建立了协同机制，本设计提供的预制构件尺寸控制图、设备点位综合详图等供构件加工图设计参考。

（6）协同设计

1）本项目依据甲方委托的内装设计单位提供的室内装修设计进行施工图设计。

2）对管线相对集中、交叉、密集的部位，比如强弱电盘、表箱、集水器等进行管线综合，并在建筑设计和结构设计中加以体现，同时依据内装施工图纸进行整体机电设备管线的预留预埋。

3）通过模数协调，确立结构钢筋模数网格，与机电管线布线形成协同，保证预留预埋避让结构钢筋。

（7）信息化技术应用

1）本项目在方案设计阶段采用BIM技术进行日照分析和技术策划分析。

2）本项目在施工图设计阶段采BIM技术进行信息模型制作，计算预制率以及构件连接节点等可视化信息表达。

4. 预制构件设计

（1）预制夹心外墙设计

1）本项目地上四层及以下为现浇剪力墙外墙，五层及以上外墙全部采用预制夹心外墙，取消使用脚手架。预制夹心外墙外叶为60mm厚混凝土板，中间为70mm厚阻燃型挤塑聚苯板保温层，内叶为200mm厚钢筋混凝土墙板。

2）本项目采用预制夹心外墙构造，满足建筑保温隔热要求。保温材料连接件应采用专业厂家生产并符合相关标准的高强度连接件，保证内外叶墙板连接安全可靠。

3）外墙节点设计

① 预制夹心外墙板接缝（包括屋面女儿墙、阳台、勒脚等处的竖缝、水平缝、十字缝以及窗口处）根据不同部位接缝特点及当地气候条件选用构造防水、材料防水或构造防水与材料防水相结合的防排水系统。挑出外墙的阳台、雨篷等构件的周边应在板底设置滴水线。

② 预制夹心外板水平缝采用高低缝。建筑外墙的接缝及门窗洞口等防水薄弱部位设计应采用材料防水和构造防水相结合的做法，板缝防水构造详见节点大样图。

③ 预制夹心外墙板接缝采用材料防水时，必须用防水性能可靠的嵌缝材料，主要采用发泡芯棒与密封胶。板缝宽度不宜大于20mm，材料防水的嵌缝深度不得小于20mm。

④ 预制夹心外墙板接缝密封材料选用硅酮、聚氨酯、聚硫建筑密封胶，应分别符合现行国家标准《硅酮和改性硅酮建筑密封胶》（GB/T 14683—2017）、《聚氨酯建筑密封胶》（JC/T 482—2003）、《聚硫建筑密封胶》（JC/T 483—2006）的规定。

⑤ 预制夹心外墙板接缝防水工程应由专业人员进行施工，以保证外墙的防排水质量。

4）预制女儿墙采用与下部墙板结构相同的分块方式和节点做法，女儿墙板内侧在要求的泛水高度处设置屋面防水的收头。

5）门窗安装

① 门窗洞应在工厂预制定型，其尺寸偏差宜控制在 ±2mm 以内，外门窗应按此误差缩尺加工并做到精确安装。

② 预制夹心外墙板采用后装法安装门窗框，在夹心外墙板的门窗处预埋经防火、防腐处理的木砖

连接件。

（2）叠合楼板设计

1）本工程的卧室、起居室等套内空间楼板采用叠合楼板；核心筒部分管线集中，采用现浇楼板，保证结构内敷设厚度。

2）本项目叠合楼板预制板厚度为60mm，叠合层厚度为70mm，电气专业在叠合层内进行预埋管线布线，保证电管布线的合理性及施工质量。

3）本项目建筑垫层厚度为60mm，设备专业的给水管布置在建筑垫层中，设计通过管线综合，保证管线布置的合理、经济和安全可靠。

（3）预制内墙设计

1）承重预制内墙采用预制混凝土剪力墙，满足保温、隔热、隔声、防水和防火安全等技术性能及室内装修的要求。

2）非承重预制内墙采用90mm厚轻质混凝土隔墙板，满足各功能房间的隔声要求。

3）用作厨房、卫生间等潮湿房间的隔墙板下设100mm高C20细石混凝土防水反坎。

4）住宅部品与预制内墙的连接（如热水器、吸油烟机附墙管道、管线支架、卫生洁具等）应牢固可靠。

（4）预制楼梯设计

1）预制楼梯设计遵循模数化、标准化、系列化。

2）本工程楼梯采用剪刀楼梯，预制构件包括梯板、梯梁、平台板和防火分隔板。

3）预制楼梯采用清水混凝土饰面，采取措施加强成品保护。楼梯踏面的防滑构造应在工厂预制时一次成型。

4）预制剪刀楼梯中间防火分隔墙板150mm厚，耐火极限不小于2h，上下层板之间通过套筒灌浆连接，隔墙板上预埋靠墙扶手连接件。

（5）预制构件施工安全保障措施

1）本项目采用的上述各类预制构件，均应选用可靠的支撑和防护工艺，避免构件翻覆、掉落。

2）在构件加工图中，应考虑施工安全防护措施的预留预埋，施工防护围挡高度应满足国家相关施工安全防护规范的要求，严禁让工人在无保护情况下临空作业，避免高空坠落造成安全事故。

5. 一体化装修设计

（1）建筑装修材料、设备在需要与预制构件连接时宜采用预留预埋的安装方式，当采用膨胀螺栓、自攻螺栓、钉接、粘接等固定法后期安装时，在预制构件允许的范围内，不得剔凿预制构件及其现浇节点，影响结构安全。

（2）应结合房间使用功能要求，选取耐久、防水、防火、防腐及不易污染的构配件、饰面材料及建筑部品，体现装配整体式建筑的特色。

6. 节能设计要点

（1）装配式混凝土剪力墙结构住宅外围护结构热工设计应符合国家现行建筑节能设计标准，并符合下列要求。

1）预制夹心外墙板保温层厚度依据《居住建筑节能设计标准》（DB 11/891—2012）进行设计。经计算，本项目采用70mm厚阻燃型挤塑聚苯保温板，保温层连续，避免热桥。

2）安装保温材料时，重量含水率应符合相关国家标准的规定。穿过保温层的连接件，应采取与结构耐久性相当的防腐措施；如采用金属连接件，宜优先选用不锈钢材料并考虑其对保温性能的影响。

3）预制夹心外墙板有产生结露倾向的部位，应采取提高保温材料性能或在板内设置排除湿气的孔槽等措施。

（2）带有外门窗的预制夹心外墙，其门窗洞口与门窗框间的密闭性不应低于门窗的密闭性。

项目三 装配式混凝土剪力墙结构住宅建筑施工图

学习目标

1. 了解装配式混凝土剪力墙结构住宅建筑施工图的表达方法。
2. 能识读装配式混凝土剪力墙结构住宅建筑施工图。

知识解读

装配式混凝土剪力墙结构住宅建筑施工图除总平面图，建筑设计说明，各层平面图、立面图、剖面图和大样详图外，一般还包括套型平面详图，套型设备点位综合详图，立面详图，楼电梯平面详图，阳台、空调板大样图，墙板构件尺寸控制图，阳台、空调板构件尺寸控制图，楼梯构件尺寸控制图等。

一、总平面图

装配式混凝土结构建筑总平面图按建筑制图相关标准绘制，但在装配式剪力墙结构住宅的规划设计中，构件运输、存放和吊装是需要特别关注的重要方面，要有适宜构件运输的交通条件，要结合塔式起重机的选型及悬臂半径，考虑预制构件现场临时存放的场地条件，还需考虑预制构件吊装设施的安全、经济和合理布置。此部分设计内容不在图纸中体现，但需要留出条件，待施工组织阶段由施工单位进行设计。

二、各层平面图

采用装配式混凝土结构的建筑，其建筑平面图需将内外墙板的现浇混凝土与预制混凝土通过图例区分，其他表达同现浇混凝土结构，标准层平面图示例如图 3-7 所示。

如采用装配式女儿墙，屋面层平面图需用图例区分预制女儿墙和后浇混凝土，其他表达同现浇混凝土结构，屋面层平面图示例如图 3-8 所示。

三、立面图与立面详图

装配式混凝土剪力墙结构住宅建筑立面图与现浇混凝土结构基本一致，不同的是，前者需选取典型的局部立面，绘制立面详图，如图 3-9 所示。立面详图除标注外墙做法、门窗开启方向外，还应绘出外墙板灰缝、水平板缝和垂直板缝及其定位，并索引水平缝、垂直缝节点。

四、剖面图

装配式混凝土剪力墙结构住宅剖面图与现浇混凝土结构基本一致，不同的是前者需通过图例将现浇混凝土与预制混凝土加以区分。

五、套型平面详图与套型设备点位综合详图

建筑专业应对结构系统、外围护系统、机电设备管线系统和内装系统进行集成设计，以实现以下目标：

1）保证建筑师对室内功能和空间的系统性控制。确保套型内空间的水、暖、电、空调等布置合理、方便、适用。

2）确保设计意图的贯彻和实现。结合户内家具布置进行机电管线布置及点位定位。

3）专业之间的协调和配合。避免结构厚度、建筑做法、管线布置和点位定位之间的“错漏碰缺”。

4）在装配式建筑中，通过点位及管线综合，能作为构件加工图设计的提资条件，保证构件加工图的正确性，避免构件点位预留错误。

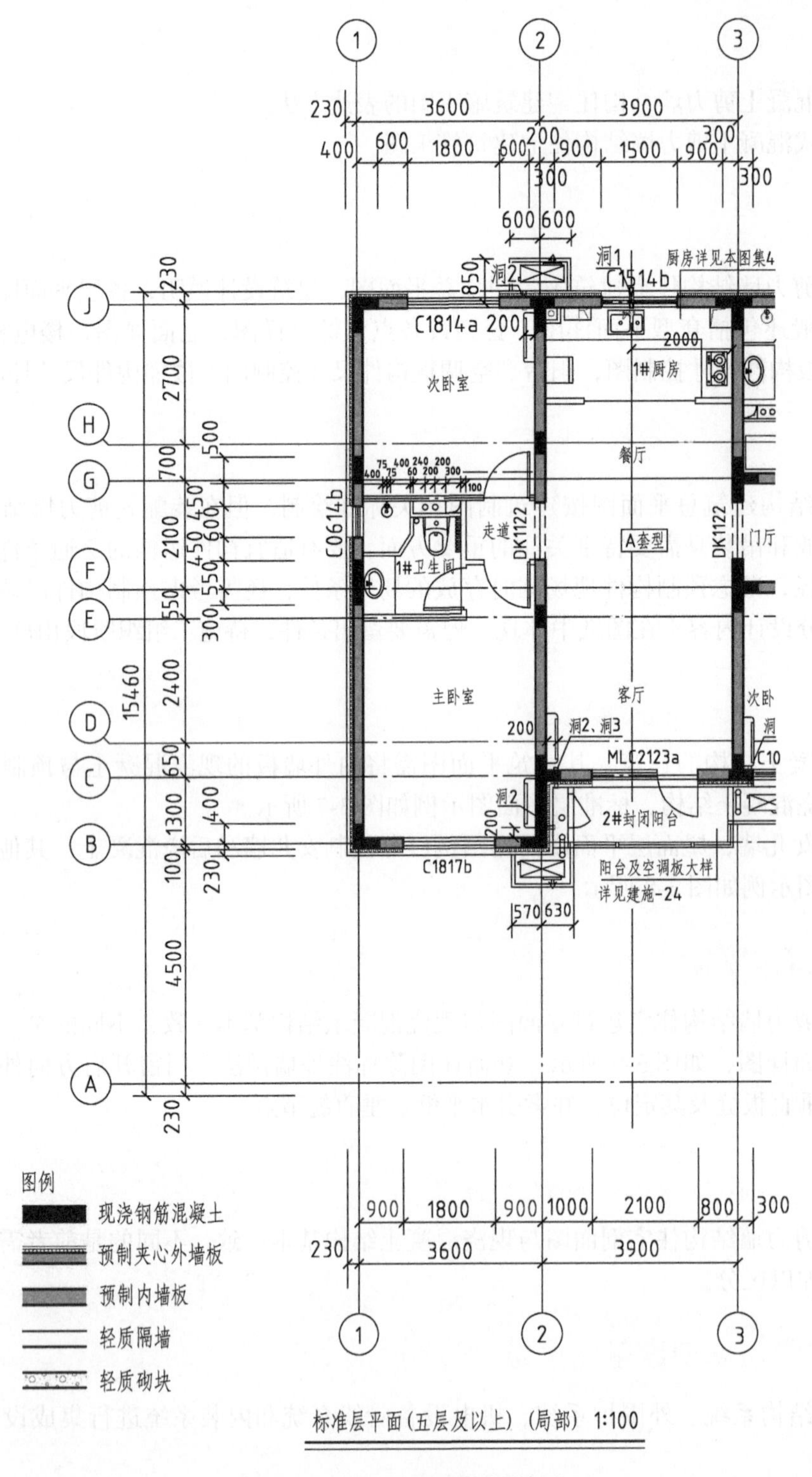

图 3-7 标准层平面图（局部）

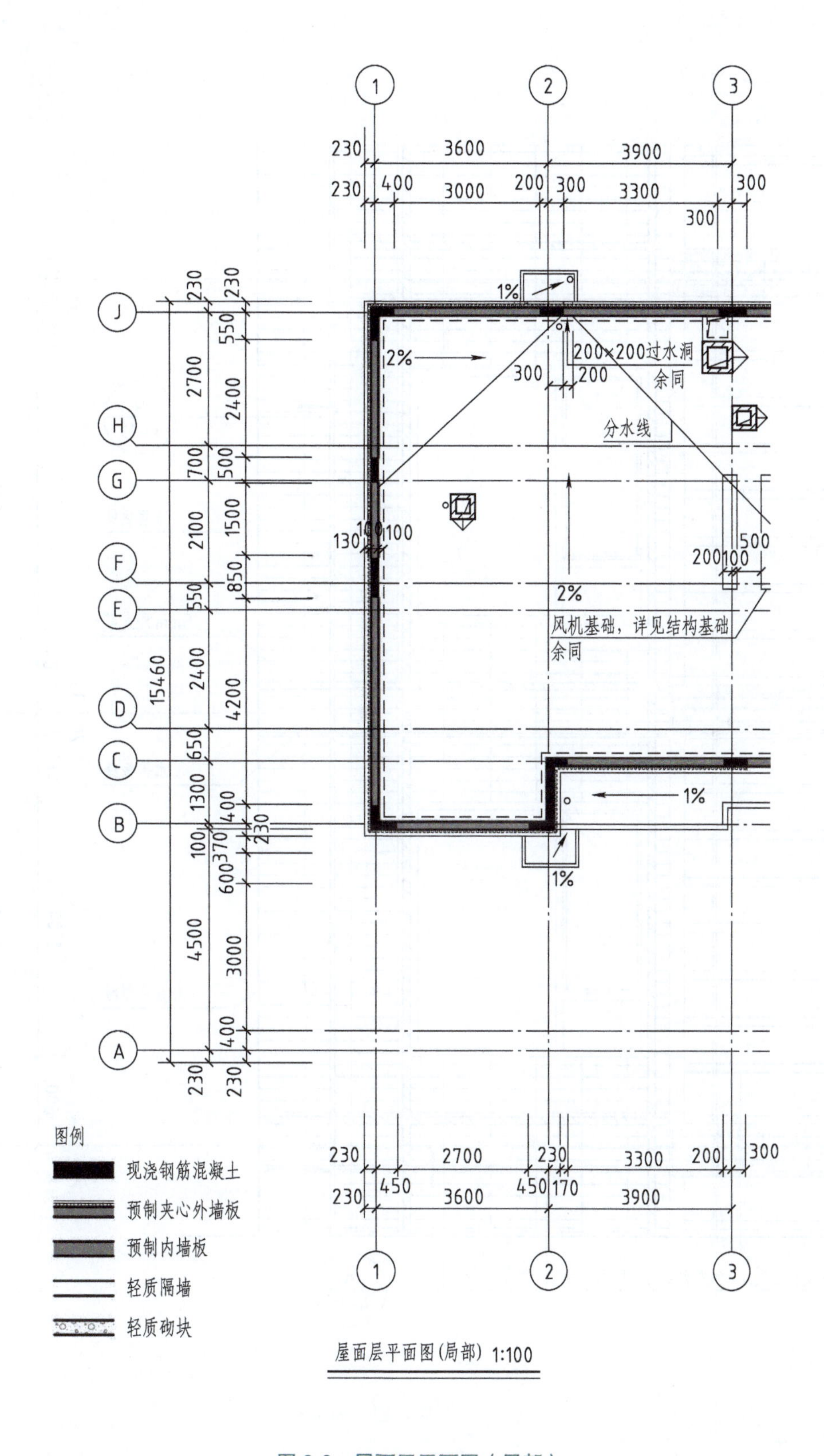

图 3-8　屋面层平面图（局部）

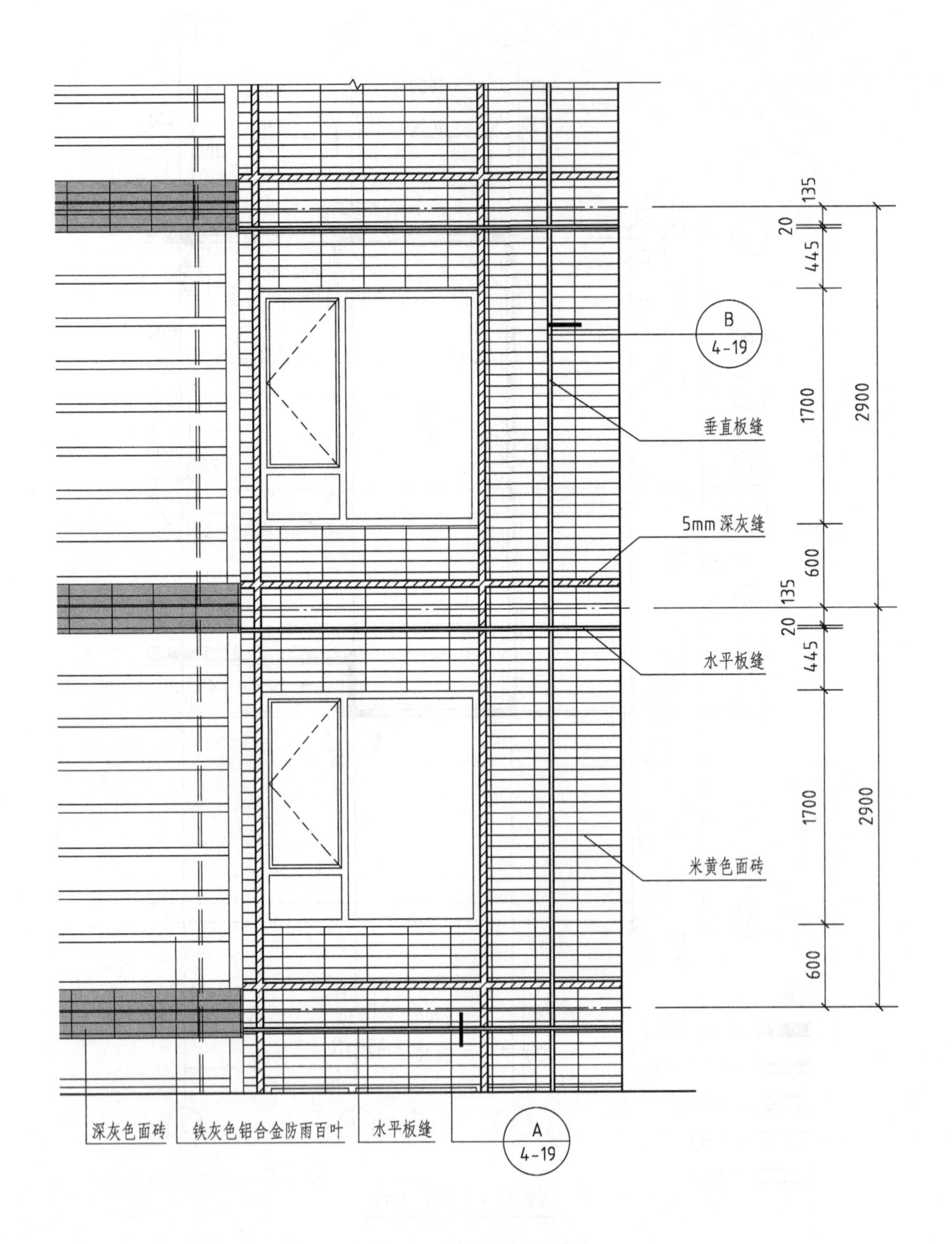

图 3-9 立面详图（局部）

集成设计的施工图文件一般包括套型平面详图和设备点位综合详图，绘图比例一般为 1∶50，示例如图 3-10 和图 3-11 所示。套型平面详图应精准定位竖向构件，区分预制混凝土剪力墙和后浇段，并绘出家具布置。设备点位综合详图则需将电箱、空调、燃气热水器、地暖分集水器、散热器、洞口、地漏、排烟排风道、开关、预埋灯口、插座等进行精确定位，并标注距地面高度。

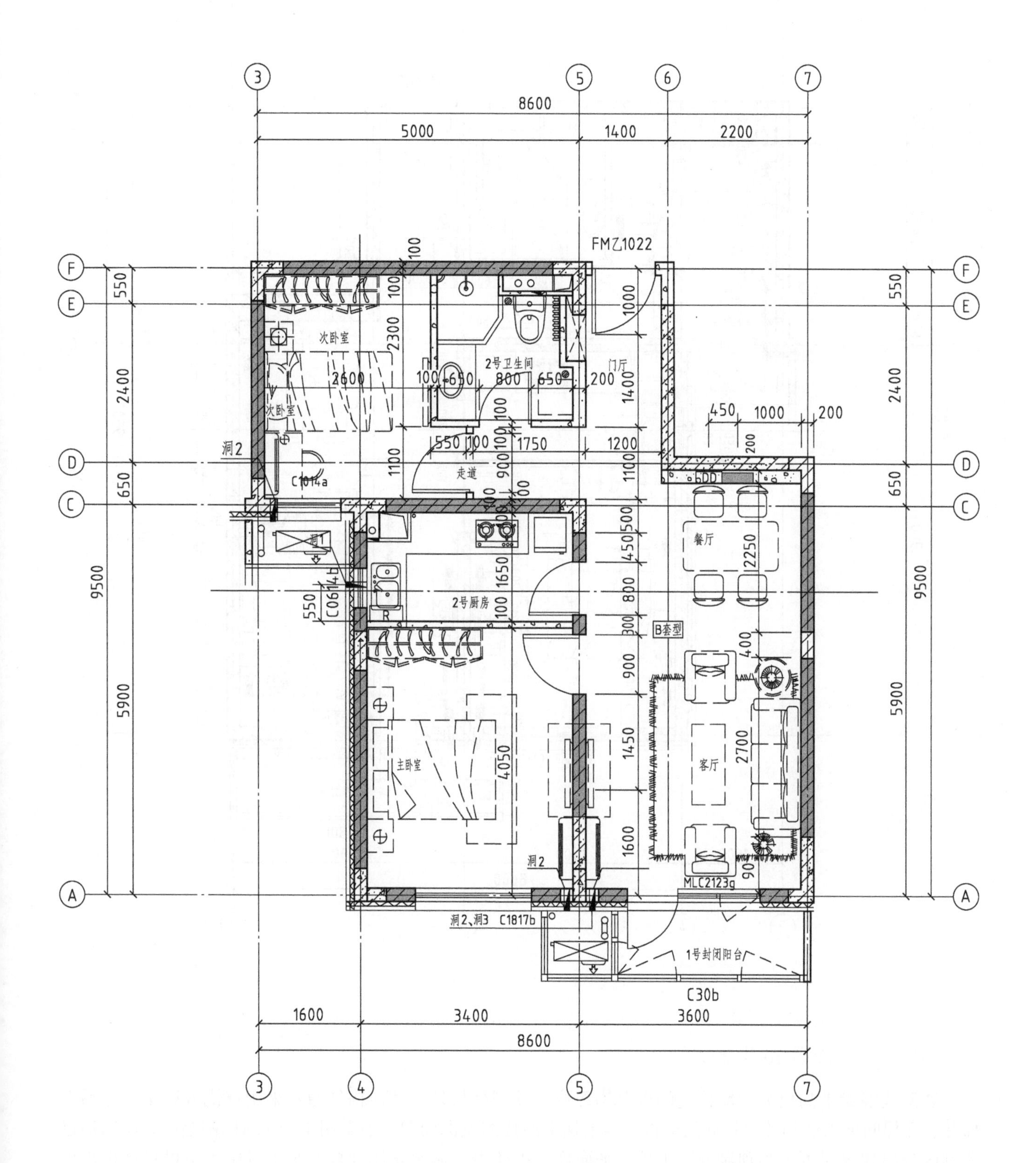

图3-10　套型平面详图

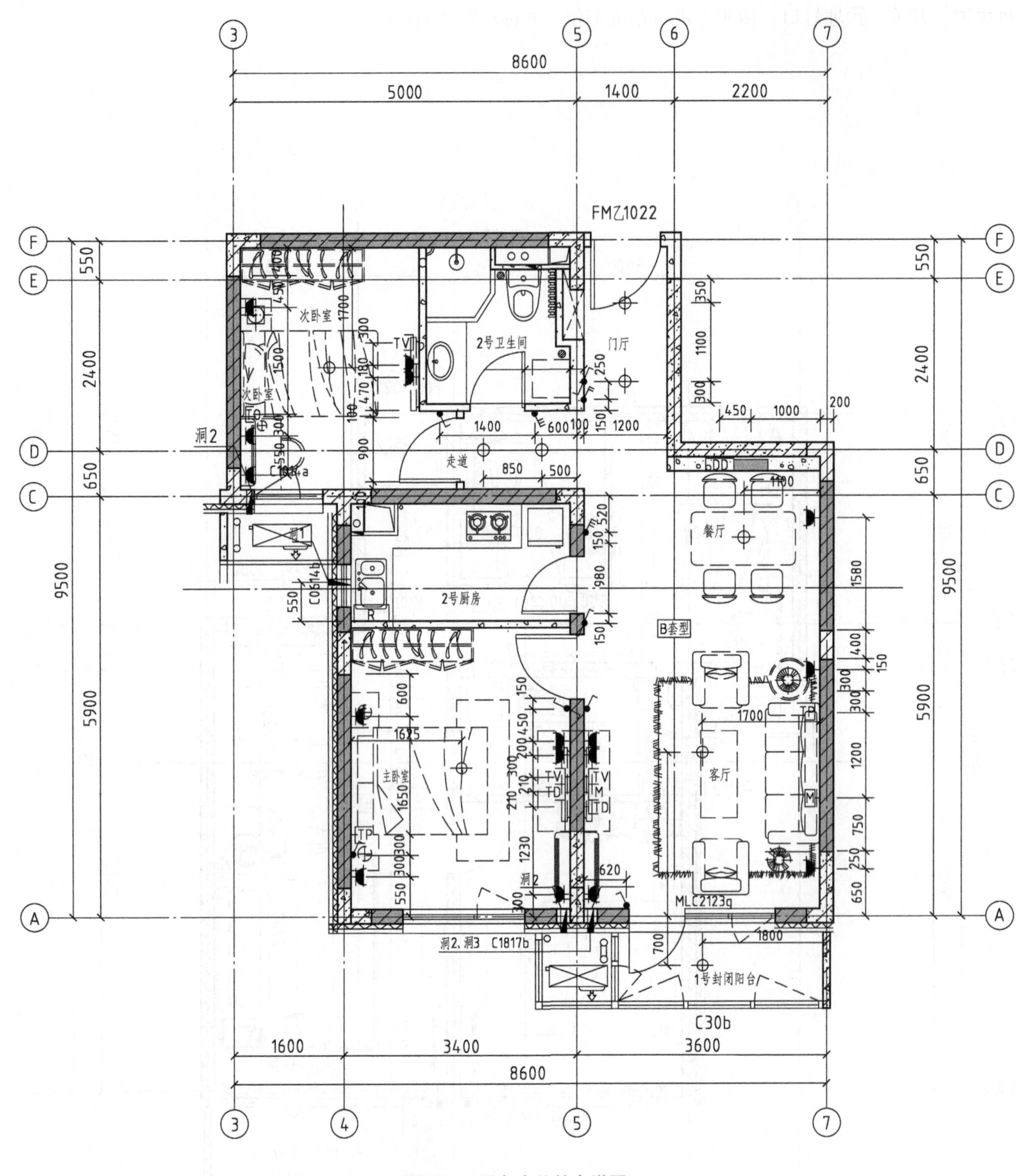

图 3-11　设备点位综合详图

六、楼电梯平面详图及剖面图

装配式混凝土高层剪力墙住宅的楼电梯部位除预制梯板外，其他构件通常采用现浇混凝土，包括电梯井、楼梯间剪力墙和楼电梯间的楼板。楼电梯平面详图及剖面图一般采用 1∶50 的比例绘制，除需通过图例区分出现浇混凝土和预制混凝土外，平面详图中还需绘制出预制梯板的水平投影（不可见部位用虚线绘出），剖面图中还需绘制出预制楼梯与梯梁支承关系。楼电梯平面详图及楼梯剖面图分别如图 3-12 和图 3-13 所示。

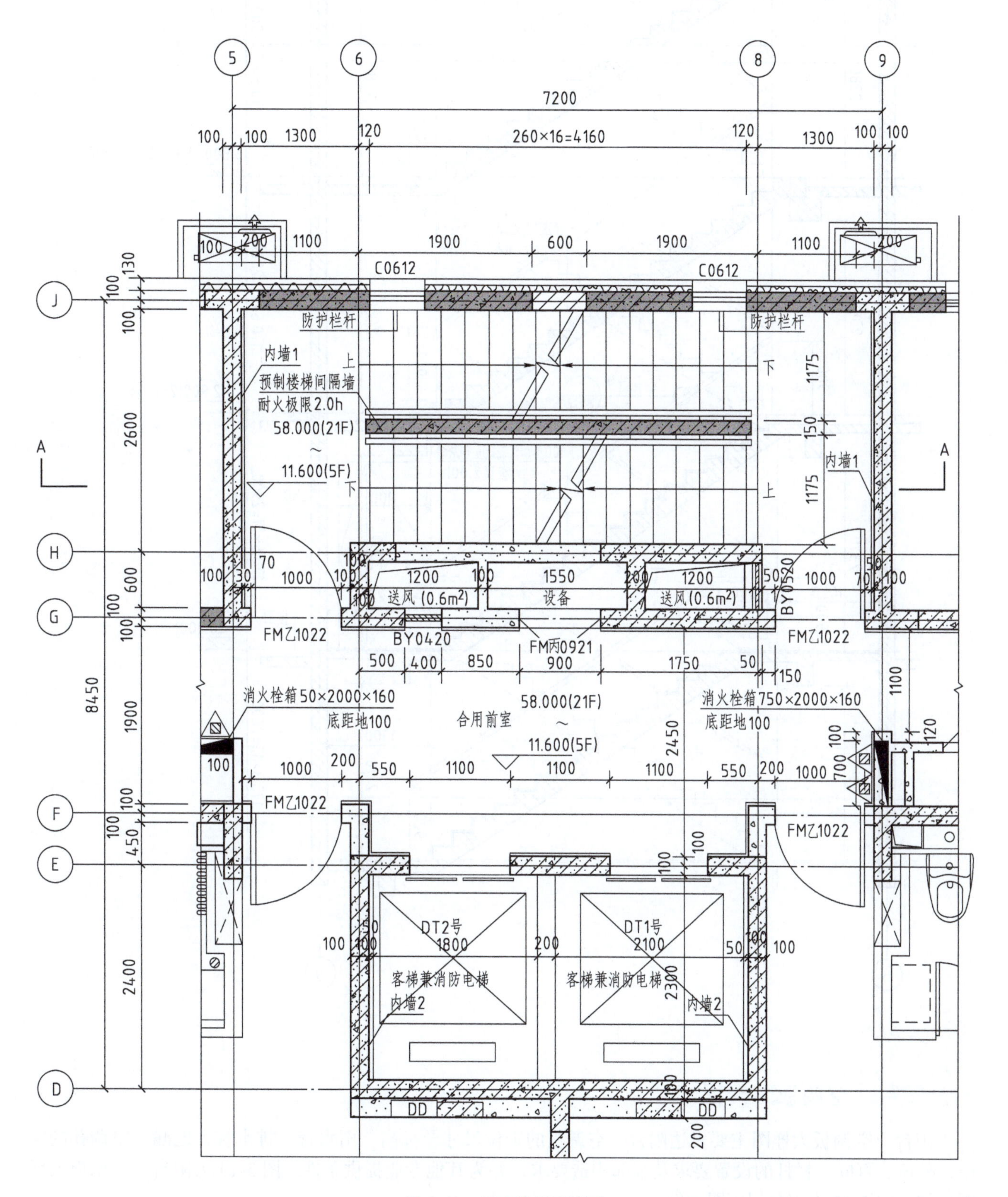

图 3-12　楼电梯平面详图

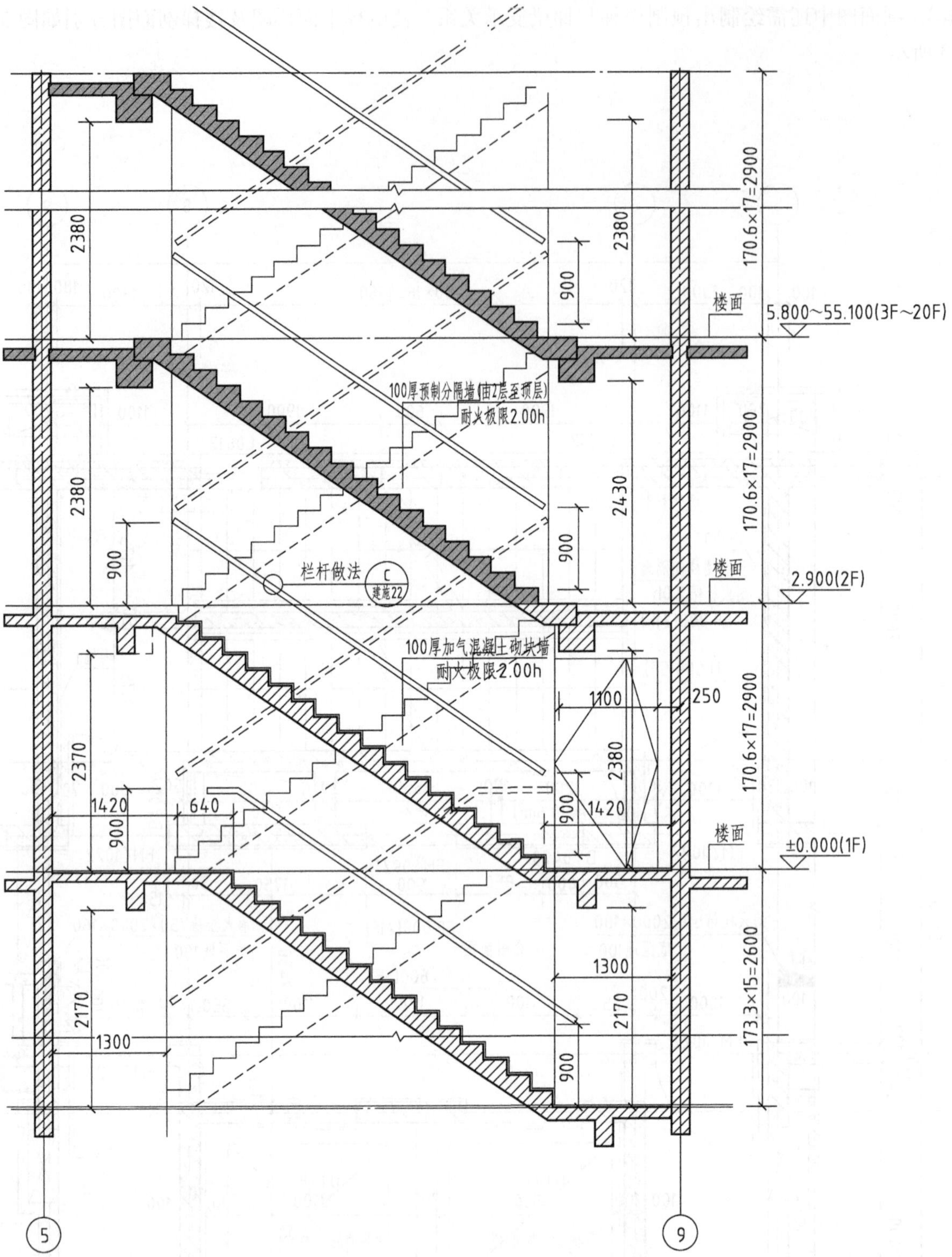

图 3-13　楼梯剖面图（局部）

七、阳台、空调板大样图

阳台、空调板大样图主要表达阳台、空调板的定位尺寸及标高，雨水管、排水管、地漏、空调孔的定位，外窗、百叶、栏杆的设置要求及细部构造要求，并为其他专业提供条件。图 3-14 为阳台、空调板大样图示例，图 3-15 为阳台剖面图示例。

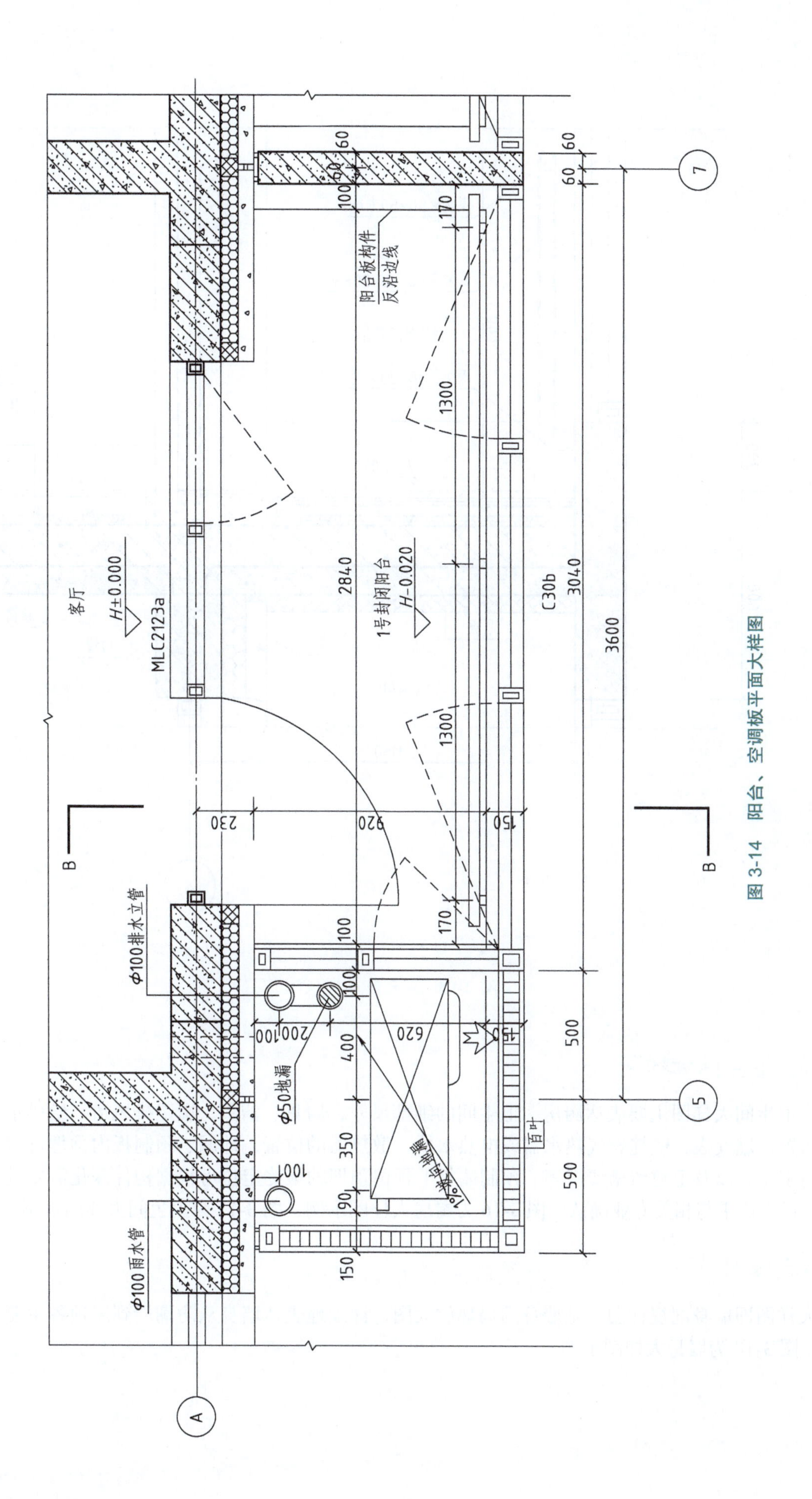

图 3-14 阳台、空调板平面大样图

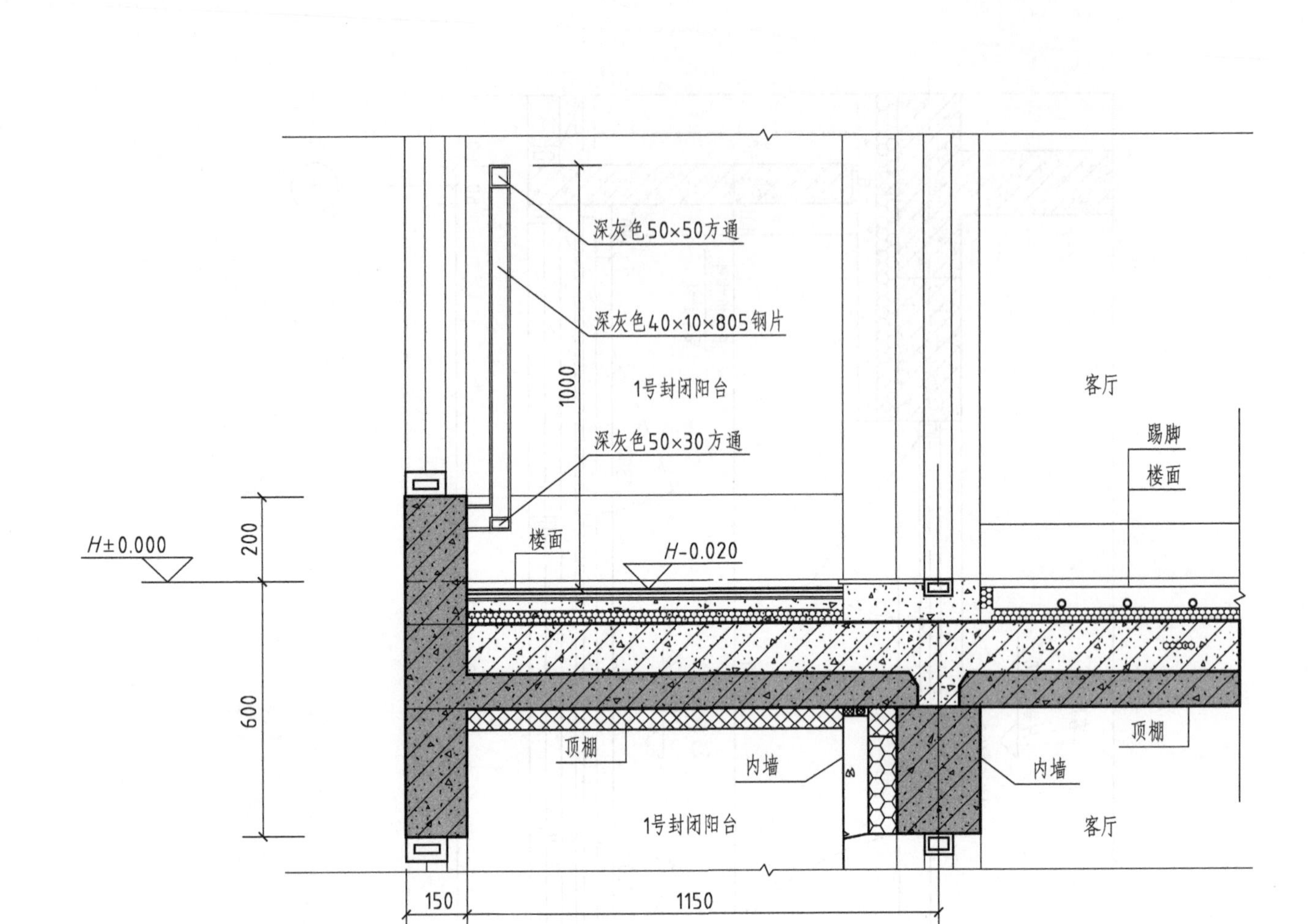

图 3-15　阳台剖面图

八、厨房、卫生间大样图

厨房、卫生间大样图主要表达厨房、卫生间的细部尺寸，厨具、洁具、厨卫排风道、给排水立管、燃气立管的布置，燃气表、壁挂燃气热水器或电热水器、散热器的位置，地漏、预制板内预埋灯口、电气开关与插座的定位，以及土建留槽要求等。预制墙板上预留预埋的最终定位可根据构件深化需要进行适当调整，但须将最终成果与相关专业确认。图 3-16 为厨房大样图示例，图 3-17 为卫生间大样图示例。

九、墙身大样图

墙身大样图即墙身剖视详图，是墙身的局部放大图，详细地表达墙身从防潮层到屋顶各主要节点的构造和做法，图 3-18 为墙身大样图示例。

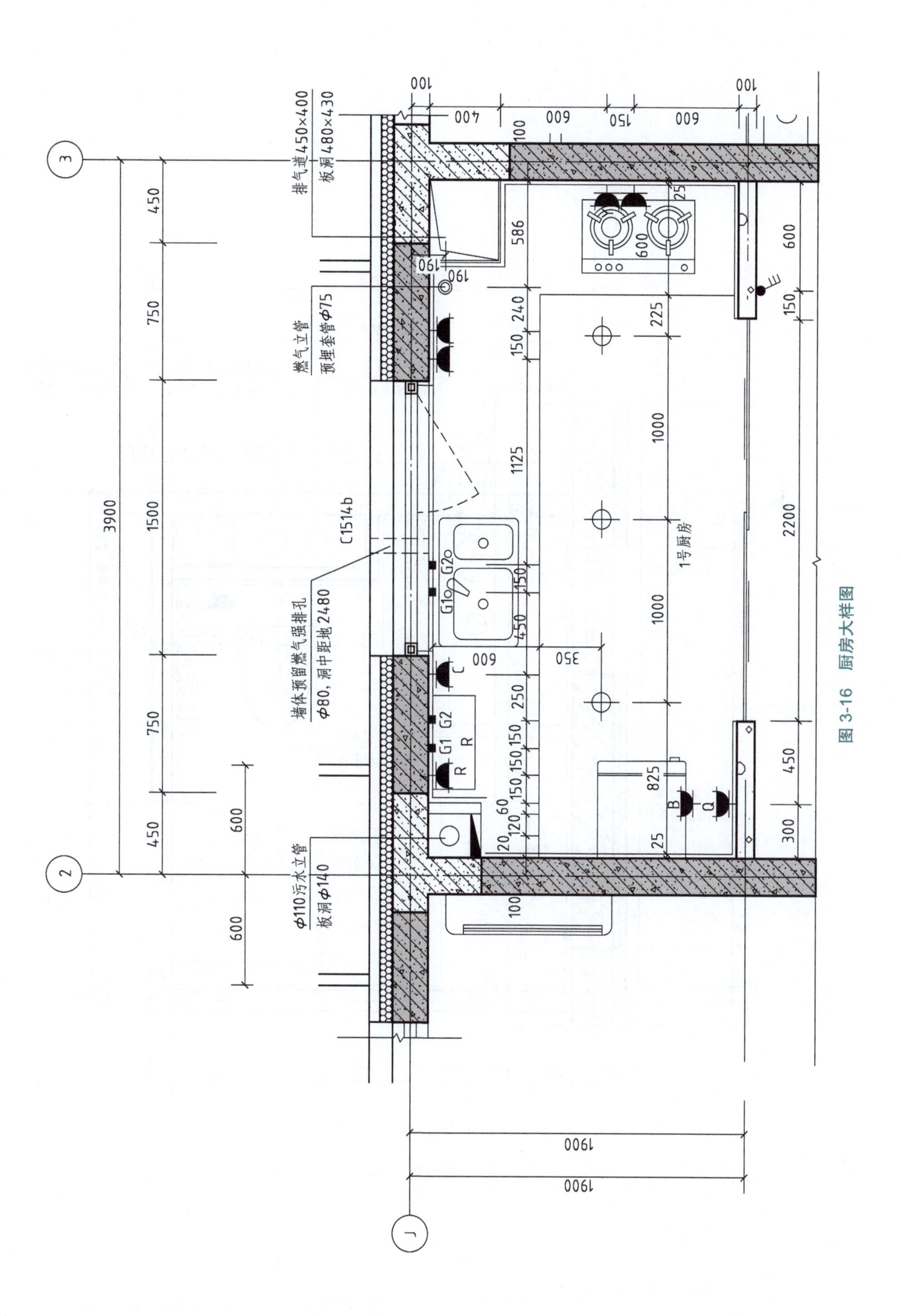
排气道450×400
板洞480×430
燃气立管
预埋套管Φ75
墙体预留燃气强排孔
Φ80，洞中距地2480
Φ110污水立管
板洞Φ140
C1514b
1号厨房

图 3-16　厨房大样图

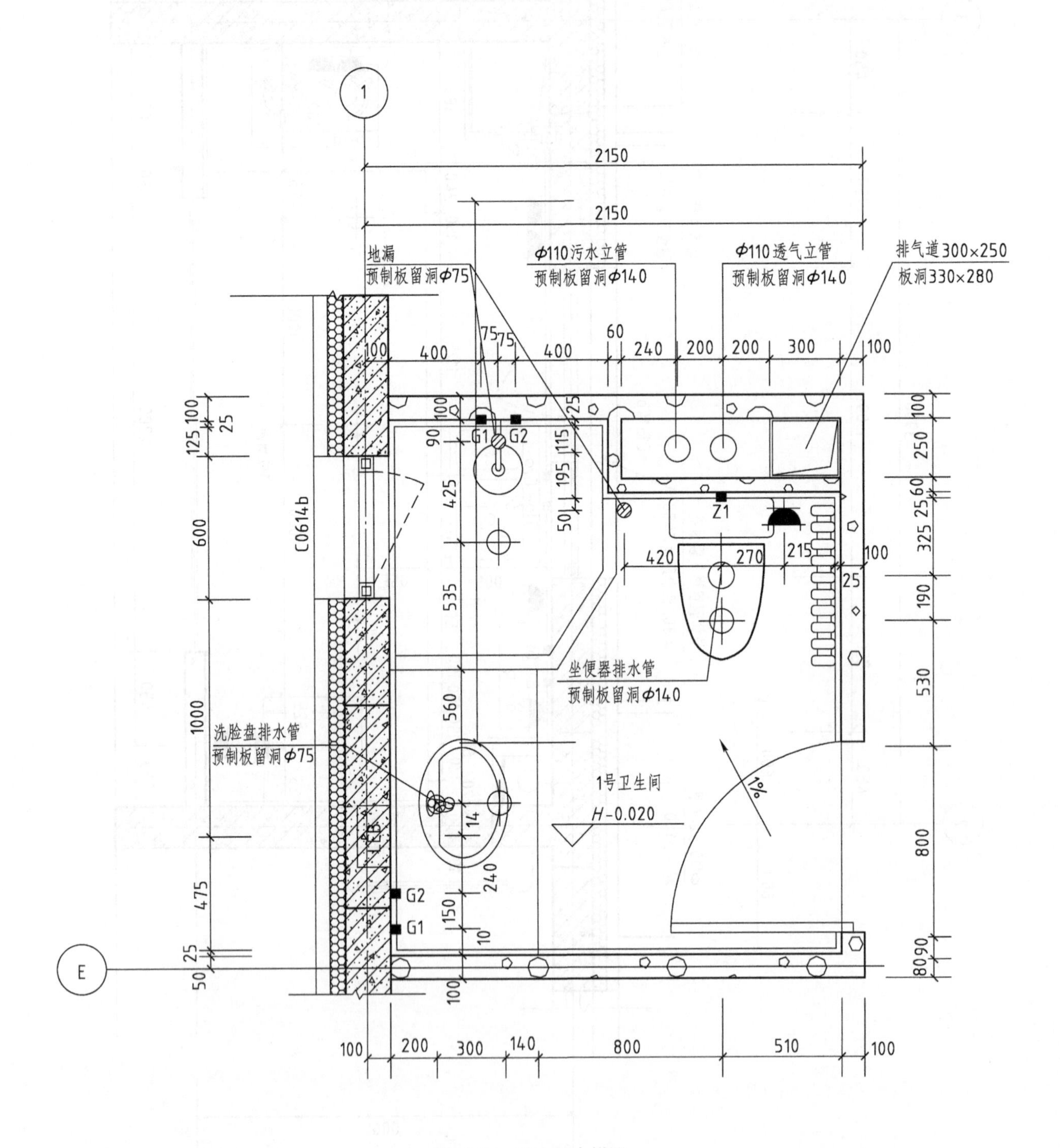

1
E
2150
2150
地漏
预制板留洞Φ75
Φ110污水立管
预制板留洞Φ140
Φ110透气立管
预制板留洞Φ140
排气道300×250
板洞330×280
G1
G2
Z1
C0614b
坐便器排水管
预制板留洞Φ140
洗脸盘排水管
预制板留洞Φ75
1号卫生间
H-0.020
1%

图 3-17　卫生间大样图

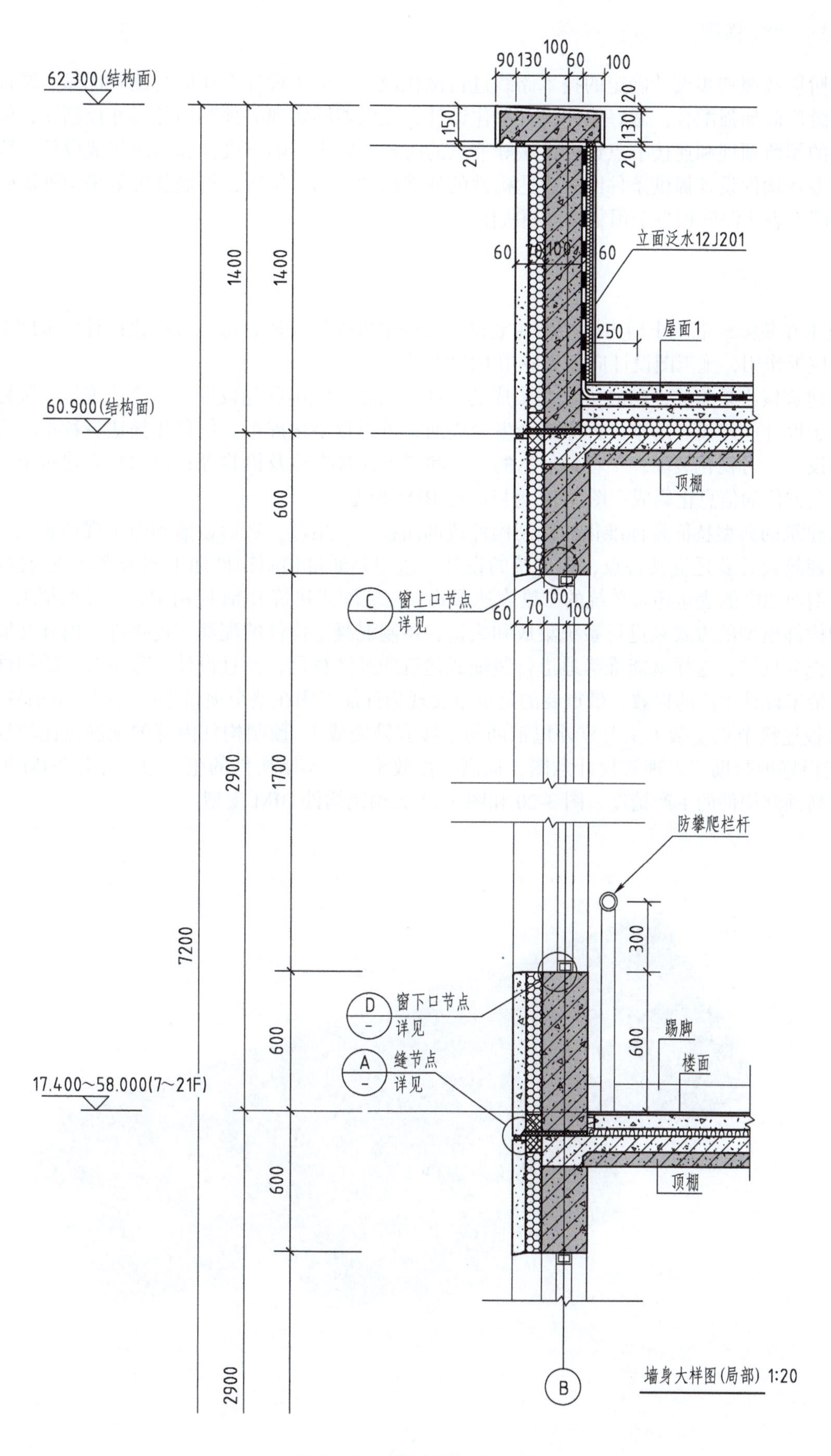

图 3-18 墙身大样图（局部）

十、构件尺寸控制图

施工图阶段按照初步设计确定的技术路线进行深化设计，建筑设计专业应与建筑部品、装饰装修、构件厂等上下游厂商加强配合，做好构件组合深化设计，提供能够实现的预制构件尺寸控制图，做好构件尺寸控制图上的预留预埋和连接节点设计，做好节点的防水、防火、隔声设计和系统集成设计。构件尺寸控制图为结构专业构件设计提供条件图，表达构件的外部尺寸、洞口位置，外墙装饰如采用外墙砖，需提出排砖方案，图纸表达深度相当于预制构件模板图。

十一、BIM 模型图

BIM 技术在装配式混凝土剪力墙结构住宅设计过程中可提供快速算量、可视化设计虚拟施工、高效协同、有效管控等作用，施工图设计应逐步应用 BIM 技术。

装配式建筑核心是集成，BIM 方法是集成的主线。这条主线串联起设计、生产、施工、装修和管理全过程，服务于设计、建设、运维、拆除的全生命周期；可以数字化虚拟、信息化描述各种系统要素，实现信息化协同设计、可视化装配、工程量信息的交互和节点连接模拟及检验等；可以整合建筑全产业链，实现全过程、全方位的信息化集成。图 3-19 为标准层 BIM 模型。

装配式建筑的典型特征是标准化的预制构件或部品在工厂生产，然后运输到施工现场装配、组装成整体。装配式建筑设计要适应其特点，在传统的设计方法中是通过预制构件加工图来表达预制构件的设计，其平、立、剖面图纸的表达还是传统的二维表达形式。在装配式建筑 BIM 应用中，应该模拟工厂加工的方式，以预制构件模型的方式来进行系统集成和表达，预制混凝土构件的配筋、连接件、内外叶墙板都能够通过模型来充分反映，这样就能准确地进行装配式建筑的经济算量，而且设计过程中对三维构件图纸的重复利用能够带来设计生产的提效，最重要的是可以实现构件加工图在整个项目生产周期中的前置。

上下墙板连接节点复杂（主要靠外甩钢筋与连接套筒完成），预制构件内部的配筋也比较复杂。通过 BIM 模型能很好地帮助工人理解设计意图，提高工作效率。在预制构件的生产过程中以 BIM 模型作为参考，可以提高预制构件的生产精度。图 3-20 和图 3-21 为预制构件 BIM 模型。

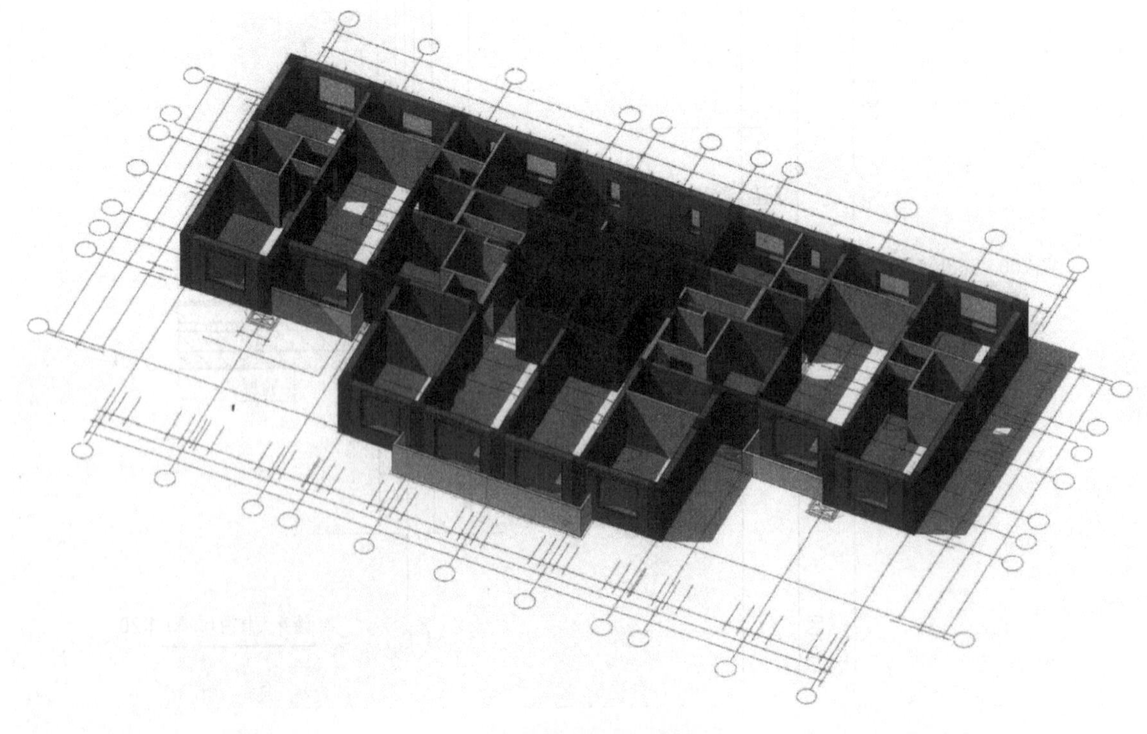

图 3-19　标准层 BIM 模型

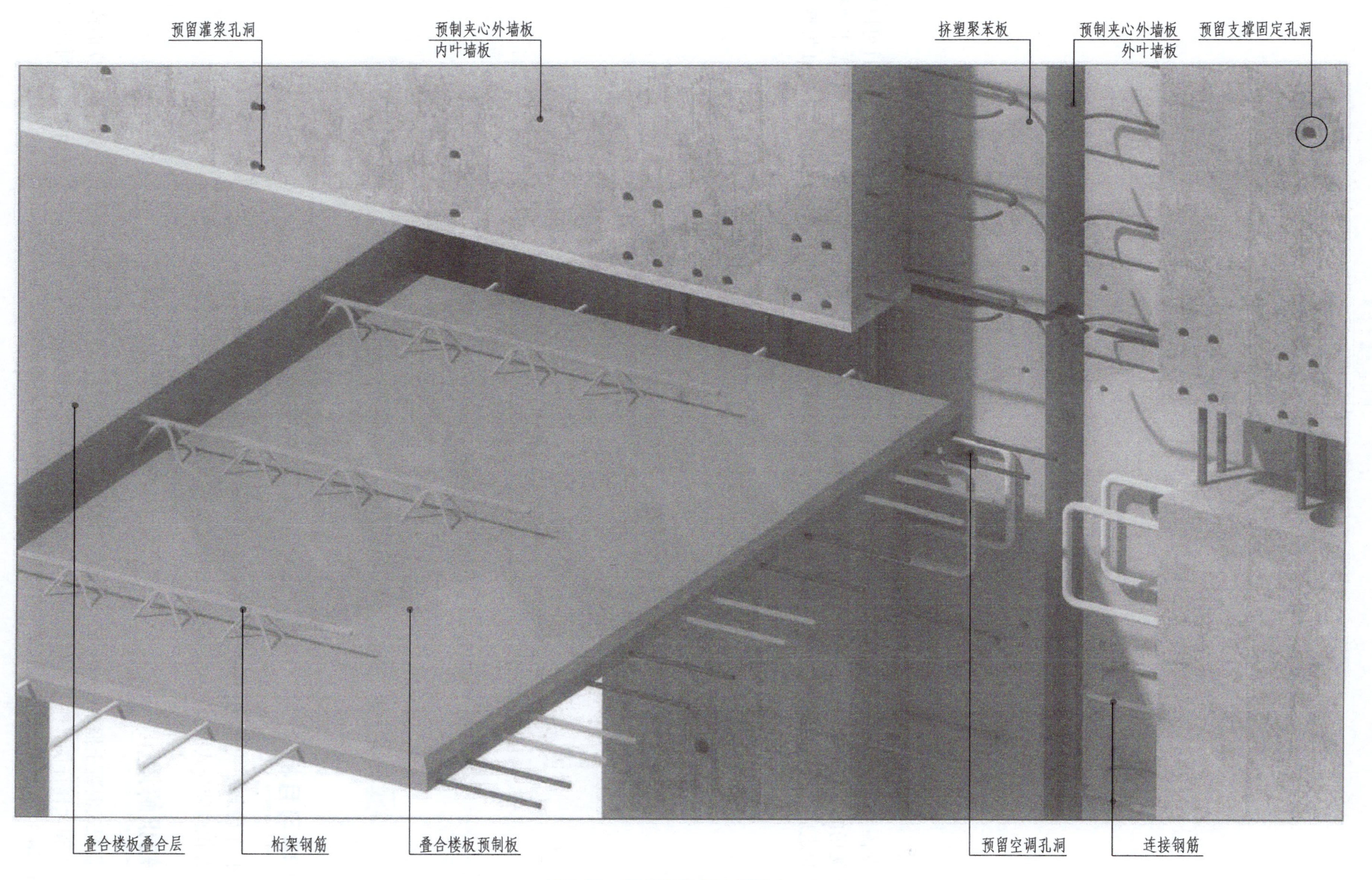

图 3-20 预制构件 BIM 模型（一）

图 3-21　预制构件 BIM 模型（二）

设备、电气管线的 BIM 模型不仅可以通过碰撞检查功能检查出管线之间的碰撞问题，而且可以指导施工现场的管线安装。住宅内部的构件移位及管线的更新、更改都可以及时准确地在 BIM 模型里得到反馈，为之后的再次修改调整提供参考。图 3-22 为电气管线 BIM 模型，图 3-23 为设备管线 BIM 模型。

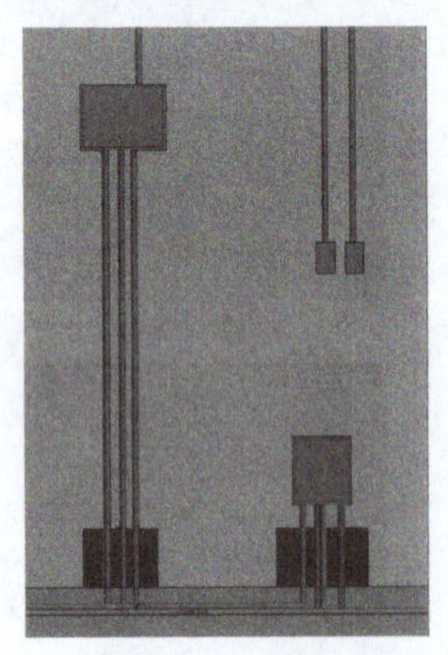

图 3-22　电气管线 BIM 模型

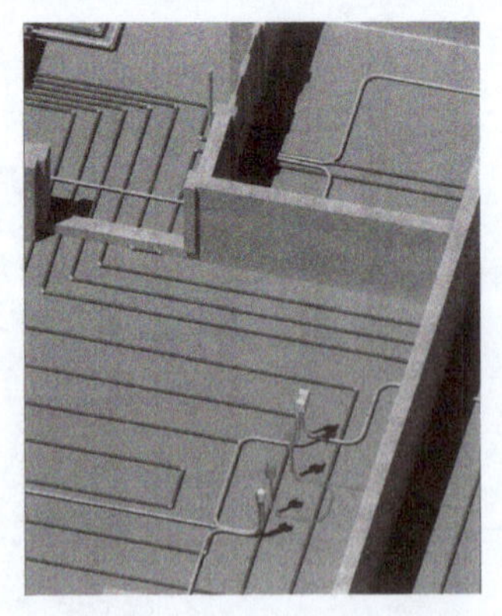

图 3-23　设备管线 BIM 模型

项目四　装配式混凝土框架结构办公楼建筑施工图

学习目标

1. 了解装配式混凝土框架结构办公楼建筑施工图的表达方法。
2. 识读装配式混凝土框架结构办公楼建筑施工图。

知识解读

装配式混凝土框架结构建筑施工图包括总平面图，建筑设计说明，各层平面图、立面图（立面详图）、剖面图和大样详图，本项目仅绘制出混凝土框架结构楼层平面图、屋顶平面图、立面图、剖面图，如图 3-24~ 图 3-27 所示，供学习参考，并供结构施工图学习时对照使用。

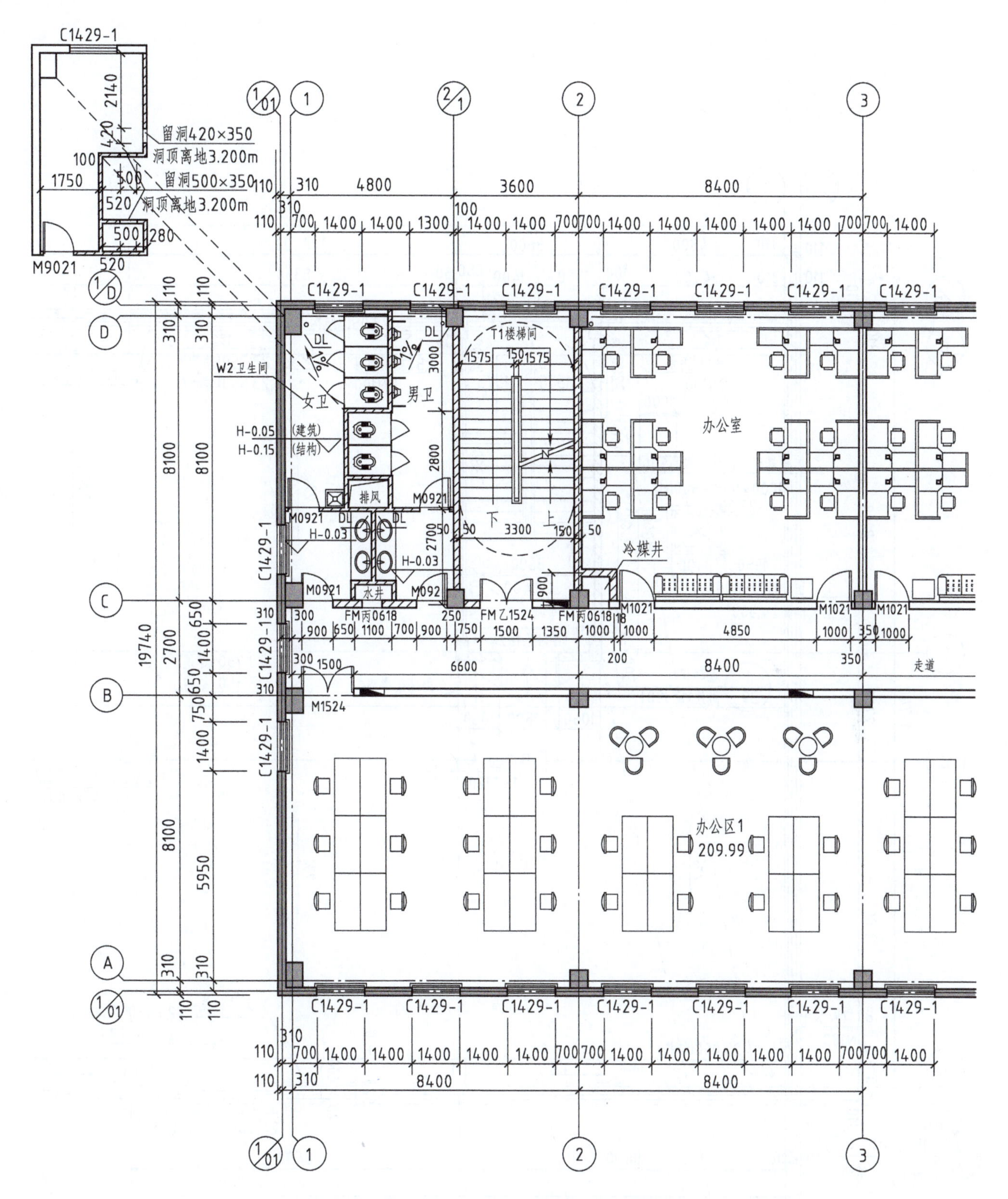

图 3-24 装配式混凝土框架结构楼层平面图（局部）

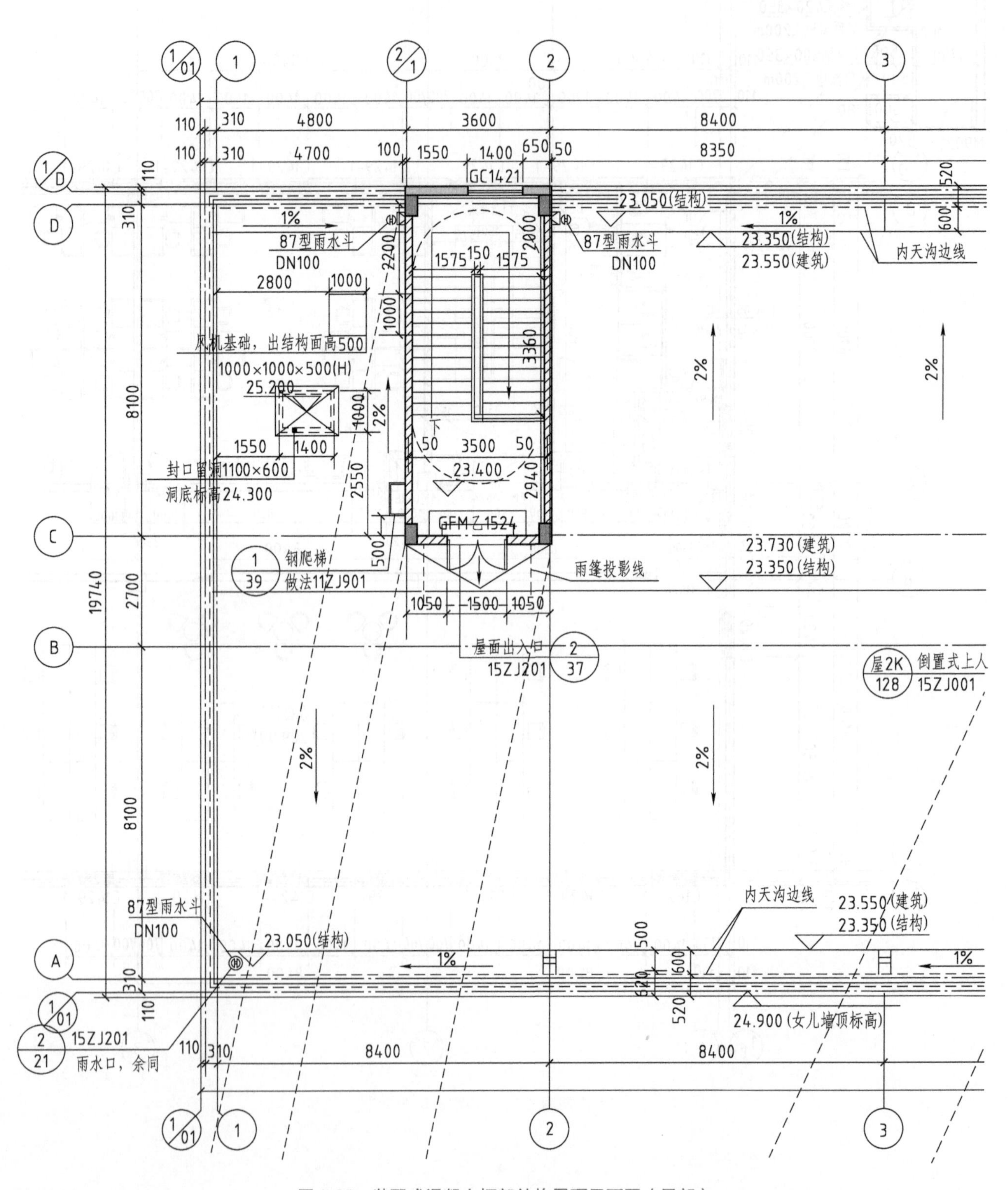

图 3-25　装配式混凝土框架结构屋顶平面图（局部）

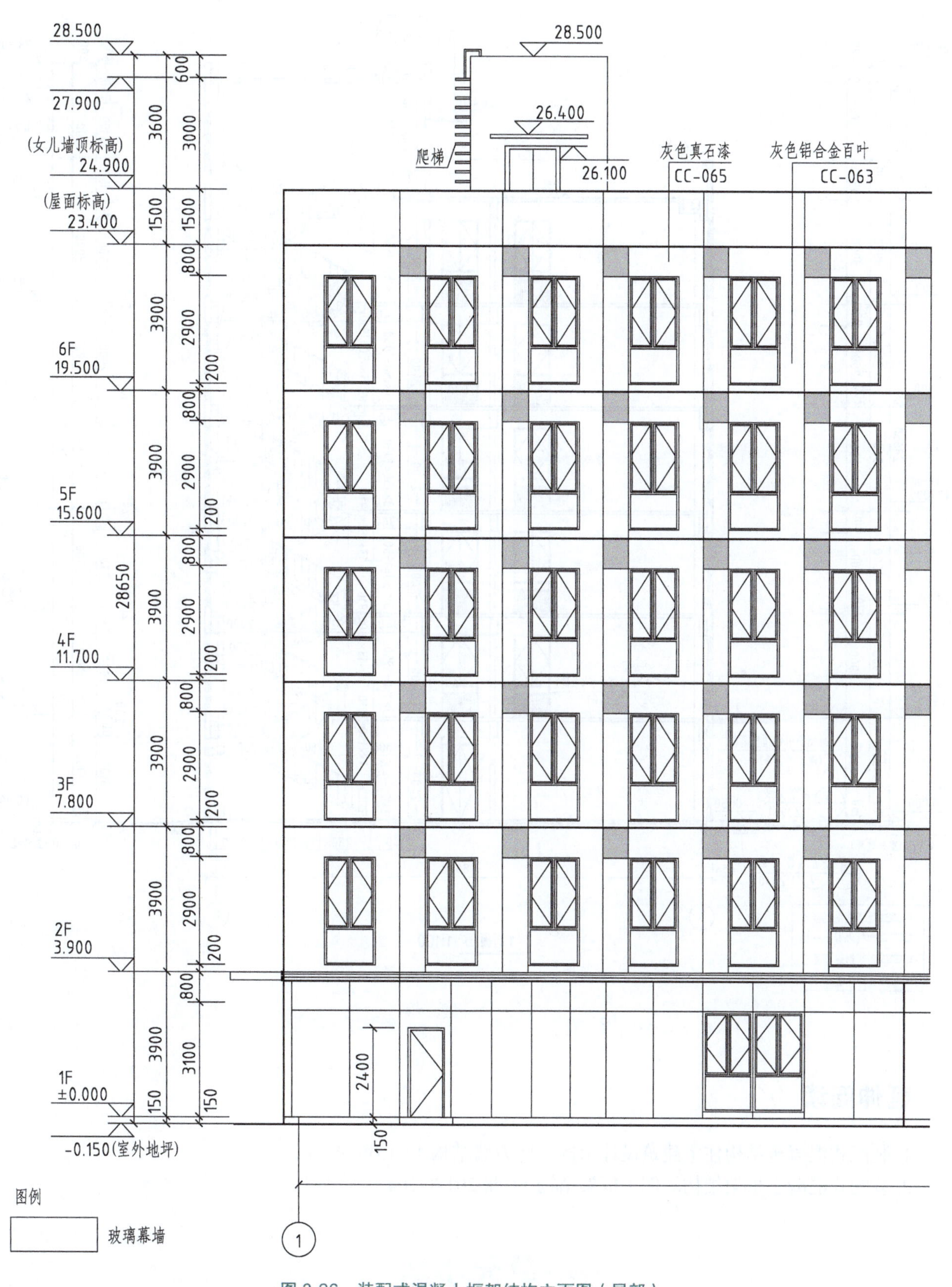

图 3-26 装配式混凝土框架结构立面图（局部）

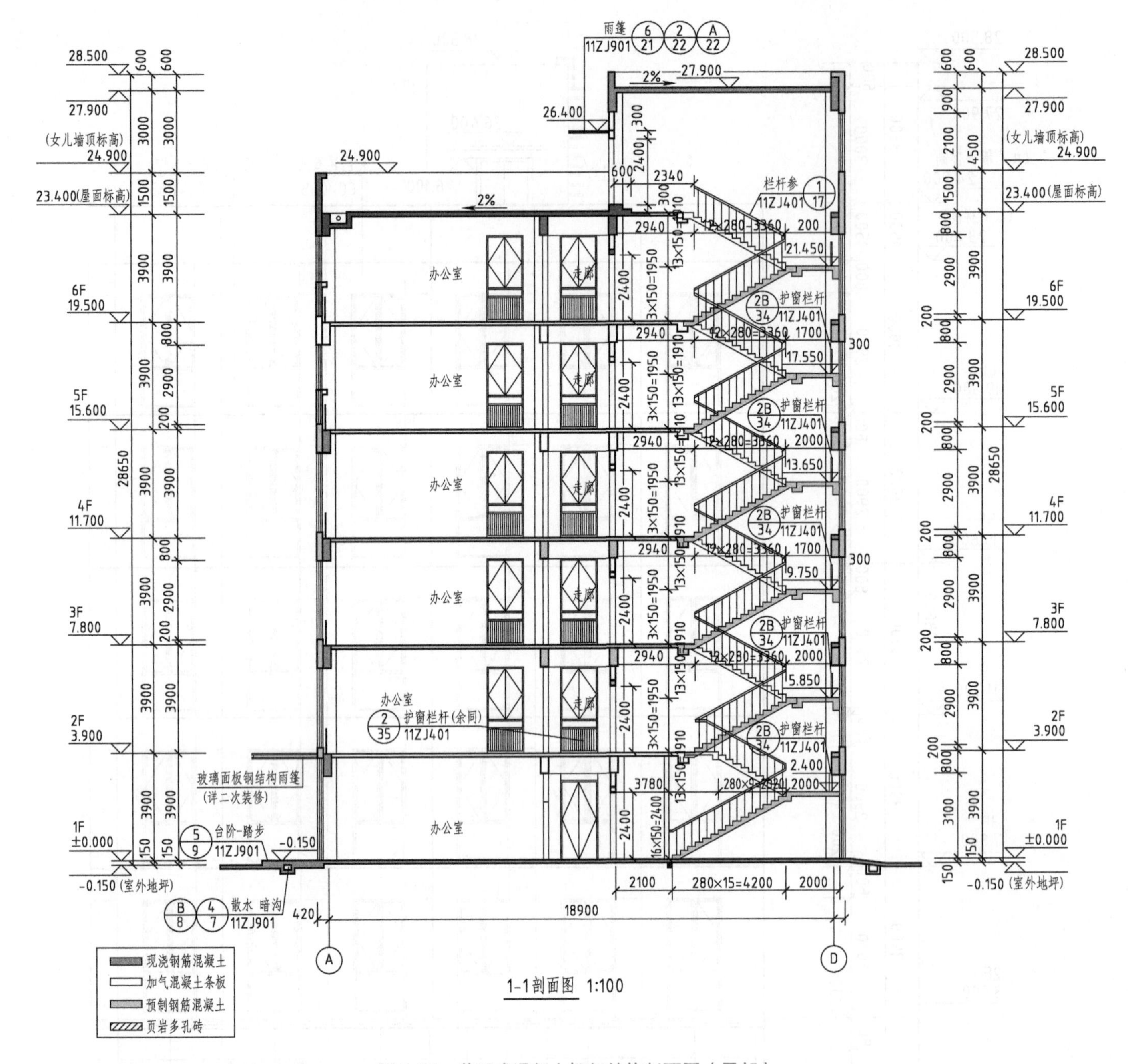

图 3-27　装配式混凝土框架结构剖面图（局部）

延伸阅读

1. 装配式混凝土结构住宅建筑设计示例（剪力墙结构）（15J939—1）。
2. 装配式混凝土框架结构示例（框架结构）（湘 2017G104）。

单元小结

装配式混凝土建筑设计应考虑实现标准化设计、工厂化生产、装配化施工、一体化装修和信息化管理，全面提升住宅品质，降低房屋建造和维护的成本。对于住宅建筑而言，与采用现浇混凝土剪力墙结构住宅的建设流程相比，装配式混凝土剪力墙结构住宅的建设流程更全面、更精细、更综合，增加了技术策划、工厂生产、一体化装修等过程。其设计流程包括总平面设计、平面设计、立面设计、预制构件设计、构造节点设计和各专业集成设计。

装配式混凝土建筑施工图设计说明除设计依据、项目概况、各部分构造做法、建筑设备要求、无障碍设计、防火设计、建筑节能设计外，还应进行装配式建筑设计专项说明。专项说明包括装配式建筑设计概况、总平面设计说明、建筑设计要求、预制构件设计要求、一体化装修设计和节能设计要求。

装配式混凝土剪力墙结构住宅建筑施工图除总平面图，建筑设计说明，各层平面图、立面图、剖面图和大样详图外，一般还包括套型平面详图，套型设备点位综合详图，立面详图，楼电梯平面详图，阳台、空调板大样图，墙板构件尺寸控制图，阳台、空调板构件尺寸控制图，楼梯构件尺寸控制图。装配式混凝土框架结构建筑施工图与装配式混凝土剪力墙结构建筑施工图表达方法基本相同。

复习思考题

1. 说明装配式混凝土结构建筑设计流程。
2. 装配式混凝土结构住宅建筑施工图设计专项说明包括哪些内容？
3. 说明装配式混凝土结构建筑施工图与现浇混凝土结构建筑施工图的不同之处。
4. 绘制图 3-10 套型平面详图中的预制外墙板、预制内墙板、预制阳台板、预制空调板的尺寸控制图。
5. 绘制图 3-13 楼梯剖面图（局部）中剪刀楼梯的尺寸控制图。

单元四

识读结构施工图

学习思路

装配整体式混凝土结构是指由预制混凝土构件通过可靠的方式进行连接并与现场后浇混凝土、水泥基灌浆料形成整体的装配式混凝土结构，简称装配整体式结构。全部或部分框架梁、柱采用预制构件构建成的装配整体式混凝土结构称为装配整体式混凝土框架结构，简称装配整体式框架结构；全部或部分剪力墙采用预制墙板构建成的装配整体式混凝土结构称为装配整体式混凝土剪力墙结构，简称装配整体式剪力墙结构。

装配整体式结构常用装配整体式框架结构和装配整体式剪力墙结构，本单元重点介绍装配整体式结构专项说明的编制和装配整体式剪力墙结构与装配整体式框架结构施工图制图规则，并通过具体工程图纸的识读来实现识图能力的迁移。其他结构形式（如装配整体式框架－现浇剪力墙结构、装配整体式框架－现浇核心筒结构）的施工图识读可参照这两种结构形式。

能力目标与知识要点

能力目标	知识要点
熟悉装配式结构专项说明	（1）总则 （2）预制构件的生产与检验 （3）预制构件的运输与堆放 （4）现场施工 （5）验收
熟悉装配式混凝土结构（剪力墙结构）施工图表示方法和制图规则，能识读装配式剪力墙结构施工图	（1）预制剪力墙施工图制图规则 （2）叠合楼盖施工图制图规则 （3）预制板式楼梯施工图制图规则 （4）预制阳台板、空调板及女儿墙施工图制图规则
熟悉装配式混凝土结构（框架结构）施工图表示方法和制图规则，能识读装配式框架结构施工图	（1）预制柱施工图制图规则 （2）叠合梁施工图制图规则 （3）叠合楼盖施工图制图规则 （4）预制板式楼梯施工图制图规则 （5）外墙挂板施工图制图规则

知识预习

装配式混凝土结构施工图

装配式混凝土结构施工图，是在结构平面图上表达各结构构件的布置，包括基础顶面以上的预制混凝土剪力墙外墙板、预制混凝土剪力墙内墙板、预制柱、叠合梁、叠合楼盖、预制板式楼梯、预制阳台板、空调板及女儿墙等构件的布置，并与预制构件详图、连接节点详图相配合，形成一套完整的装配式混凝土结构设计文件。

各类预制构件在结构平面布置图中直接标注编号，并列表注释预制构件的尺寸、重量、数量和选用方法等。预制构件编号中含有类型代号和序号，类型代号指预制构件种类，序号用于表达同类构件的顺序。当直接选用标准图集中的预制构件时，配套图集中已按构件类型注明编号，并配以详图，只需在构件表中明确平面布置图中构件编号与所选图集中构件编号的对应关系，使两者结合构成完整的结构设计图；自行设计构件时，需绘制构件详图。

在装配式混凝土剪力墙结构的施工图设计中，现浇结构（包括叠合层）及基础施工图参照《混凝土结构施工图平面整体表示方法制图规则和构造详图（现浇混凝土框架、剪力墙、梁、板）》（16G101—1）、《混凝土结构施工图平面整体表示方法制图规则和构造详图（独立基础、条形基础、筏形基础、桩基础）》（16G101—3）执行。

装配式混凝土剪力墙结构施工图文件的编制宜按图纸目录、结构设计说明（含装配式结构专项说明）、构件平面布置图（基础、剪力墙、柱、梁、板、楼梯等）、节点、预制构件模板及配筋的顺序排列。

装配式混凝土结构施工图绘制与识读注意事项

为了确保施工人员准确无误地按结构施工图进行施工，在具体工程施工图中必须写明以下内容：

（1）注明所选用装配式混凝土结构表示方法标准的图集号（特别是版本），以免图集升版后在施工图中用错版本；注明选用的构件标准图集号；结构中的现浇混凝土部分，同样需要注明选用的相应图集编号。

（2）注明装配式混凝土结构的设计使用年限。

（3）注明各类预制构件和现浇构件在不同部位所选用的混凝土强度等级和钢筋级别，以确定相应预制构件预留钢筋的最小锚固长度及最小搭接长度等。当采用机械锚固形式时，设计者应指定机械锚固的具体形式、必要的构件尺寸以及质量要求。

（4）当标准构造详图有多种可选择的构造做法时，设计人应写明在何部位选用何种构造做法。

（5）注明后浇段、纵筋、预制墙体分布筋等在具体工程中需接长时所采用的连接形式及有关要求。必要时，尚应注明对接头的性能要求。轴心受拉及小偏心受拉构件的纵向受力钢筋不得采用绑扎搭接，设计者应在结构平面图中注明其平面位置及层数。

（6）注明结构不同部位所处的环境类别。

（7）注明上部结构的嵌固位置。

（8）当具体工程中有特殊要求时，应在施工图中另加说明。

（9）对预制构件和后浇段的混凝土保护层厚度、钢筋搭接和锚固长度，除在结构施工图中另有注明外，均需按装配式混凝土结构系列图集的有关要求执行。

（10）应将统一的结构层楼面标高、结构层高和结构层号用表格或其他方式分别放在墙、板等各类构件的施工图中。结构层楼面标高指建筑图中的各层地面和楼面标高值扣除面层及垫层做法后的标高，结构层楼面标高与结构层高在单项工程中必须统一，结构层号应与建筑层号对应一致。

项目一　装配整体式混凝土结构专项说明

学习目标

1. 熟悉结构设计总说明。
2. 掌握装配整体式结构专项说明的主要内容。
3. 熟悉装配混凝土结构施工图图例。

知识解读

一、结构设计总说明

装配式混凝土结构设计总说明与现浇混凝土结构相同。每个单项工程的结构设计总说明通常由以下主要内容组成。

（一）工程概况

工程概况主要包括以下内容。

（1）项目名称。

（2）建设地点。

（3）项目概况（层数、房屋高度、结构类型、基础类型、地基形式等）。

（4）建筑功能及建筑面积。

（5）人防地下室范围。

（6）±0.000（相当于绝对标高值及室内外高差）。

（二）设计总则

设计总则主要说明绘图方法、计量单位、施工图使用注意事项、施工图绘制参考图集等。

（三）设计依据

设计依据主要包括以下内容。

（1）结构设计所采用的现行国家规范、标准及规程（包括标准的名称、编号、年号和版本号）。

（2）初步设计审批意见。

（3）岩土工程勘察报告。

根据工程的具体情况，还可能包括以下各项：试桩报告、抗浮设防水位分析论证报告、风洞试验报告、场地地震安全性评价报告及批复文件、建筑抗震性能化目标设计可行性论证报告、超限高层建筑工程抗震设防专项审查意见、人防审批意见、建设单位提出的与结构有关的符合国家标准、法规的设计任务书等。

（四）结构设计主要技术指标

主要包括结构设计标准和抗震设防有关参数。

1. 结构设计标准

（1）设计基准期及设计使用年限。

（2）建筑结构安全等级及相应结构重要性系数。

（3）地基基础（或建筑桩基）设计等级。

（4）抗浮设防水位绝对高程及相当于本工程相对标高。

（5）建筑防火分类与耐火等级。

（6）地下工程的防水等级。

（7）人防地下室的设计类别。

2. 抗震设防有关参数

（1）设防烈度、设计基本地震加速度、水平地震影响系数最大值。

（2）场地类别、设计地震分组、特征周期值。

（3）结构阻尼比。

（4）地基土层地震液化程度判断。

（5）抗震设防类别、结构抗震计算及抗震措施相应设防烈度取值。

（6）结构计算嵌固部位。

（7）结构抗震等级。

（8）结构抗震性能目标（仅超限工程）。

（五）主要荷载取值

（1）活荷载。

（2）风荷载，包括风压取值和地面粗糙度类别。

（3）雪荷载。

（4）温度作用，包括温度作用设计依据及超长钢筋混凝土部分设计采用的温度和温差。

（六）结构设计采用的计算软件

包括所采用的计算软件名称、代号、版本及编制单位。

（七）主要结构材料

（1）混凝土，包括强度等级、耐久性要求、外加剂要求。

（2）钢筋，包括钢筋强度等级和抗震构件钢筋性能要求，焊条选用要求，吊钩、吊环、受力预埋件的锚筋要求，型钢、钢板、钢管等级及相应焊条型号，机械连接接头要求。

（3）砌体，各个部位的填充墙材料、强度等级、砌筑砂浆及容重等。

（八）地基、基础及地下室

（1）场地的工程地质条件与水文条件，包括地形地貌、地层情况、水文地质条件、场地标准冻深及不良地质状况分析与处理措施。

（2）地基、基础形式，如天然地基、地基处理、桩基础等形式。

（3）抗浮措施。

（4）基坑开挖、验槽及回填要求。

（5）施工期间降水要求。

（九）混凝土结构构造要求

主要包括混凝土保护层厚度；钢筋的锚固与连接构造要求；基础、柱、墙、梁、板、楼梯构造要求；外露的现浇钢筋混凝土女儿墙、挂板、栏板、檐口等构件伸缩缝设置与构造要求；后浇带与施工缝构造要求等。

（十）非结构构件的构造要求

包括后砌填充墙、女儿墙、幕墙、预埋件等非结构构件构造要求。

（十一）混凝土结构施工要求

主要说明混凝土结构施工注意事项。

（十二）沉降观测要求

主要说明沉降观测要求。

二、专项说明

装配整体式混凝土结构除结构设计总说明外，还应包括装配式结构专项说明，专项说明主要包括以下内容。

（一）总则

总则包括装配式结构图纸使用说明、配套的标准图集、材料要求、预制构件深化设计要求等。其中材料要求包括预制构件用混凝土、钢筋、钢材和连接材料，以及预制构件连接部位的坐浆材料、预制混凝土夹心保温外墙板采用拉结件等。

（二）预制构件的生产与检验

包括预制构件的模具尺寸偏差要求与检验方法、粗糙面粗糙度要求、预制构件的允许尺寸偏差、钢筋套筒灌浆连接的检验、预制构件外观要求、结构性能检验要求等。

（三）预制构件的运输与堆放

预制构件的运输要求包括运输车辆要求、构件装车要求；堆放要求包括场地要求、靠放时的方向和叠放的支垫要求与层数限制。

（四）现场施工

包括构件进场检查要求、预制构件安装要求与现场施工中的允许误差，以及附着式塔吊水平支撑和外用电梯水平支撑与主体结构的连接要求等。

（五）验收

装配式结构部分应按混凝土结构子分部工程进行验收，并需提供相关材料。

三、图例

装配式混凝土结构一般采用表 4-1 所示图例。

表 4-1　结构施工图图例

名称	图例	名称	图例
预制钢筋混凝土		后浇段、边缘构件	
保温层		夹心保温外墙	
现浇钢筋混凝土		预制外墙模板	

知识拓展

装配式混凝土结构设计专项说明示例

1. 总则

1.1 本说明应与结构平面图、预制构件详图以及节点详图等配合使用。

1.2 主要配套标准图集

15G107—1《装配式混凝土结构表示方法及示例（剪力墙结构）》

15G365—1《预制混凝土剪力墙外墙板》

15G365—2《预制混凝土剪力墙内墙板》

15G366—1《桁架钢筋混凝土叠合板（60mm 厚底板）》

15G367—1《预制钢筋混凝土板式楼梯》

15G368—1《预制钢筋混凝土阳台板、空调板及女儿墙》

15G310—1《装配式混凝土结构连接节点构造（楼盖结构和楼梯）》

15G310—2《装配式混凝土结构连接节点构造（剪力墙结构）》

16G101—1~3《混凝土结构施工图平面整体表示方法制图规则和构造详图》

1.3 材料要求

1.3.1 混凝土

1）混凝土强度等级应满足结构设计总说明规定，其中预制剪力墙板的混凝土轴心抗压强度标准值不得高于设计值的 20%。

2）对水泥、骨料、矿物掺合料、外加剂等的设计要求详见结构设计总说明，应特别保证骨料级配的连续性，未经设计单位批准，混凝土中不得掺加早强剂或早强型减水剂。

3）混凝土配合比除满足设计强度要求外，尚需根据预制构件的生产工艺、养护措施等因素确定。

4）条件养护的混凝土立方体试件抗压强度达到设计混凝土强度等级值的 75%，且不小于 15N/mm^2 时，方可脱模；吊装时应达到设计强度值。

1.3.2 钢筋、钢材和连接材料

1）预制构件使用的钢筋和钢材牌号及性能详见结构设计总说明。

2）预制剪力墙板纵向受力钢筋连接采用钢筋套筒灌浆连接接头，接头性能应符合 Ⅰ 级接头的要求；灌浆套筒应符合《钢筋连接用灌浆套筒》（JG/T 398—2012）的有关规定，灌浆料性能应符合《钢筋连接用套筒灌浆料》（JG/T 408—2013）的有关规定。

3）施工用预埋件的性能指标应符合相关产品标准，且应满足预制构件吊装和临时支撑等需要。

1.3.3 预制构件连接部位坐浆材料的强度等级不应低于被连接构件混凝土强度等级，且应满足下列要求：砂浆流动度为130~170mm，1天抗压强度值不低于30MPa；预制楼梯与主体结构的找平层采用干硬性砂浆，其强度等级不低于M15。

1.3.4 预制混凝土夹心保温外墙板采用的拉结件应为符合国家现行标准的FRP（纤维增强复合材料）或不锈钢产品。

1.4 预制构件的深化设计

1.4.1 预制构件制作前应进行深化设计，深化设计文件应根据本项目施工图设计文件及选用的标准图集、生产制作工艺、运输条件和安装施工要求等进行编制。

1.4.2 预制构件详图中的各类预留孔洞、预埋件和机电预留管线须与相关专业图纸仔细核对无误后方可下料制作。

1.4.3 深化设计文件应经设计单位书面确认后方可作为生产依据。

1.4.4 深化设计文件应包括（但不限于）下述内容：

1）预制构件平面和立面布置图。

2）预制构件模板图、配筋图、材料和配件明细表。

3）预埋件布置图和细部构造详图。

4）带瓷砖饰面构件的排砖图。

5）内外叶墙板拉结件布置图和保温板排板图。

6）计算书：根据《混凝土结构工程施工规范》（GB 50666—2011）的有关规定，应根据设计要求和施工方案对脱模、吊运、运输、安装等环节进行施工验算，例如预制构件、预埋件、吊具等的承载力、变形和裂缝等。

1.5 预制构件加工单位应根据设计要求、施工要求和相关规定制定生产方案，编制生产计划。

1.6 施工总承包单位应根据设计要求、预制构件制作要求和相关规定制定施工方案，编制施工组织设计。

1.7 上述生产方案和施工方案尚应符合国家、行业、建设所在地的相关标准、规范和规程等规定；应提交建设单位、监理单位审查，取得书面批准函后方可作为生产和施工依据。

1.8 监理单位应对工程全过程进行质量监督和检查，并取得完整、真实的工程检测资料。本项目需要实施现场专人质量监督和检查的特殊环节主要有以下几个。

1.8.1 预制构件在构件生产单位的生产过程、出厂检验及验收环节。

1.8.2 预制构件进入施工现场的质量复检和资料验收环节。

1.8.3 预制构件安装与连接的施工环节。

1.9 预制构件深化设计单位、生产单位、施工总承包单位和监理单位以及其他与本工程相关的产品供应厂家，均应严格执行本说明的各项规定。

1.10 预制构件生产单位、运输单位和工程施工总承包单位应结合本工程生产方案和施工方案采取相应的安全操作和防护措施。

2. 预制构件的生产和检验

2.1 预制构件模具的尺寸允许偏差和检验方法应符合《装配式混凝土结构技术规程》（JGJ 1—2014）的相关规定。

2.2 所有预制构件与现浇混凝土的结合面应做粗糙面，无特殊规定时其凹凸度不小于 4mm，且外露粗骨料的凹凸应沿整个结合面均匀连续分布。

2.3 预制构件的允许尺寸偏差除满足《装配式混凝土结构技术规程》（JGJ 1—2014）的有关规定外，尚应满足如下要求。

1）预留钢筋允许偏差应符合表 4-2 的规定。

表 4-2　预留钢筋允许偏差

项目	允许偏差 /mm
中心线位置	±2
外伸长度	+5，-2

2）与现浇结构相邻部位 200mm 宽度范围内的表面平整度允许偏差应不超过 1mm。

3）预制墙板的误差控制应考虑相邻楼层的墙板以及同层相邻墙板的误差，应避免累积误差。

2.4 本工程预制剪力墙板纵向受力钢筋采用钢筋套筒灌浆连接。钢筋套筒灌浆前，应在现场模拟构件连接接头的灌浆方式，每种规格钢筋应制作不少于 3 个套筒灌浆连接接头，进行灌注质量以及接头抗拉强度的检验；经检验合格后，方可进行灌浆作业。

2.5 预制构件外观应光洁平整，不应有严重缺陷，不宜有一般缺陷；生产单位应根据不同的缺陷制定相应的修补方案，修补方案应包括材料选用、缺陷类型及对应修补方法、操作流程、检查标准等内容，经过监理单位和设计单位书面批准后方可实施。

2.6 本工程采用的预制构件应按《混凝土结构工程施工质量验收规范》（GB 50204—2015）的有关规定进行结构性能检验。

2.7 预制构件的质量检验除符合上述要求外，还应符合现行国家、行业的标准、规范和建设所在地的地方规定。

3. 预制构件的运输与堆放

预制构件在运输与堆放中应采取可靠措施进行成品保护，如因运输与堆放环节造成预制构件严重缺陷，则应视为不合格品，不得安装；预制构件应在其显著位置设置标识，标识内容应包括使用部位、构件编号等，在运输和堆放过程中不得损坏。

3.1 预制构件的运输

3.1.1 预制构件运输宜选用低平板车，车上应设有专用架，且有可靠的稳定构件措施。

3.1.2 预制剪力墙板宜采用竖直立放式运输，叠合板预制底板、预制阳台、预制楼梯可采用平放运输，并采取正确的支垫和固定措施。

3.2 预制构件的堆放

3.2.1 堆放场地应进行场地硬化，并设置良好的排水设施。

3.2.2 预制外墙板采用靠放时，外饰面应朝内。

3.2.3 叠合板预制底板、预制阳台、预制楼梯可采用水平叠放方式，层与层之间应垫平、垫实，最下面一层支垫应通长设置。叠合板预制底板水平叠放层数不应大于 6 层，预制阳台水平叠放层数不应大于 4 层，预制楼梯水平叠放层数不应大于 6 层。

4. 现场施工

4.1 预制构件进场时，须进行外观检查，并核收相关质量文件。

4.2 施工单位应编制详细的施工组织设计和专项施工方案。

4.3 施工单位应对套筒灌浆施工工艺进行必要的试验，对操作人员进行培训、考核，施工现场派有专人值守和记录，并留有影像资料；注意对具有瓷砖饰面的预制构件进行成品保护。

4.4 预制剪力墙板的安装

4.4.1 安装前，应对连接钢筋与预制剪力墙板套筒的配合度进行检查，不允许在吊装过程中对连接钢筋进行校正。

4.4.2 预制剪力墙外墙板应采用有分配梁或分配桁架的吊具，吊点合力作用线应与预制构件重心重合；预制剪力墙外墙板应在校准定位和临时支撑安装完成后方可脱钩。

4.4.3 预制墙板安装就位后，应及时校准并采取与楼层间的临时斜支撑措施，且每个预制墙板的上部斜支撑和下部斜支撑各不宜少于2道。

4.4.4 钢筋套筒灌浆应根据分仓设计设置分仓，分仓长度沿预制剪力板长度方向不宜大于1.5m，并应对各仓接缝周围进行封堵，封堵措施应符合结合面承载力设计要求，且单边入墙厚度不应大于20mm。常用剪力墙墙板的灌浆区域具体划分尺寸参见《预制混凝土剪力墙外墙板》（15G365—1）和《预制混凝土剪力墙内墙板》（15G365—2）；其他剪力墙墙板灌浆区域划分见详图。

4.5 叠合楼盖的施工

施工时应设置临时支撑，支撑要求如下。

1）第一道横向支撑距墙边不大于0.5m。

2）最大支撑间距不大于2m。

4.6 悬挑构件应层层设置支撑，待结构达到设计承载力要求时方可拆除。

4.7 施工操作面应设置安全防护围栏或外架，严格按照施工规程执行。

4.8 预制构件在施工中的允许误差除满足《装配式混凝土结构技术规程》（JGJ 1—2014）有关规定外，尚应满足表4-3的要求。

表4-3 预制构件在现场施工中的允许误差

项目	允许偏差/mm	项目	允许偏差/mm
预制墙板下现浇结构顶面标高	±2	预制墙板水平/竖向缝宽度	±2
预制墙板中心线偏移	±2	阳台板进入墙体宽度	0，3
预制墙板中心线偏移（2m靠尺）	l/1500且＜2	同一轴线相邻楼板/墙板高差	±2

4.9 附着式塔吊水平支撑和外用电梯水平支撑与主体结构的连接方式应由施工单位确定专项方案，由设计单位审核。

5. 验收

5.1 装配式结构部分应按照混凝土结构子分部工程进行验收。

5.2 装配式结构子分部工程进行验收时，除应满足《装配式混凝土结构技术规程》（JGJ 1—2014）有关规定外，尚应提供如下资料。

1）预制构件的质量证明文件。

2）饰面瓷砖与预制构件基面的黏结强度值。

项目二　识读装配整体式剪力墙结构施工图

学习目标

1. 熟悉预制剪力墙施工图制图规则。
2. 熟悉叠合楼盖施工图制图规则。
3. 熟悉预制板式楼梯施工图制图规则。
4. 熟悉预制阳台板施工图制图规则。
5. 熟悉预制空调板施工图制图规则。
6. 熟悉预制女儿墙施工图制图规则。
7. 读懂装配整体式剪力墙结构施工图。

知识解读

一、预制剪力墙施工图制图规则

（一）施工图表示方法

装配整体式剪力墙结构中，预制混凝土剪力墙（简称预制剪力墙）平面布置应按标准层绘制，绘制内容包括预制剪力墙、现浇混凝土墙体、后浇段、现浇梁、楼面梁、水平后浇带或圈梁等，并进行编号，如图 4-1 所示。预制剪力墙平面布置图应按规定标注结构楼层标高表，注明上部结构嵌固部位位置。

在平面布置图中，应标注未居中承重墙体与轴线的定位、预制剪力墙的门窗洞口、结构洞的尺寸和定位，标明预制剪力墙的装配方向（外墙板以内侧为装配方向，不需要标注；内墙板在装配一侧用▲表示装配方向），还应标注水平后浇带或圈梁的位置。

（二）编号规定

1. 预制混凝土剪力墙

预制剪力墙编号由墙板代号和序号组成，表达形式见表 4-4。

表 4-4　预制混凝土剪力墙编号

预制墙板类型	代号	序号
预制外墙	YWQ	××
预制内墙	YNQ	××

注：1. 在编号中，如若干预制剪力墙的模板、配筋、各类预埋件完全一致，仅墙厚与轴线的关系不同，也可将其编为同一预制剪力墙编号，但应在图中注明与轴线的几何关系。

2. 序号可为数字，或数字加字母。例如，YWQ1: 表示预制外墙，序号为 1。YNQ5a: 某工程有一块预制混凝土内墙板与已编号的 YNQ5 除线盒位置外，其他参数均相同，为方便起见，将该预制内墙板序号编为 5a。

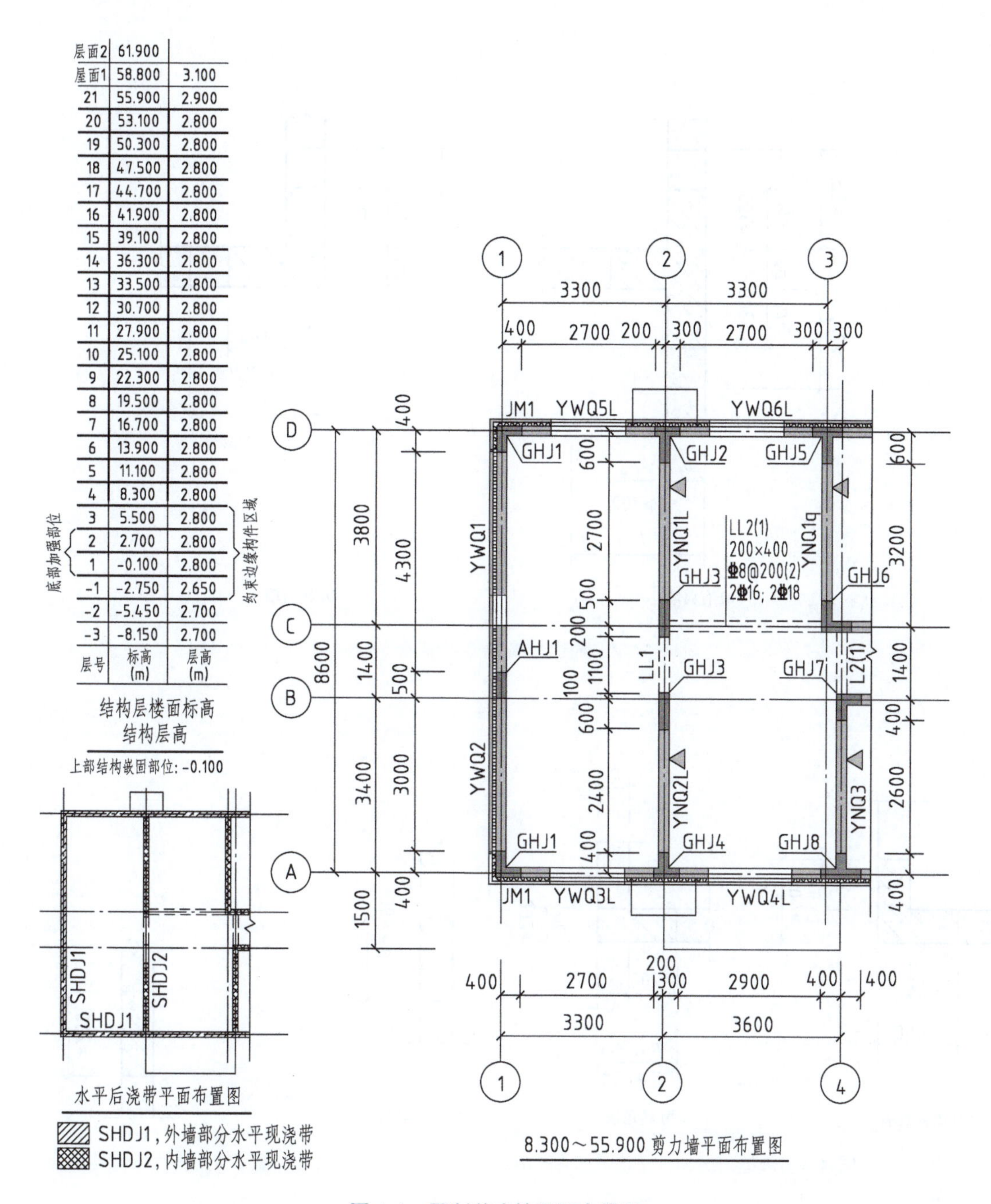

图 4-1　预制剪力墙平面布置图

2. 后浇段

后浇段编号由后浇段类型代号和序号组成，表达形式见表 4-5。例如，YHJ1：表示约束边缘构件后浇段，编号为 1。GHJ5：表示构造边缘构件后浇段，编号为 5。AHJ3：表示非边缘构件后浇段，编号为 3。

表 4-5　后浇段编号

后浇段类型	代号	序号
约束边缘构件后浇段	YHJ	××
构造边缘构件后浇段	GHJ	××
非边缘构件后浇段	AHJ	××

注：在编号中，如若干后浇段的截面尺寸与配筋均相同，仅截面与轴线的关系不同时，可将其编为同一后浇段号；约束边缘构件后浇段包括有翼墙和转角墙两种，如图 4-2 所示；构造边缘构件后浇段包括构造边缘翼墙、构造边缘转角墙、构造边缘暗柱三种，如图 4-3 所示；非边缘构件后浇段如图 4-4 所示。

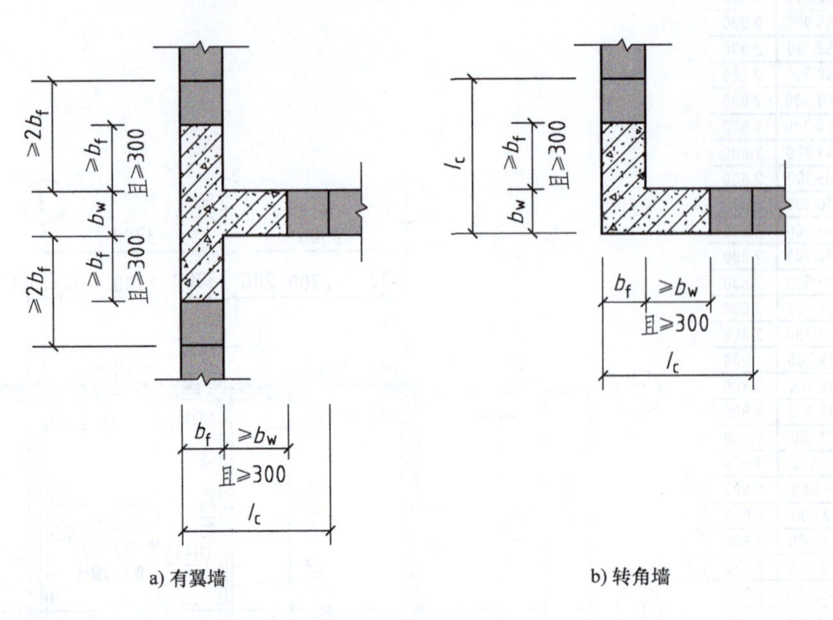

a) 有翼墙　　b) 转角墙

图 4-2　约束边缘构件后浇段（YHJ）

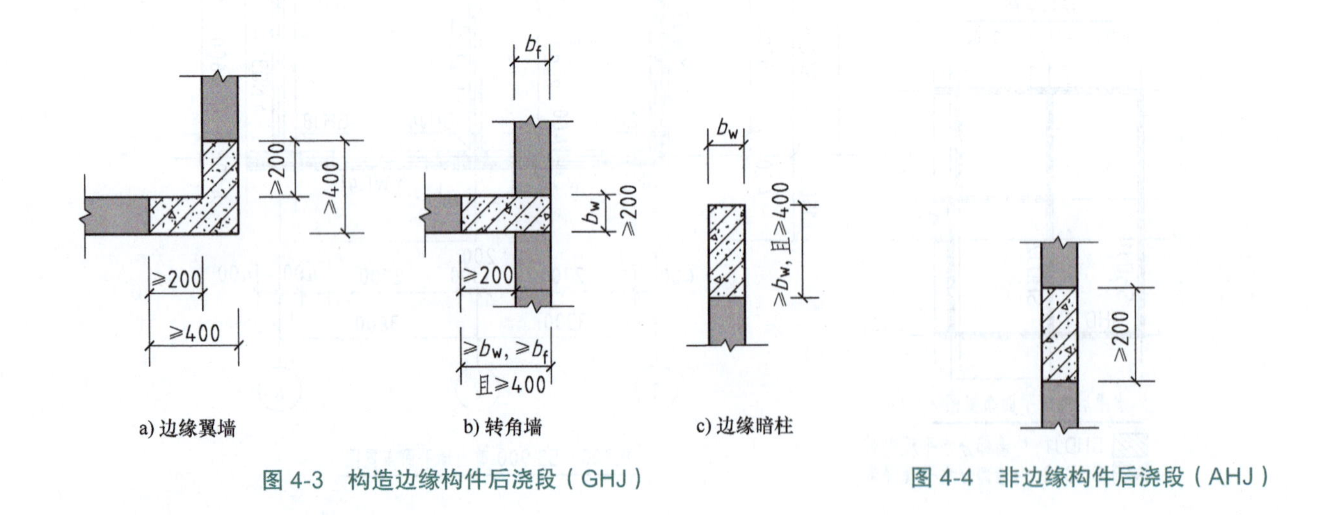

a) 边缘翼墙　　b) 转角墙　　c) 边缘暗柱

图 4-3　构造边缘构件后浇段（GHJ）

图 4-4　非边缘构件后浇段（AHJ）

3. 预制混凝土叠合梁

预制混凝土叠合梁编号由代号和序号组成，表达形式见表 4-6。例如，DL1 表示预制叠合梁，编号为 1。DLL3 表示预制叠合连梁，编号为 3。

表 4-6　预制混凝土叠合梁编号

类型	代号	序号
预制叠合梁	DL	××
预制叠合连梁	DLL	××

注：在编号中，如若干预制混凝土叠合梁的截面尺寸和配筋均相同，仅梁与轴线的关系不同，也可将其编为同一叠合梁编号，但应在图中注明与轴线的几何关系。

4. 预制外墙模板编号

预制外墙模板编号由类型代号和序号组成，表达形式见表 4-7。例如，JM1 表示预制外墙模板，序号为 1。

表 4-7 预制外墙模板编号

类型	代号	序号
预制外墙模板	JM	××

注：序号可为数字，或数字加字母。

（三）构件表达

为表达清楚、简便，装配式剪力墙墙体结构可视为由预制剪力墙、后浇段、现浇剪力墙身、现浇剪力墙柱、现浇剪力墙梁等构件构成，其中，现浇剪力墙身、现浇剪力墙柱和现浇剪力墙梁的注写方式应符合《混凝土结构施工图平面整体表示方法制图规则和构造详图（现浇混凝土框架、剪力墙、梁、板）》（16G101—1）的规定。对于预制构件，一般采用列表注写方式表达，对应于预制剪力墙平面布置图上的编号，在列表中，选用标准图集中的预制构件或绘制自行设计的预制构件；对于后浇段，同样列表绘制截面配筋图，并注写几何尺寸与配筋具体数值；对于其他现浇构件，常采用列表注写方式，如图 4-1 中的 LL1，也可在图中原位注写，如图 4-1 中的 L2（1）。

1. 预制墙板

预制墙板一般采用预制墙板表表达，主要内容如下。

1）墙板编号。

2）各段墙板位置信息，包括所在轴号和所在楼层号。如①～②/Ⓐ表示该墙板在①、②轴线间，Ⓐ轴线上。

3）管线预埋位置信息。当选用标准图集时，高度方向可只注写低区、中区和高区，水平方向根据标准图集的参数进行选择；当不可选用标准图集时，高度方向和水平方向均应注写具体定位尺寸，其参数位置所在装配方向为 X、Y，装配方向背面为 X′、Y′，可用下角标编号区分不同线盒，如图 4-5 所示。

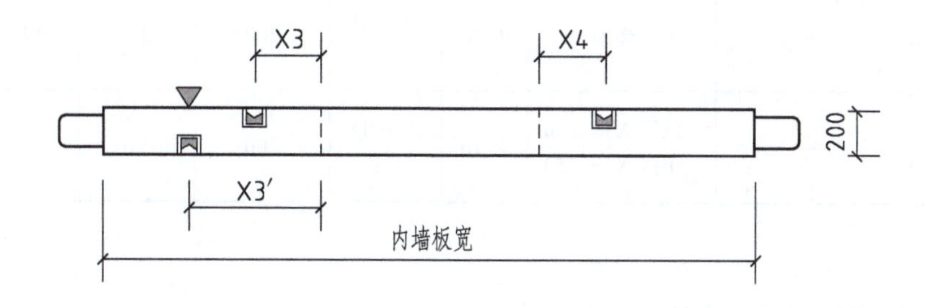

图 4-5 线盒参数含义示例

4）构件重量、构件数量。

5）构件详图页码。当选用标准图集时，需标注图集号和相应页码；当自行设计时，应注写构件详图的图纸编号。表 4-8 为预制墙板表示例。

表 4-8　预制墙板表

平面图中编号	内叶墙板	外叶墙板 /mm	管线预埋 /mm	所在层号	所在轴号	墙厚（内叶墙）/mm	构件重量 /t	数量	构件详图页码（图号）
YWQ1	—	—	见大样图	4~20	Ⓑ~Ⓓ/①	200	6.9	17	结施 -01
YWQ2	—	—	见大样图	4~20	Ⓐ~Ⓑ/①	200	5.3	17	结施 -02
YWQ3L	WQC1-3328-1514	wy-1 a=190 b=20	低区 X = 450 高区 X = 280	4~20	①~②/Ⓐ	200	3.4	17	15G365—1，60、61
YWQ4L	—	—	见大样图	4~20	②~④/Ⓐ	200	3.8	17	结施 -03
YWQ5L	WQC1-3328-1514	wy-2 a=20 b=190 c_R=590 d_R=80	低区 X = 450 高区 X = 280	4~20	①~②/Ⓓ	200	3.9	17	15G365—1，60、61
YWQ6L	WQC1-3328-1514	wy-2 a=290 b=290 c_L=590 d_L=80	低区 X = 450 高区 X = 430	4~20	②~③/Ⓓ	200	4.5	17	15G365—1，64、65
YNQ1	NQ-2728	—	低区 X = 150 高区 X = 450	4~20	Ⓒ~Ⓓ/②	200	3.6	17	15G365—1，16、17
YNQ2L	NQ-2428	—	低区 X = 450 中区 X = 750	4~20	Ⓐ~Ⓑ/②	200	3.2	17	15G365—2，14、15
YNQ3	—	—	见大样图	4~20	Ⓐ~Ⓑ/④	200	3.5	17	结施 -04
YNQ1a	NQ-2728	—	低区 X = 150 中区 X = 750	4~20	Ⓒ~Ⓓ/③	200	3.6	17	15G365—2，16、17

2. 后浇段

后浇段一般采用后浇段配筋表表达，主要内容如下。

1）后浇段编号与截面配筋图，并标注后浇段几何尺寸。

2）后浇段的起止标高，自后浇段根部往上，以变截面位置或截面未变但配筋改变处为界分段注写。

3）后浇段的纵向钢筋和箍筋，注写值应与在表中绘制的截面配筋对应一致。纵向钢筋注写直径和数量；后浇段箍筋、拉筋的注写方式与现浇剪力墙结构墙柱箍筋的注写方式相同。

4）预制墙板外露钢筋尺寸及保护层厚度。预制墙板外露钢筋尺寸应标注至钢筋中线，保护层厚度应标注至箍筋外表面。

表 4-9 为后浇段表示例。

表 4-9　后浇段表示例

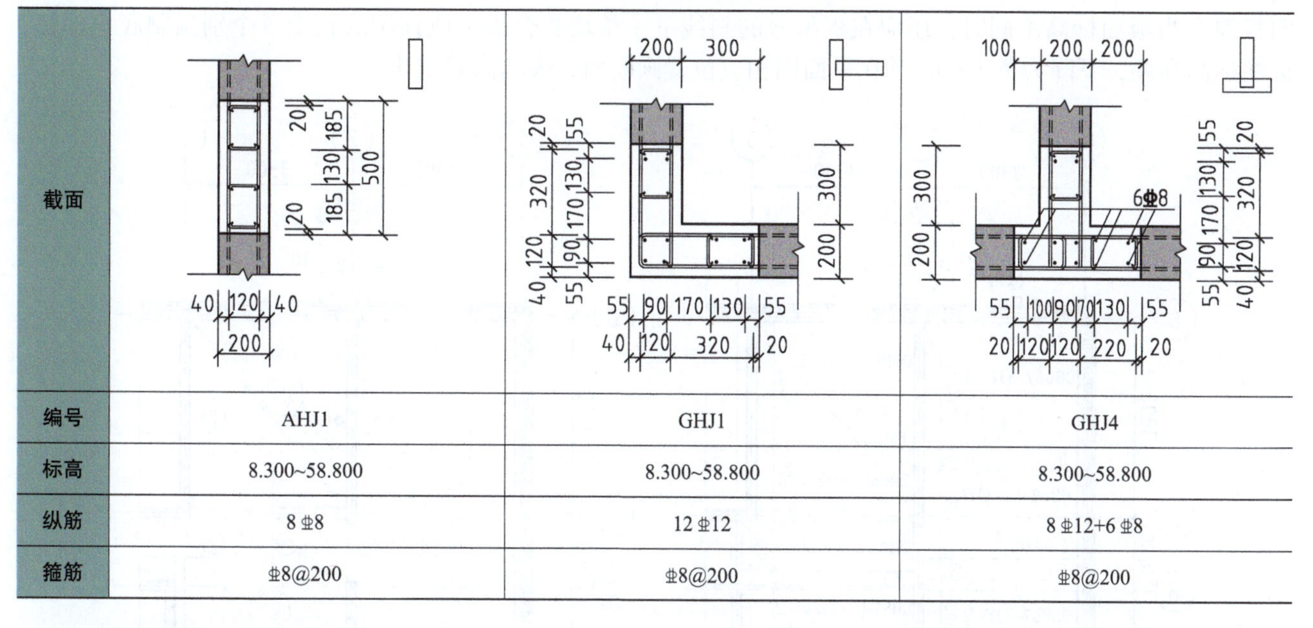

截面			
编号	AHJ1	GHJ1	GHJ4
标高	8.300~58.800	8.300~58.800	8.300~58.800
纵筋	8Φ8	12Φ12	8Φ12+6Φ8
箍筋	Φ8@200	Φ8@200	Φ8@200

3. 剪力墙梁

剪力墙梁一般采用剪力墙梁表表达，主要内容包括：编号、所在层号、梁顶相对标高高差、梁截面、钢筋配筋（上部纵筋、下部纵筋、箍筋等）。剪力墙梁也可在剪力墙平面布置图上采用平法标注。表 4-10 为剪力墙梁表示例。

表 4-10　剪力墙梁表示例

编号	所在层号	梁顶相对标高高差 /m	梁截面 /mm	上部纵筋	下部纵筋	箍筋
LL1	4~20	0.000	200 × 500	2Φ16	2Φ16	Φ8@100(2)

4. 预制外墙模板

预制外墙模板一般采用预制外墙模板表表达，主要内容包括：编号、所在层号、所在轴号、外叶墙板厚度、构件重量、数量、构件详图页码等。表 4-11 为预制外墙模板表示例。

表 4-11　预制外墙模板表示例

平面图中编号	所在层号	所在轴号	外叶墙板厚度 /mm	构件重量 /t	数量	构件详图页码（图号）
JM1	4~20	Ⓐ / ①和Ⓓ / ①	60	0.47	34	15G365—1，228

二、叠合楼盖施工图制图规则

（一）施工图表示方法

叠合楼盖施工图主要包括预制底板平面布置图、现浇层配筋图、水平后浇带或圈梁布置图。叠合板预制底板、水平后浇带或圈梁一般采用列表标注方法表达，预制板接缝采用列表标注方法表达或绘制大样，叠合楼盖现浇层注写方法与《混凝土结构施工图平面整体表示方法制图规则和构造详图（现浇混凝土框架、剪力墙、梁、板）》（16G101—1）中有梁楼盖板平法施工图的表示方法相同，并标注叠合板编号。此外，叠合楼盖施工图应按规定标注结构楼层标高表，注明上部结构嵌固部位位置。

图 4-6a 为叠合楼盖板结构底板平面布置图示例，底板平面布置图应绘出预制底板、预制板接缝的水平投影以及定位尺寸，并标注预制底板编号。当预制板面标高不同时，在预制板编号下标注标高高差，下降为负（-），同时还应对标注叠合板编号。

图 4-6b 为叠合楼盖板结构现浇层平面图示例，现浇层平面图应绘出板面钢筋，并标注叠合板编号，注明板厚。当板面标高不同时，还应在板编号的斜线下（整块叠合板）或预制底板上（个别预制底板部位）标注标高高差，下降为负（-），并在平面图相应位置画断面，表达高差变化。

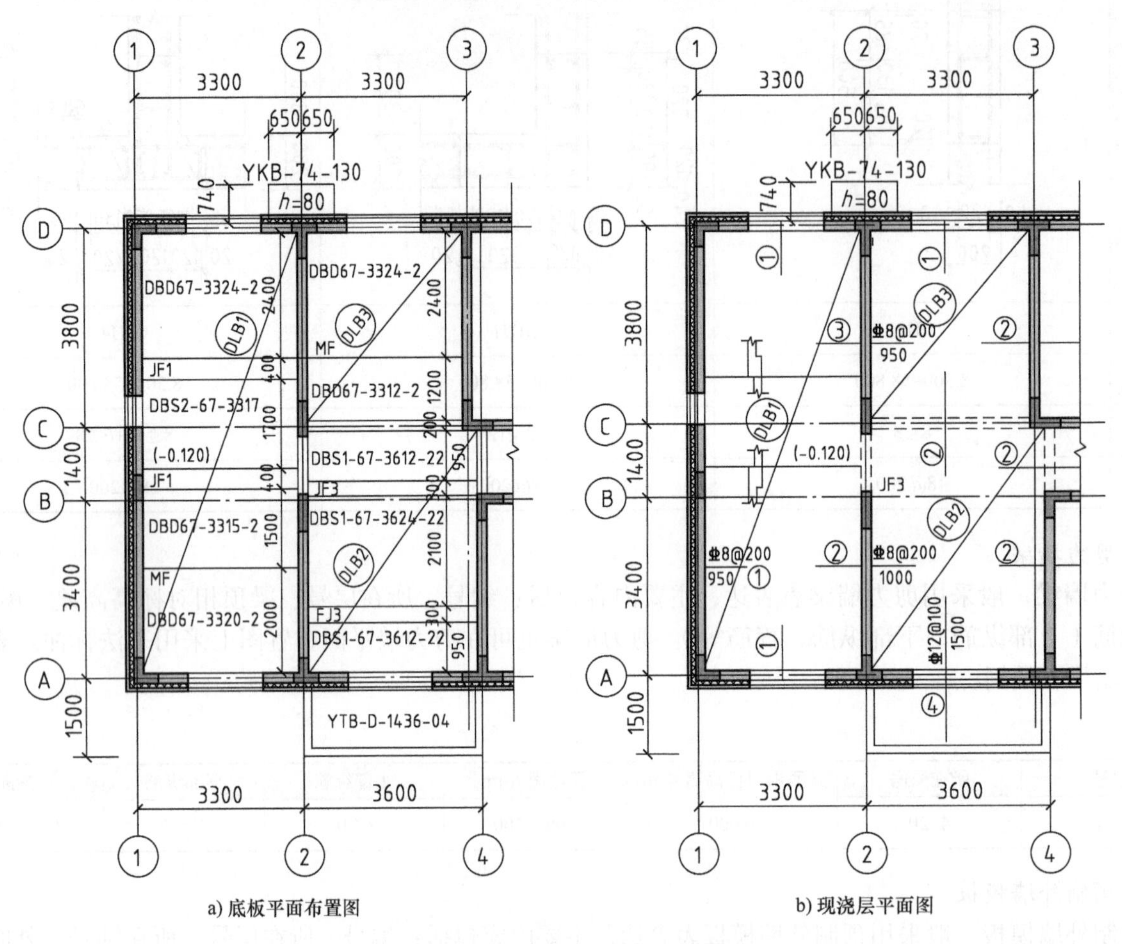

图 4-6　叠合楼盖板结构平面图

图 4-7 为水平后浇带平面布置图示例，水平后浇带（圈梁）平面布置图应通过图例表达不同编号的水平后浇带（圈梁），并标注编号。

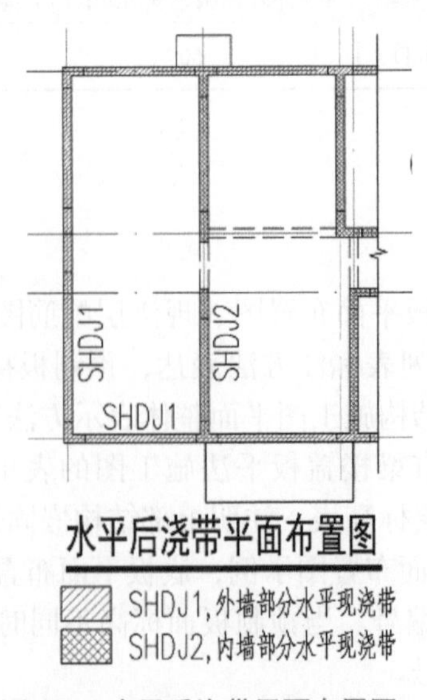

图 4-7　水平后浇带平面布置图

（二）编号规则

1. 叠合板

所有叠合板板块应逐一编号，相同编号的板块可择其一做集中标注，其他仅注写置于圆圈内的板编号。当板面标高不同时，在板编号的斜线下标注标高高差，下降为负（-）。叠合板编号，由叠合板代号和序号组成，表达形式见表4-12。例如，DLB3表示楼面板为叠合板，序号为3。DWB2表示屋面板为叠合板，序号为2。DXB1表示悬挑板为叠合板，序号为1。

表4-12 叠合板编号

叠合板类型	代号	序号
叠合楼面板	DLB	××
叠合屋面板	DWB	××
叠合悬挑板	DXB	××

注：序号可为数字，或数字加字母。

特别提示

预制底板的编号

当选用标准图集中的预制底板时，可直接在板块上标注标准图集中的底板编号；当自行设计预制底板时，可参照标准图集的编号规则进行编号，并由设计单位进行构件详图设计。

2. 叠合板底板接缝

叠合板底板接缝需要在平面上标注其编号、尺寸和位置，并给出接缝详图或标准图集所在页码，接缝编号规则见表4-13。例如，JFI表示叠合板之间的接缝，序号为1。

表4-13 叠合板底板接缝编号

类型	代号	序号
叠合板底板接缝	JF	××
叠合板底板密拼接缝	MF	—

3. 水平后浇带或圈梁

平面上需标注水平后浇带或圈梁的分布位置。水平后浇带和圈梁编号由代号和序号组成，表达形式见表4-14。例如，SHJD3表示水平后浇带，序号为3。

表4-14 水平后浇带和圈梁编号

类型	代号	序号
水平后浇带	SHJD	××
圈梁	QL	××

（三）构件表达

1. 预制底板

预制底板平面布置图中需要标注叠合板编号、预制底板编号、各块预制底板尺寸和定位。预制底板为单向板时，还应标注板边调节缝和定位；预制底板为双向板时，还应标注接缝尺寸和定位；当板面标高不同时，标注底板标高高差，下降为负（-），同时应给出预制底板表。

预制底板表中需要标明叠合板编号、板块内的预制底板编号及其与其他叠合板编号的对应关系、所在楼层、构件重量和数量、构件详图页码（自行设计构件为图号）、构件设计补充内容（线盒、留洞位置等）。

表 4-15 为叠合板预制底板表示例。

表 4-15　叠合板预制底板表示例

叠合板编号	选用构件编号	所在楼层	构件重量 /t	数量	构件详图页码（图号）
DLB1	DBD67-3320-2	3~21	0.93	19	15G366—1，65
	DBD67-3315-2	3~21	0.7	19	15G366—1，63
	DBS2-67-3317	3~21	0.87	19	结施 35
	DBD67-3324-2	3~21	1.23	19	15G366—1，66
DLB2	DBS1-67-3612-22	3~21	0.56	38	15G366—1，22
	DBS2-67-3624-22	3~21	1.23	19	15G366—1，41
DLB3	DBD67-3312-2	3~21	0.62	19	15G366—1，62
	DBD67-3324-2	3~21	1.23	19	15G366—1，66

注：未注明的预制构件板底标高为本层标高减去叠合板板厚。降板部分的板底标高为叠合板底板标高减去降板所降高度。

2. 叠合楼盖底板接缝

叠合楼盖预制底板接缝需要在平面上标注其编号、尺寸和位置，并给出接缝详图或标准图集所在页码。当叠合楼盖预制底板接缝选用标准图集时，可在接缝选用表中写明节点选用图集号、页码、节点号和相关参数；当自行设计叠合楼盖预制底板接缝时，需由设计单位给出节点详图。图 4-8 为接缝详图示例；表 4-16 为接缝表示例。

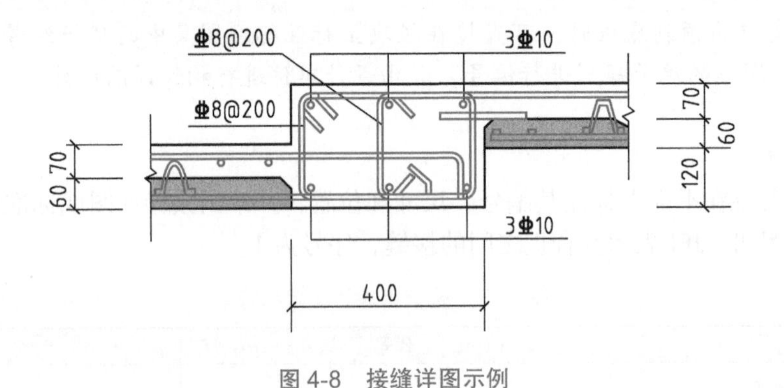

图 4-8　接缝详图示例

表 4-16　接缝表示例

平面图中编号	所在楼层	节点详图页码（图号）
MF	3~21	15G310—1，28，(B6-1)；A_{sd} 为 ⌀8@200，附加通长构造钢筋为 ⌀6@200
JF2	3~21	15G310—1，20，(B6-2)；A_{sa} 为 3 ⌀8@150
JF3	3~21	15G366—1，82

3. 水平后浇带或圈梁标注

水平后浇带或圈梁的分布位置需在平面上标注。构件大样需绘制详图或列表表达。水平后浇带表的内容包括：平面图中的编号、所在平面位置、所在楼层、配筋及箍筋 / 拉筋。表 4-17 为水平后浇带表示例。

表 4-17　水平后浇带表示例

平面图中编号	所在平面位置	所在楼层	配筋	箍筋 / 拉筋
SHJD1	外墙	3~21	2⌀14	⌀8@250
SHJD2	内墙	3~21	2⌀14	⌀8@250

三、预制板式楼梯施工图制图规则

（一）施工图表示方法

预制楼梯施工图包括按标准层绘制的平面布置图、剖面图、预制梯段板的连接节点、预制楼梯构件表等内容。与楼梯相关的现浇混凝土平台板、梯梁、梯柱的注写方式参见国家建筑标准设计图集《混凝土结构施工图平面整体表示方法制图规则和构造详图（现浇混凝土框架、剪力墙、梁、板）》（16G101—1）。

预制楼梯一般需绘制平面布置图和剖面图，并进行标注。预制楼梯平面布置图注写内容包括楼梯间的平面尺寸、楼层结构标高、楼梯的上下方向、预制梯板的平面几何尺寸、梯板类型及编号、定位尺寸和连接做法索引号等，如图 4-9a 所示。剪刀楼梯中还需要标注防火隔墙的定位尺寸及做法。预制楼梯剖面注写内容，包括预制楼梯编号、梯梁梯柱编号、预制梯板水平及竖向尺寸、楼层结构标高、层间结构标高、建筑楼面做法厚度等，如图 4-9b 所示。预制梯段板的连接节点可采用标准图集中的节点详图。

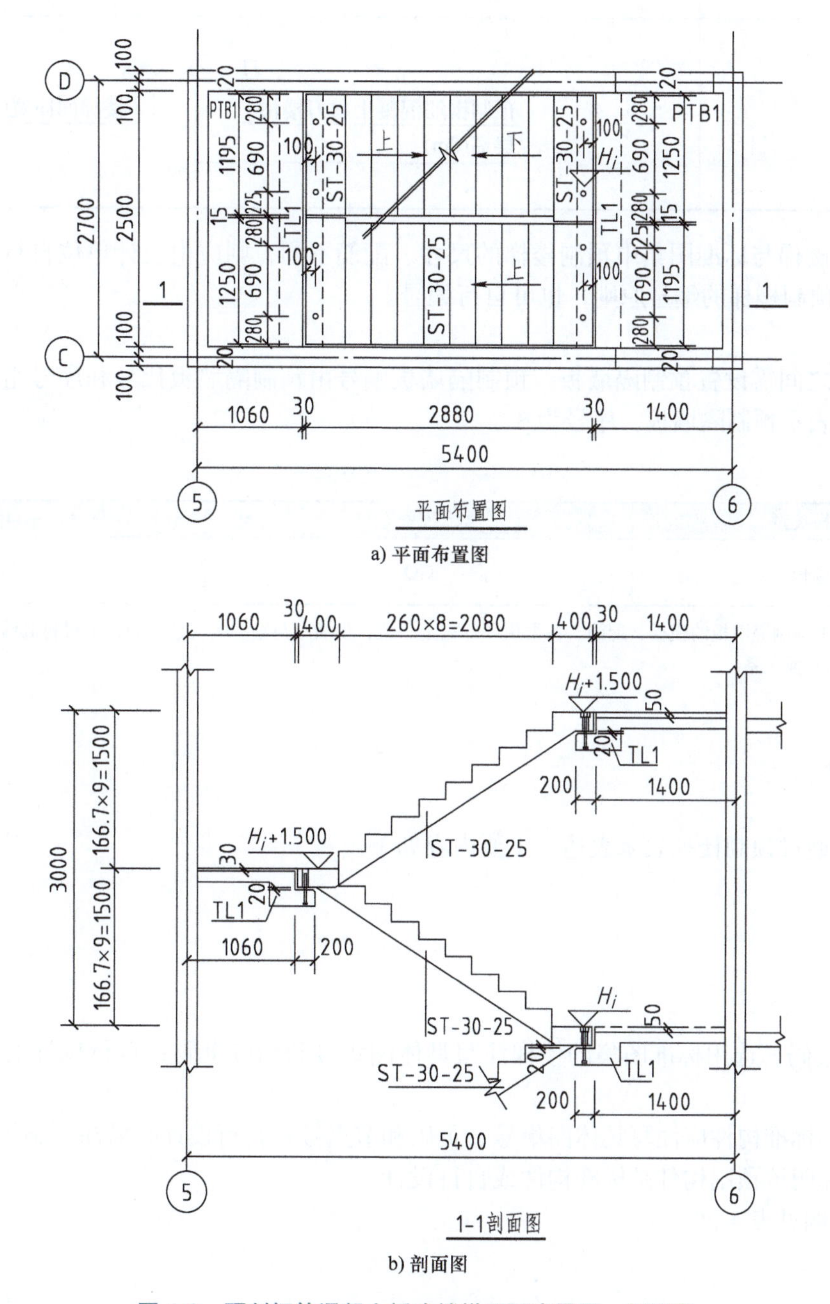

图 4-9 预制钢筋混凝土板式楼梯平面布置图、剖面图

（二）编号

1. 预制楼梯板

选用标准图集中的预制楼梯时，在平面图上直接标注标准图集中的楼梯编号即可，编号规则见表 4-18。例如，ST-28-25 表示预制钢筋混凝土板式楼梯为双跑楼梯，层高为 2800mm，楼梯间净宽为 2500mm；JT-29-26 表示预制钢筋混凝土板式楼梯为剪刀楼梯，层高为 2900mm，楼梯间净宽为 2600mm。

表 4-18　预制楼梯编号

预制楼梯类型	编号
双跑楼梯	ST－××－×× 预制钢筋混凝土双跑楼梯 层高(dm) 楼梯间净宽(dm)
剪刀楼梯	JT－××－×× 预制钢筋混凝土剪刀楼梯 层高(dm) 楼梯间净宽(dm)

若设计的预制楼梯与标准图集中预制楼梯的尺寸、配筋不同，则应由设计单位自行设计。自行设计楼梯编号可参照标准预制楼梯的编号原则，也可自行编号。

2. 预制隔墙板

预制剪刀楼梯之间需设置预制隔墙板。预制隔墙板编号由预制隔墙板代号和序号组成，表达形式见表 4-19。例如，GQ3 表示预制隔墙板，序号为 3。

表 4-19　预制隔墙板编号

预制隔墙板类型	代号	序号
预制隔墙板	GQ	××

注：在编号中，如若干预制隔墙板的模板、配筋、各类预埋件完全一致，仅墙厚与轴线的关系不同，也可将其编为同一预制隔墙板编号，但应在图中注明与轴线的几何关系。

（三）构件表达

1. 预制楼梯

预制楼梯一般通过预制楼梯表来表达，主要内容如下。

1）构件编号。

2）所在楼层。

3）构件重量。

4）构件数量。

5）构件详图页码。选用标准图集的楼梯注写具体图集号和相应页码；自行设计的构件需注写施工图图号。

6）连接索引。标准构件应注写具体图集号、页码和节点号；自行设计时需注写施工图页码。

7）备注中可标明该预制构件是标准构件或自行设计。

预制楼梯表示例见表 4-20。

表 4-20 预制楼梯表示例

构件编号	所在楼层	构件重量 /t	数量	构件详图页码（图号）	连接索引	备注
ST-28-25	—	1.68	72	15G367—1，8~10	—	标准构件

2. 预制隔墙板

剪刀楼梯需设置隔墙板，隔墙板暂无国家标准图集，需绘制详图，详图包括模板图、配筋图和连接详图。

四、预制阳台板、空调板及女儿墙施工图制图规则

（一）施工图表示方法

预制阳台板、空调板及女儿墙施工图包括按标准层绘制的平面布置图和构件选用表。平面布置图中需要标注预制构件编号、定位尺寸及连接做法。其中，叠合式预制阳台板现浇层注写方法与《混凝土结构施工图平面整体表示方法制图规则和构造详图（现浇混凝土框架、剪力墙、梁、板）》（16G101—1）中有梁楼盖板平法施工图的表示方法相同，同时应标注叠合层编号。预制阳台板、空调板及女儿墙平面布置图注写内容如下。

1）预制构件编号。

2）各预制构件的平面尺寸、定位尺寸。

3）预留洞口尺寸及相对于构件本身的定位（与标准构件中留洞位置一致时可不标）。

4）楼层结构标高。

5）预制钢筋混凝土阳台板、空调板结构完成面与结构标高不同时的标高高差。

6）预制女儿墙厚度、定位尺寸、女儿墙顶标高。

各构件平面注写示例如图 4-10~ 图 4-12 所示。

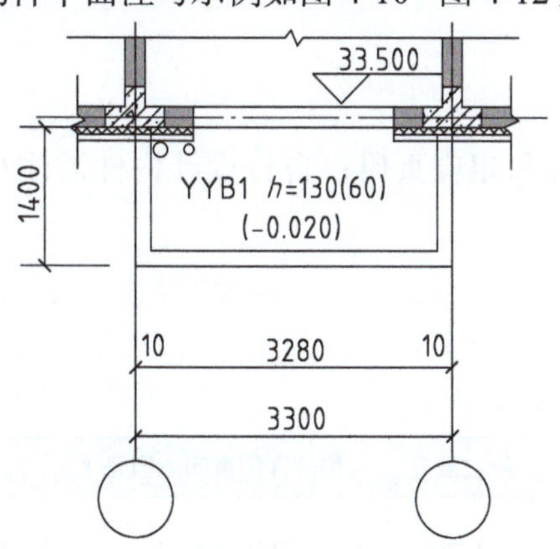

图 4-10 预制阳台板平面注写示例

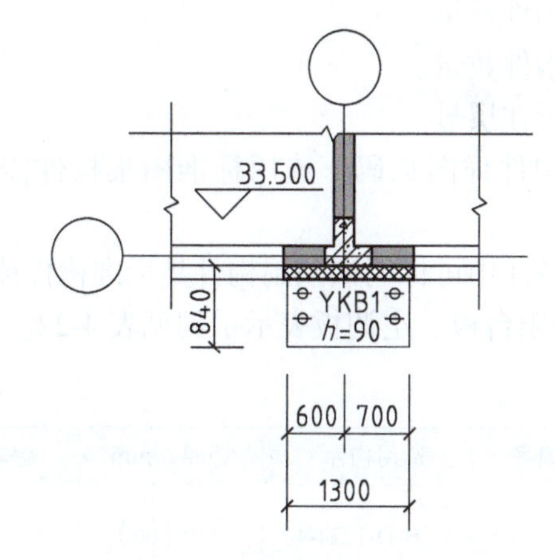

图 4-11 预制空调板平面注写示例

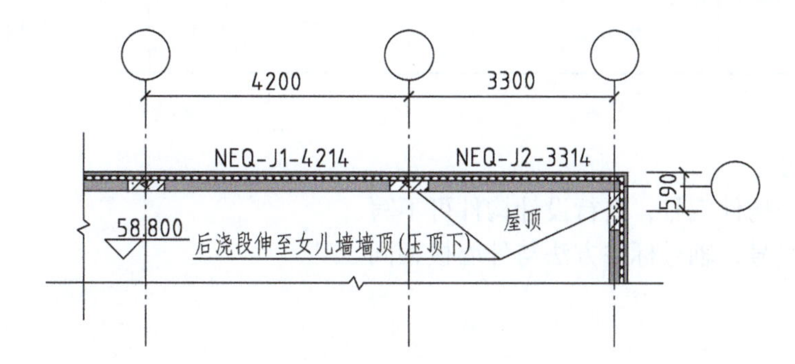

图 4-12 预制女儿墙平面注写示例

（二）构件编号

预制阳台板、空调板及女儿墙编号应由构件代号和序号组成，表达形式见表 4-21。例如，YKTB2 表示预制空调板，序号为 2。YYTB3a: 某工程有一块预制阳台板与已编号的 YYB3 除洞口位置外，其他参数均相同，为方便起见，将该预制阳台板序号编为 3a。YNEQ5 表示预制女儿墙，序号为 5。

表 4-21　预制阳台板、空调板及女儿墙编号

预制构件类型	代号	序号
阳台板	YYTB	××
空调板	YKTB	××
女儿墙	YNEQ	××

注：在女儿墙编号中，如若干女儿墙的厚度尺寸和配筋均相同，仅墙厚与轴线的关系不同，也可将其编为同一墙身号，但应在图中注明与轴线的几何关系。序号可为数字或数字加字母。

（三）构件表达

预制阳台板、空调板及女儿墙一般采用列表表达方法，主要内容如下。

1. 预制阳台板、空调板

1）预制构件编号。

2）选用标准图集的构件编号，自行设计构件可不写。

3）板厚 (mm)，叠合式还需注写预制底板厚度，表示方法为 ×××（××）。例如，130（60）表示叠合板厚为 130，底板厚度为 60。

4）构件重量。

5）构件数量。

6）所在层号。

7）构件详图页码。选用标准图集构件需注写所在图集号和相应页码；自行设计构件需注写施工图图号。

8）备注中可标明该预制构件是标准构件或自行设计。

预制阳台板、空调板表示示例见表 4-22。

表 4-22　预制阳台板、空调板表示示例

平面图中编号	选用构件	板厚 h/mm	构件重量 /t	数量	所在层号	构件详图页码（图号）	备注
YYB1	YTB-D-1224-4	130（60）	0.97	51	4~20	15G368—1	标准构件
YKB1	—	90	1.59	17	4~20	结构 -38	自行设计

2. 预制女儿墙

1）平面图中的编号。

2）选用标准图集的构件编号，自行设计构件可不写。

3）所在层号和轴线号，轴号标注方法与外墙板相同。

4）内叶墙厚。

5）构件重量。

6）构件数量。

7）构件详图页码。选用标准图集构件需注写所在图集号和相应页码；自行设计构件需注写施工图

图号。

8）若女儿墙内叶墙板与标准图集中的一致，外叶墙板有区别，则可对外叶墙板调整后选用，调整参数（a、b），如图 4-13 所示。

9）备注中还可标明该预制构件是标准构件、调整选用或自行设计。超过层高一半的预制女儿墙可参照预制混凝土外墙板表示方法执行。

预制女儿墙表示示例见表 4-23。

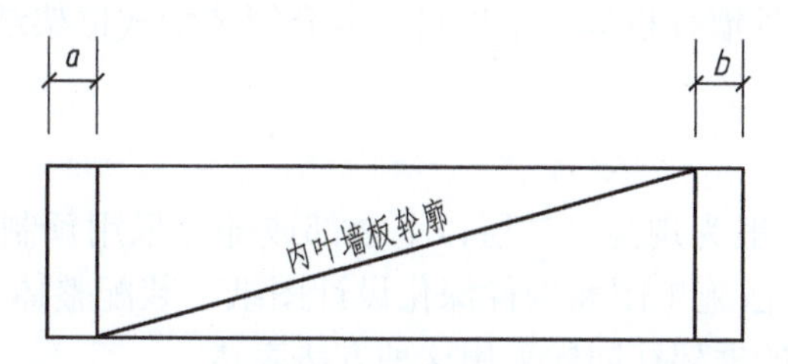

图 4-13　女儿墙外叶墙板调整选用参数示意图

表 4-23　预制女儿墙表示示例

平面图中编号	选用构件	外叶墙板调整	所在层号	所在轴号	墙厚（内叶墙）/mm	构件重量 /t	数量	构件详图页码（图号）
YNEQ2	NEQ-J2-3614	—	屋面 1	①～②/Ⓑ	160	2.44	1	15G368—1 D08~D11
YNEQ5	NEQ-J1-3914	a=190 b=230	屋面 1	②～③/Ⓒ	160	2.90	1	15G368—1 D04，D05
YNEQ6	—	—	屋面 1	③～⑤/Ⓙ	160	3.70	1	结施 -74

项目三　装配整体式框架结构施工图

学习目标

1. 了解装配式混凝土框架结构施工图制图方法。
2. 熟悉预制柱施工图表达方法。
3. 熟悉叠合梁（预制梁）施工图表达方法。
4. 熟悉叠合楼盖（预制板）施工图表达方法。
5. 熟悉预制楼梯施工图表达方法。
6. 熟悉外墙挂板施工图表达方法。
7. 读懂装配整体式框架结构施工图。

知识解读

装配式混凝土框架结构施工图一般包括结构设计总说明（含装配式结构专项说明）、基础平面图、柱（预制柱）平法施工图、梁（叠合梁）平法施工图、叠合板平面布置图、板平法施工图、外墙挂板平面布置图、楼梯结构平面图及剖面图，以及构件平面布置图与构件详图。装配式混凝土框架结构中的预制构件，在平面图上标注编号，并按编号绘制详图。装配式混凝土框架结构中的预制混凝土构件主要包括预制柱、预制梁、预制底板、预制楼梯和外墙挂板等，本项目主要介绍装配式框架结构中各个构件的表达方法。

一、框架柱

装配式混凝土框架底层柱一般为现浇，二层以上全部或部分采用预制混凝土柱（简称预制柱）。框架柱的表达包括按标准层绘制柱平法施工图和构件深化设计图纸。装配整体式框架 - 现浇剪力墙结构、装配整体式框架 - 现浇核心筒结构中的框架柱同样采用这种方法表达。

柱平法施工图的绘制与现浇混凝土结构基本相同，需绘制出现浇柱和预制柱轮廓，进行编号，标注预制柱和现浇柱与轴线的定位关系、截面尺寸和钢筋配置，并按规定标注结构楼层标高表，注明上部结构嵌固部位位置。为区分现浇柱和预制柱，应采用不同的图例。柱平法施工图示例如图 4-14 所示。

预制柱的编号与现浇柱有所不同，编号方法见表 4-24。

表 4-24　预制柱编号

类型	代号	序号
预制框架柱	YKZ（PCZ、PCKZ）	××

深化设计图纸包括分标准层绘制预制柱平面布置图和预制柱详图。预制柱平面布置图应绘制出所有柱，并进行定位，标注编号。相同的预制柱采用同一编号，这里的编号方式不同于柱平法施工图，应对预制柱的每一段进行编号。图 4-15 为预制柱平面布置图示例。预制柱详图见本书单元二项目二。

二、框架梁

装配式混凝土框架结构中的框架梁全部或部分采用叠合梁。框架梁的表达包括按标准层绘制的梁平法施工图和深化设计图纸。装配整体式框架 - 现浇剪力墙结构、装配整体式框架 - 现浇核心筒结构中的框架梁同样采用这种方法表达。

梁平法施工图的绘制与现浇混凝土结构基本相同，需绘制出全部现浇梁和预制梁，标注梁与轴线的定位，标注截面尺寸与配筋，并按规定标注结构楼层标高表，注明上部结构嵌固部位位置。梁平法施工图如图 4-16 所示。

现浇梁的编号同平法图集的要求，预制叠合梁编号见表 4-25。

表 4-25　预制叠合梁编号

类型	代号	序号
预制叠合楼面框架梁	DKL	××
预制叠合非框架梁	DL	××
预制叠合屋面框架梁	DWKL	××

深化设计图纸包括预制梁平面布置图和和预制梁详图。预制梁平面布置图应绘制出全部预制梁，并进行平面定位，给出每段预制梁的编号，相同的预制梁采用同一编号，预制梁平面布置图如图 4-17 所示。预制梁详图见本书单元 2。

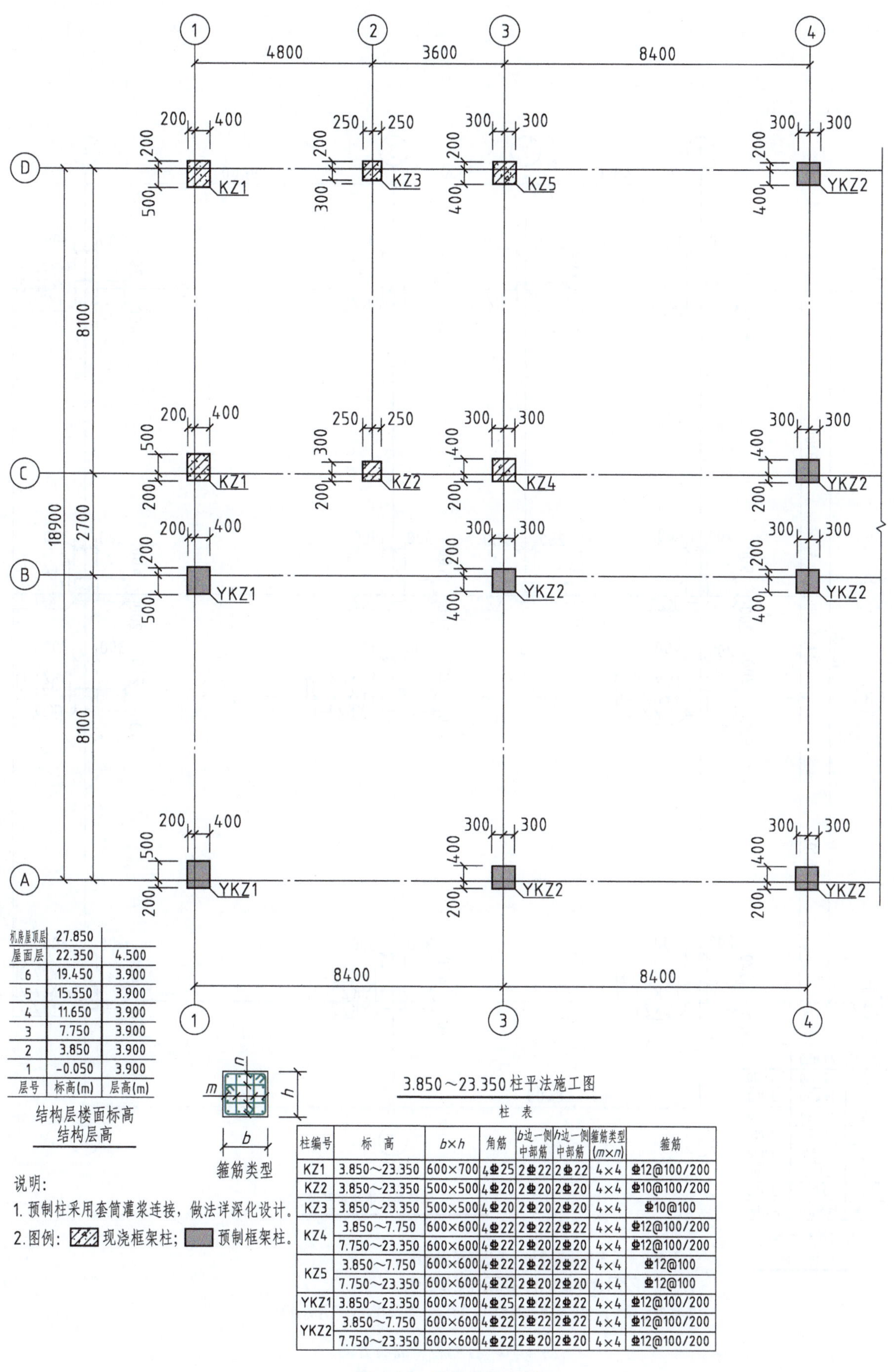

层号	标高(m)	层高(m)
机房屋顶层	27.850	
屋面层	22.350	4.500
6	19.450	3.900
5	15.550	3.900
4	11.650	3.900
3	7.750	3.900
2	3.850	3.900
1	-0.050	3.900

结构层楼面标高
结构层高

3.850～23.350 柱平法施工图

柱表

柱编号	标高	$b\times h$	角筋	b边一侧中部筋	h边一侧中部筋	箍筋类型($m\times n$)	箍筋
KZ1	3.850～23.350	600×700	4⌀25	2⌀22	2⌀22	4×4	⌀12@100/200
KZ2	3.850～23.350	500×500	4⌀20	2⌀20	2⌀20	4×4	⌀10@100/200
KZ3	3.850～23.350	500×500	4⌀20	2⌀20	2⌀20	4×4	⌀10@100
KZ4	3.850～7.750	600×600	4⌀22	2⌀22	2⌀22	4×4	⌀12@100/200
	7.750～23.350	600×600	4⌀22	2⌀20	2⌀20	4×4	⌀12@100/200
KZ5	3.850～7.750	600×600	4⌀22	2⌀22	2⌀22	4×4	⌀12@100
	7.750～23.350	600×600	4⌀22	2⌀20	2⌀20	4×4	⌀12@100
YKZ1	3.850～23.350	600×700	4⌀25	2⌀22	2⌀22	4×4	⌀12@100/200
YKZ2	3.850～7.750	600×600	4⌀22	2⌀22	2⌀22	4×4	⌀12@100/200
	7.750～23.350	600×600	4⌀22	2⌀20	2⌀20	4×4	⌀12@100/200

图 4-14　柱平法施工图

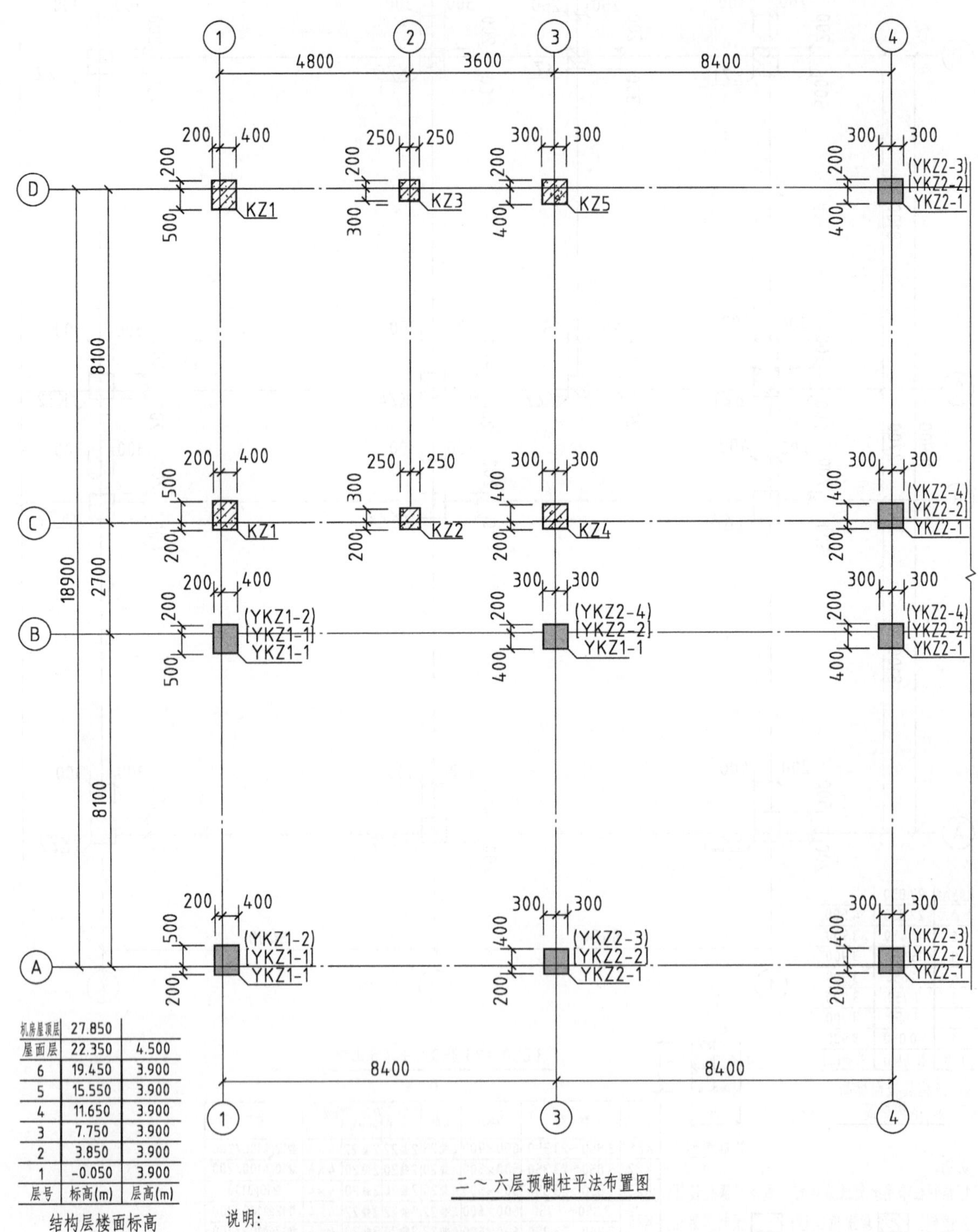

机房屋顶层	27.850	
屋面层	22.350	4.500
6	19.450	3.900
5	15.550	3.900
4	11.650	3.900
3	7.750	3.900
2	3.850	3.900
1	-0.050	3.900
层号	标高(m)	层高(m)

结构层楼面标高
结构层高

二～六层预制柱平法布置图

说明：

1. 预制柱采用套筒灌浆连接，做法详深化设计。
2. 图例：▨ 现浇框架柱；■ 预制框架柱。
3. 预制柱编号未加括号为二层柱，[ ]为三～五层柱，( )为六层柱。

图 4-15　预制柱平面布置图

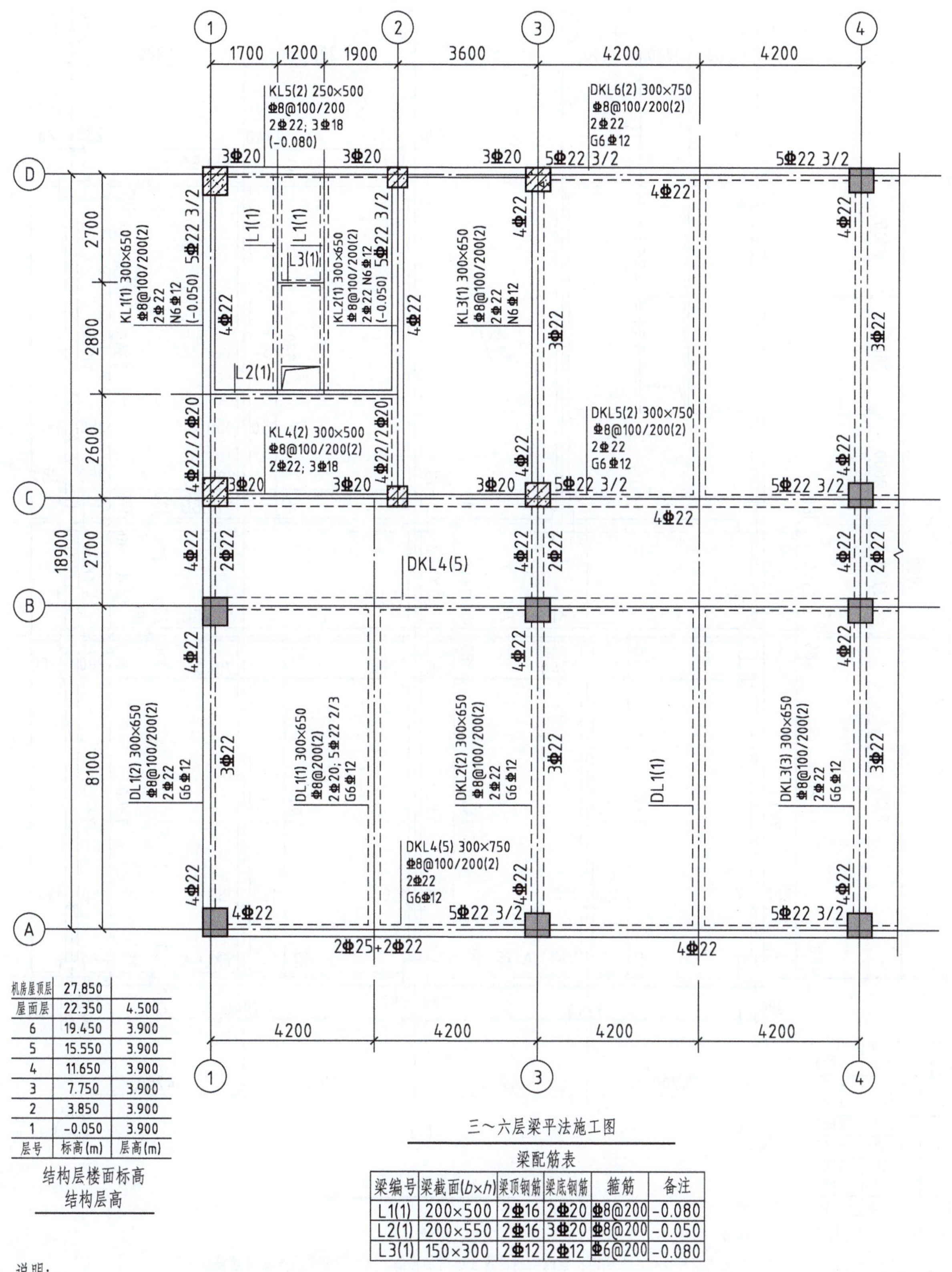

机房屋顶层	27.850	
屋面层	22.350	4.500
6	19.450	3.900
5	15.550	3.900
4	11.650	3.900
3	7.750	3.900
2	3.850	3.900
1	-0.050	3.900
层号	标高(m)	层高(m)

结构层楼面标高
结构层高

梁配筋表

梁编号	梁截面(b×h)	梁顶钢筋	梁底钢筋	箍筋	备注
L1(1)	200×500	2Φ16	2Φ20	Φ8@200	-0.080
L2(1)	200×550	2Φ16	3Φ20	Φ8@200	-0.050
L3(1)	150×300	2Φ12	2Φ12	Φ6@200	-0.080

说明：

1. 主次梁交接处，主梁内次梁两侧均设置3组附加箍筋，直径及肢数同主梁内箍筋。
2. DL搁置在DKL上，底筋均不伸入支座，支座负筋按铰接锚固要求。

图4-16 梁平法施工图

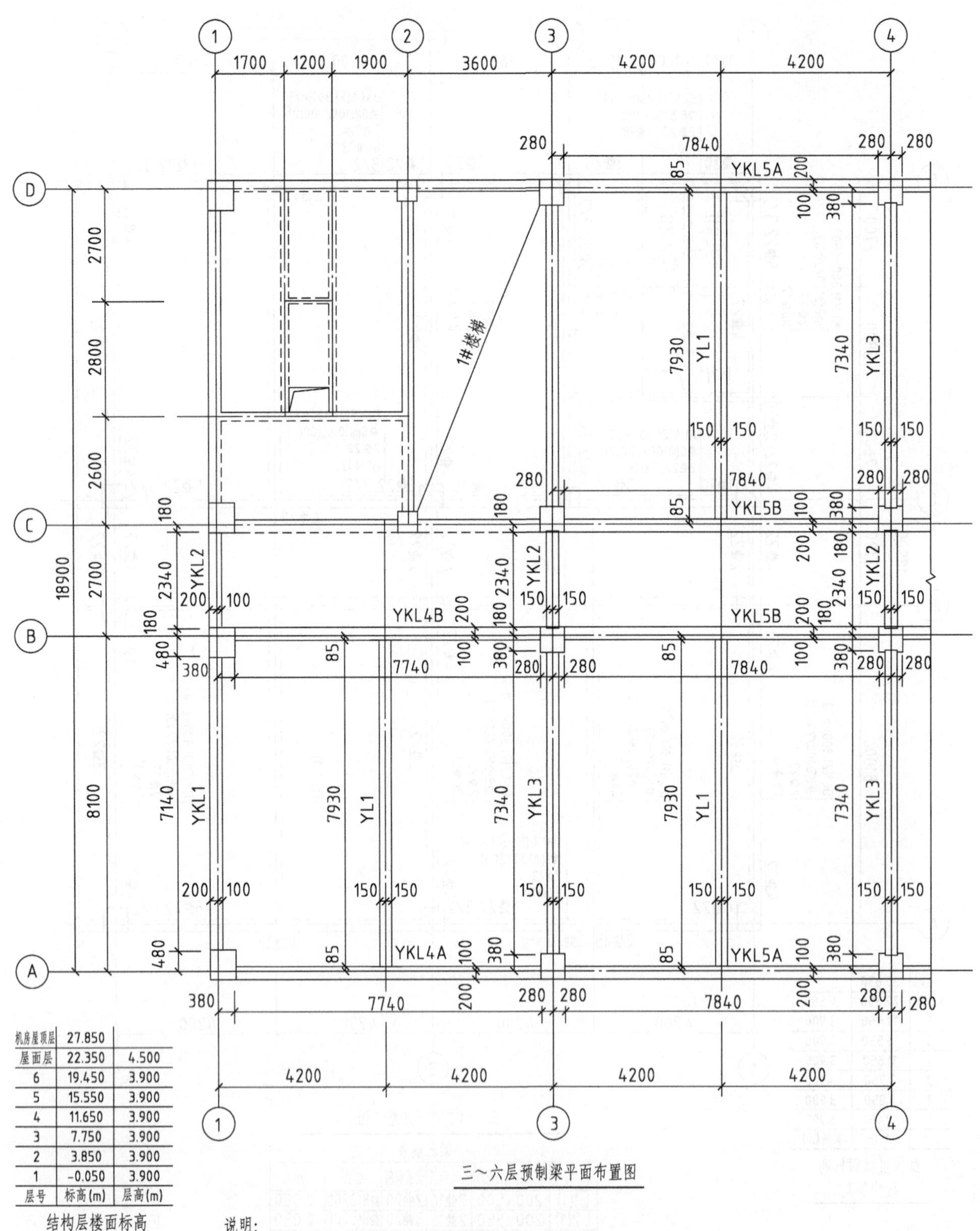

层号	标高(m)	层高(m)
机房屋顶层	27.850	
屋面层	22.350	4.500
6	19.450	3.900
5	15.550	3.900
4	11.650	3.900
3	7.750	3.900
2	3.850	3.900
1	-0.050	3.900

结构层楼面标高
结构层高

三～六层预制梁平面布置图

说明：

1. 主次梁交接处，主梁内次梁两侧均设置3组附加箍筋，直径及肢数同主梁内箍筋。
2. DL搁置在DKL上，底筋均不伸入支座，支座负筋按铰接锚固要求。

图4-17　预制梁平面布置图

三、叠合板

装配式混凝土框架结构全部或部分采用叠合板。楼板的表达包括预制底板平面布置图和现浇层配筋图；若楼板中部分采用现浇混凝土板，则可在现浇层配筋图中表达。图 4-18 为预制底板平面布置图，图 4-19 为现浇层配筋图。

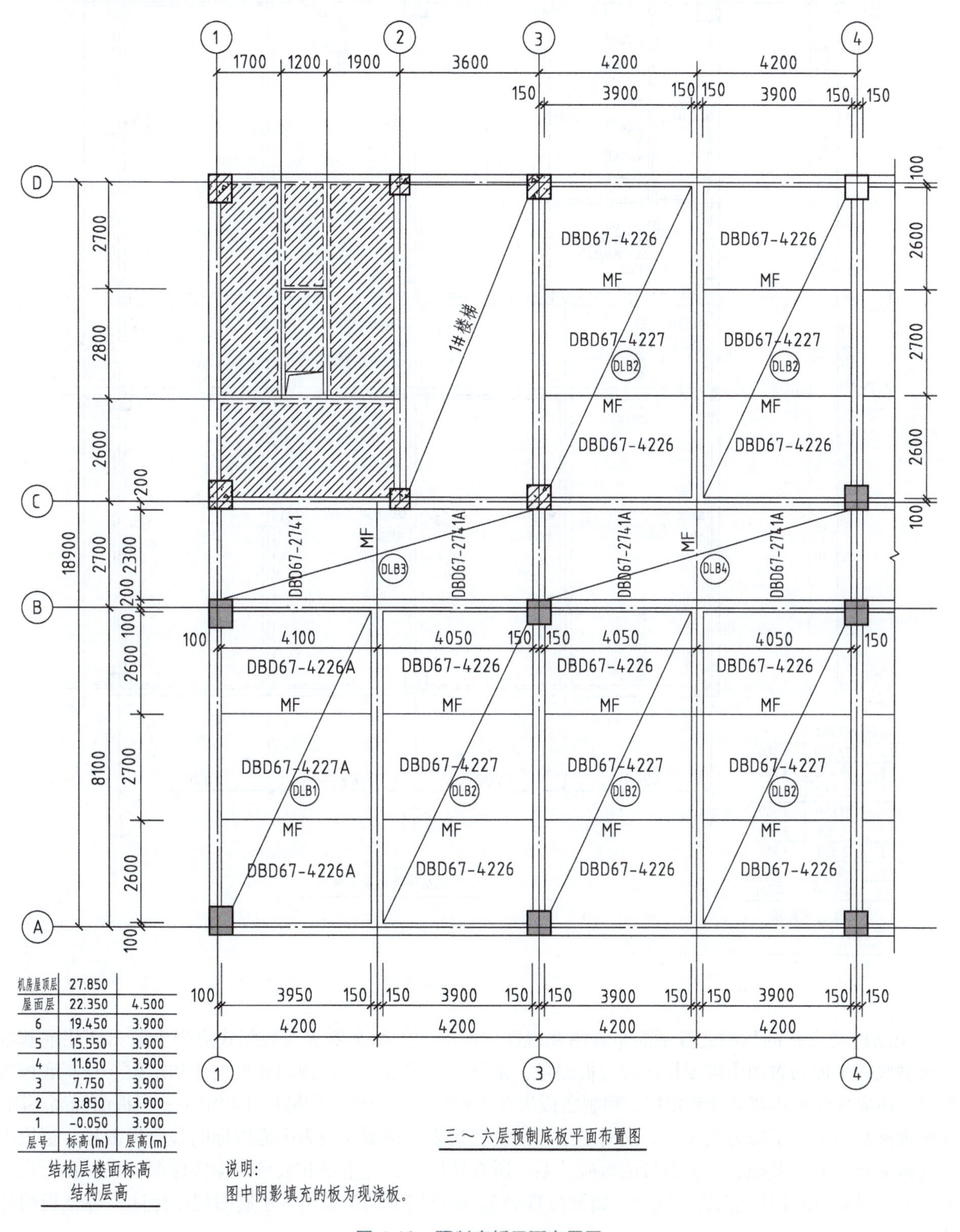

图 4-18　预制底板平面布置图

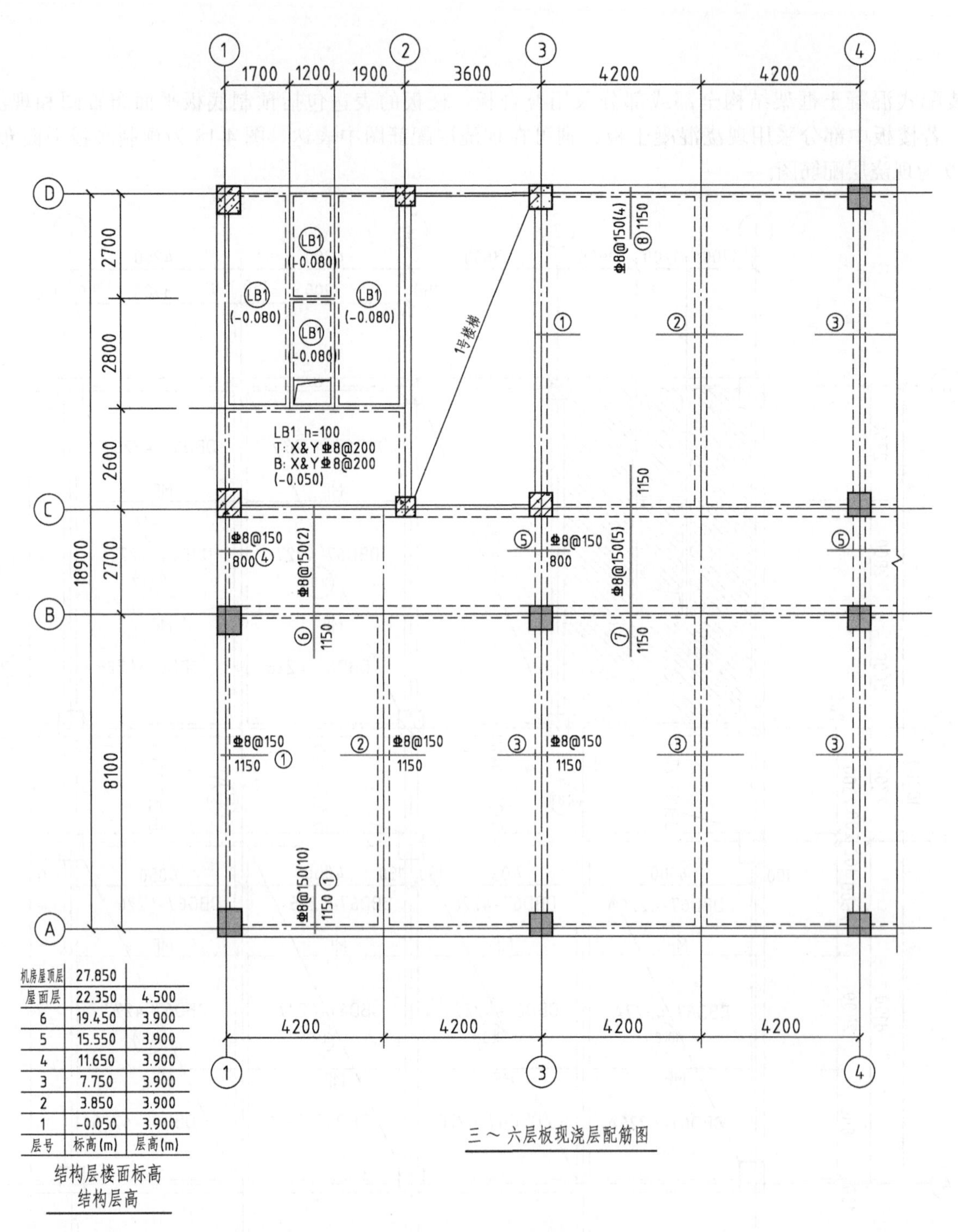

机房屋顶层	27.850	
屋面层	22.350	4.500
6	19.450	3.900
5	15.550	3.900
4	11.650	3.900
3	7.750	3.900
2	3.850	3.900
1	-0.050	3.900
层号	标高(m)	层高(m)

图 4-19　现浇层配筋图

框架结构叠合板的预制底板平面布置图和现浇层配筋图的绘图要求与装配式混凝土剪力墙住宅基本相同。预制底板平面布置图中需要标注叠合板编号、预制底板编号、各块预制底板尺寸和定位。预制底板为单向板时，还应标注板边调节缝和定位；预制底板为双向板时，还应标注接缝尺寸和定位；当板面标高不同时，标注底板标高高差，下降为负（-），同时应给出预制底板表。预制底板表中需要标明叠合板编号、板块内的预制底板编号及其与其他叠合板编号的对应关系、所在楼层、构件重量和数量、构件详图页码（自行设计构件为图号）、构件设计补充内容（线盒、留洞位置等）。现浇层配筋图采用平法制图规则标注。叠合板编号见表 4-26。

表 4-26 叠合板编号

叠合板类型	代号	序号
叠合楼面板	DLB	××
叠合屋面板	DWB	××
叠合悬挑板	DXB	××

四、预制楼梯

装配式混凝土框架结构中，预制楼梯的表达包括楼梯平面图、楼梯剖面图和预制梯板详图，其表达方法与装配式混凝土剪力墙结构基本相同。图 4-20 为标准层楼梯平面图及剖面图。

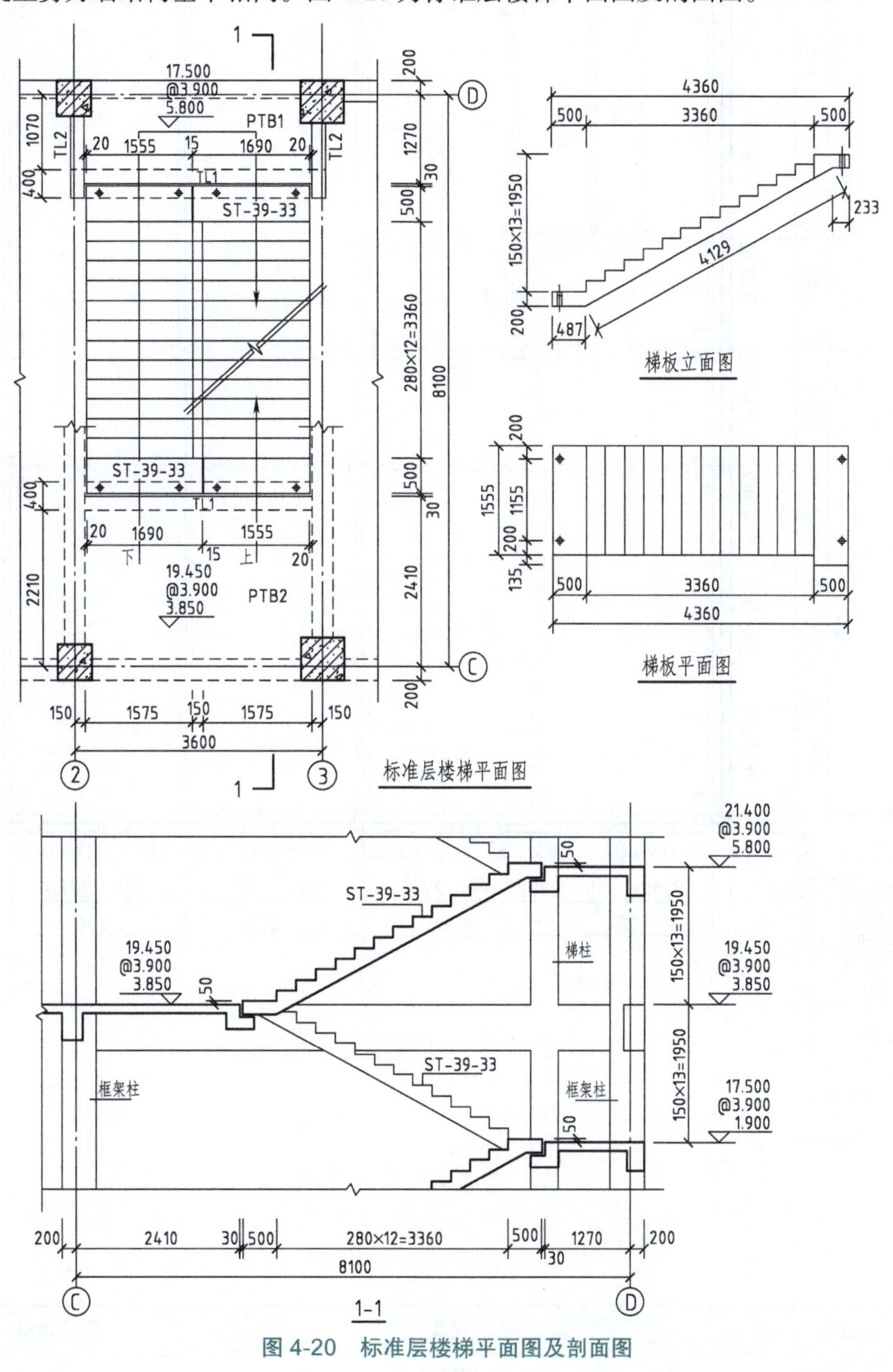

图 4-20 标准层楼梯平面图及剖面图

五、预制外墙挂板

装配式混凝土框架结构常采用外墙挂板。预制外墙挂板的表达包括按标准层绘制的外墙挂板平面布置图与外墙挂板详图。外墙挂板平面布置图应绘出柱、梁和外墙挂板，并对外墙挂板进行定位和编号，如图 4-21 所示。预制外墙挂板编号方法见表 4-27。外墙挂板详图包括模板图与配筋图。

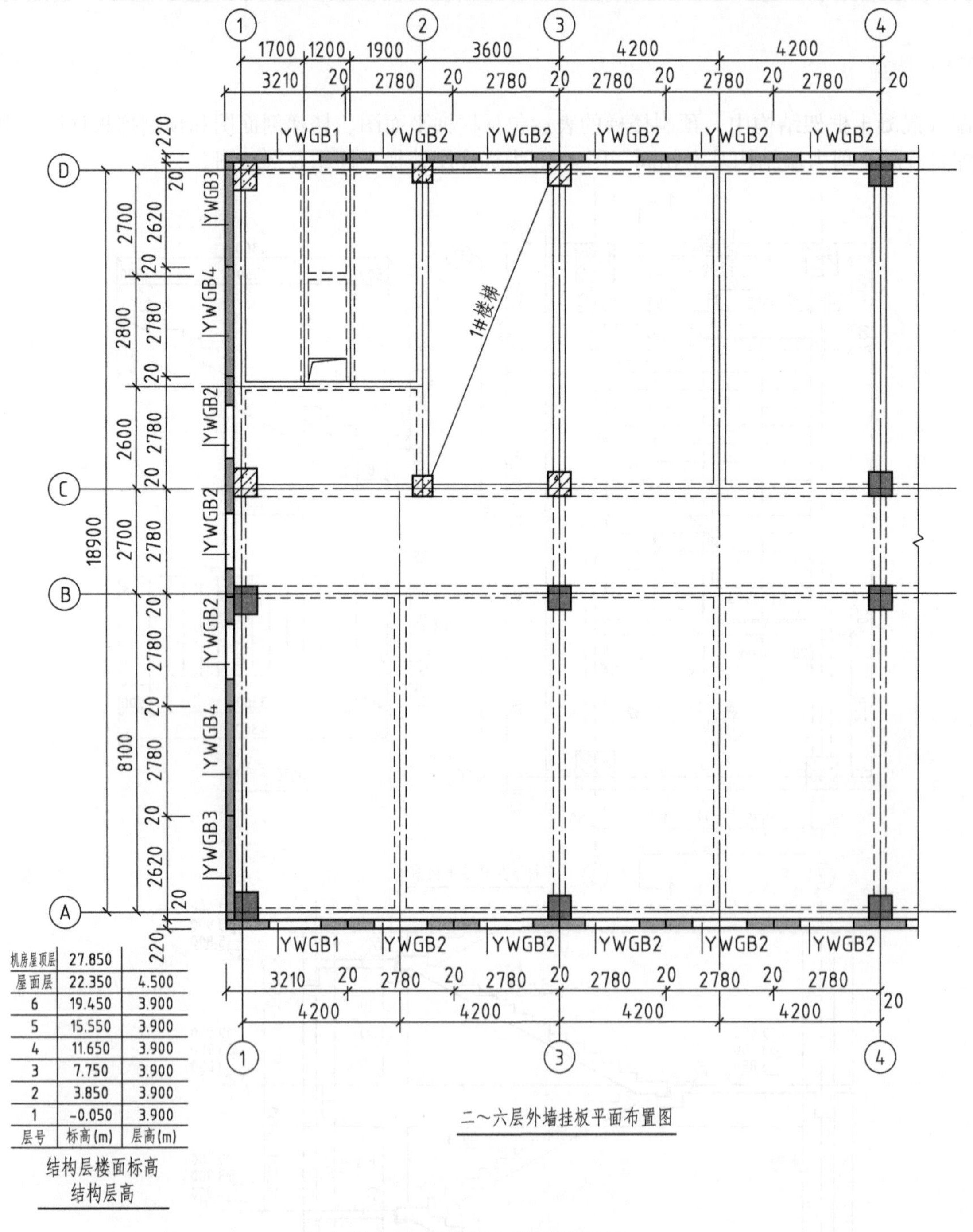

图 4-21 外墙挂板平面布置图

表 4-27 预制外墙挂板编号

名称	代号	序号
外墙挂板	YWGB	××

单元小结

装配式混凝土结构施工图，是在结构平面图上表达各结构构件的布置，包括基础顶面以上的预制混凝土剪力墙外墙板、预制混凝土剪力墙内墙板、预制柱、叠合板、叠合梁、预制钢筋混凝土板式楼梯、预制钢筋混凝土阳台板、空调板及女儿墙等构件的布置，并与构件详图、构造详图相配合，形成一套完整的装配式混凝土结构设计文件。

装配式混凝土剪力墙结构住宅结构施工图设计说明包括装配式结构专项说明、剪力墙平面布置与后浇段的表达、叠合板平面布置、预制楼梯的表达等内容。装配式混凝土结构除结构设计总说明外，还应包括装配式结构专项说明，专项说明主要包括总则、预制构件的生产与检验、预制构件的运输与堆放、现场施工、验收和图例等内容。

装配式混凝土框架结构中的预制混凝土构件主要包括预制柱、叠合梁、叠合板、预制楼梯和外墙挂板等。

复习思考题

1. 装配式结构专项说明包括哪些内容?
2. 说明预制混凝土剪力墙平面布置图制图规则。
3. 说明叠合板施工图制图规则。
4. 说明钢筋混凝土板式楼梯施工图规则。
5. 说明钢筋混凝土阳台板、空调板及女儿墙施工图制图规则。
6. 装配式混凝土框架结构主要表达哪些内容？如何表达?

参考文献

[1] 蒋勤俭 . 国内外装配式混凝土建筑发展综述［J］. 建筑技术，2010，41（12）：1074-1077.

[2] 王俊，赵基达，胡宗羽 . 我国建筑工业化发展现状与思考［J］. 土木工程学报，2016，45（9）：1-8.